珠宝鉴定专业
应试习题及解析：
宝石学基础

艾昊　张兴旺　刘云贵　◎　主编

西南交通大学出版社
·成　都·

图书在版编目（CIP）数据

珠宝鉴定专业应试习题及解析：宝石学基础 / 艾昊，张兴旺，刘云贵主编. — 成都：西南交通大学出版社，2022.9
ISBN 978-7-5643-8858-4

Ⅰ. ①珠… Ⅱ. ①艾… ②张… ③刘… Ⅲ. ①宝石 – 鉴定 – 资格考试 – 题解 Ⅳ. ①TS933.21-44

中国版本图书馆 CIP 数据核字（2022）第 149692 号

Zhubao Jianding Zhuanye Yingshi Xiti ji Jiexi: Baoshixue Jichu

珠宝鉴定专业应试习题及解析：宝石学基础

艾　昊　张兴旺　刘云贵　主编

责任编辑	牛　君
封面设计	原谋书装
出版发行	西南交通大学出版社 （四川省成都市金牛区二环路北一段 111 号 西南交通大学创新大厦 21 楼）
邮政编码	610031
发行部电话	028-87600564　028-87600533
网址	http://www.xnjdcbs.com
印刷	四川森林印务有限责任公司

成品尺寸	185 mm × 260 mm
印张	15.75
字数	393 千
版次	2022 年 9 月第 1 版
印次	2022 年 9 月第 1 次
书号	ISBN 978-7-5643-8858-4
定价	49.00 元

图书如有印装质量问题　本社负责退换
版权所有　盗版必究　举报电话：028-87600562

前言

随着社会经济发展，珠宝玉石作为一类"高大上"的奢侈品，越来越接地气，受到人们喜爱。由此，开设珠宝玉石相关专业的学校也越来越多，广大学生（考生）基于兴趣爱好、学历提升、职业发展及技能大赛等原因，对珠宝玉石鉴定理论知识和实践技能的学习非常渴望。为他们提供学习上的帮助，同时更好地服务于珠宝玉石爱好者，这是编写本书的初衷。

本书共分为六章，内容涉及结晶学基础，宝石的化学成分、光学性质、颜色、力学性质及其他物理性质等方面。内容以练习题的形式展现，后附有答案及详细的解释说明。

本书由宁夏工商职业技术学院张兴旺老师、陕西省地质调查实验中心艾昊工程师、河北地质大学刘云贵博士共同编写。第一、三、四、五章由艾昊编写，第二章由张兴旺编写，第六章由刘云贵编写。全书由张兴旺、刘云贵、艾昊审校、修改、定稿。

本书具有如下特点：一是具有较强的适用性。本书不仅可以满足本科院校珠宝玉石专业学生考取相关专业研究生的需求，珠宝玉石行业从业人员考取鉴定类相关证书的需求，还能满足职业院校学生课程学习及参加珠宝玉石鉴定技能大赛的需求，适用的人群较为宽泛。二是具有较好的自学性。本书以练习题的形式以练促学，通过参考详细的习题解答，不断巩固、提升理论知识的理解和掌握。三是具有较强的学习延伸性。章节内容设置由易到难，题目覆盖的知识点科学合理，不偏不倚。

由于编者水平有限，书中难免存在错误、疏漏之处，敬请同行批评指正。

作者
2022 年 1 月

目录

绪论 ·· 001
    第一节　重点例题讲解 ··· 003
    第二节　课后练习 ·· 006
    第三节　参考答案 ·· 009

第一章　结晶学基础 ·· 027
    第一节　重点例题讲解 ··· 029
    第二节　课后练习 ·· 038
    第三节　参考答案 ·· 047

第二章　宝石矿物的化学成分 ·· 085
    第一节　重点例题讲解 ··· 087
    第二节　课后练习 ·· 101
    第三节　参考答案 ·· 107

第三章　光的基础知识及宝石的光学性质 ··· 134
    第一节　重点例题讲解 ··· 136
    第二节　课后练习 ·· 147
    第三节　参考答案 ·· 155

第四章　宝石的颜色 ·· 190
    第一节　重点例题讲解 ··· 192
    第二节　课后练习 ·· 200
    第三节　参考答案 ·· 203

第五章　宝石的力学性质 ··· 213
    第一节　重点例题讲解 ··· 215
    第二节　课后练习 ·· 221
    第三节　参考答案 ·· 225

第六章　宝石的其他物理性质 ·· 233
　　第一节　重点例题讲解 ·· 235
　　第二节　课后练习 ·· 237
　　第三节　参考答案 ·· 239
主要参考文献 ·· 244

绪论

内容概述

本章试题的主要考核内容包括宝石的定义、天然珠宝玉石的条件、宝石的分类以及各类宝石的命名（图 0-1）。形式相对简单，整体上需要把握以下内容：

1. 充分理解宝石的定义以及各分类宝石定义，能够区分不同宝石的归属、区分相似的概念。

2. 理解宝石的分类体系及分类标准，针对不同形式的分类体系，能够将宝石进行正确的分类，并理解其中的内涵。

3. 能够对珠宝玉石进行正确的命名，不同类型的宝石具有不同的分类规则，能够正确地使用相关的修饰词。

4. 充分理解天然珠宝玉石具备的特征，并能够举例说明影响宝石美观、耐久和稀少性的因素。

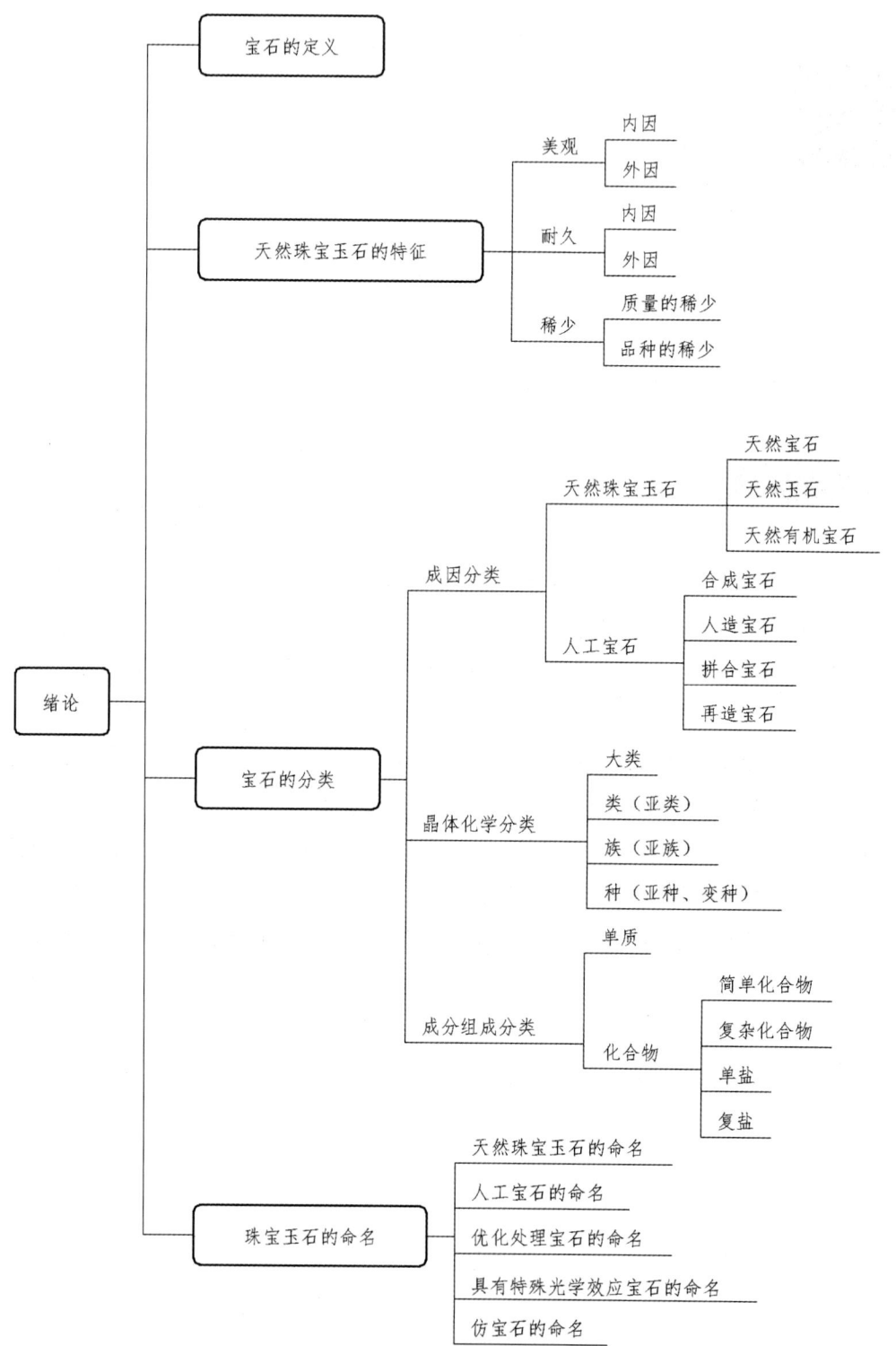

图 0-1 绪论内容概述

第一节 重点例题讲解

【例题1】多项选择题 下列选项中属于宝石的是（　　）。
A. 红宝石　　　B. 翡翠　　　　C. 珍珠　　　　D. 玻璃
E. 塑料　　　　F. 三叶虫　　　G. 自然硫　　　H. 狼牙

【参考答案】 ABCDEFGH

【例题讲解】 本题考查的内容为宝石的定义，根据宝石的定义"一切经过琢磨、雕刻后可以成为首饰或工艺品的材料，是对天然珠宝玉石和人工宝石的统称，简称宝石"，因此上述选项均可作为首饰及工艺品的材料，除玻璃、塑料为人工宝石外，其余选项均为天然珠宝玉石。

三叶虫、自然硫在国标中尚未收录，但仍可作为首饰及工艺品，对于类似情况，国标《珠宝玉石 名称》（GB/T 165522—2017）明确规定："附录中未列入的其他矿物（岩石）、材料学名称可直接作为珠宝玉石名称。"因此在命名时，可以直接使用"三叶虫""自然硫""狼牙"。

【例题2】是非题 宝石是指天然形成的和能加工成首饰及工艺品的单晶体，可含双晶。（　　）

【参考答案】 N

【例题讲解】 本题主要考察"宝石"的概念。"宝石"与"天然宝石"是两个容易相混淆的概念，需要注意区分。"宝石"是"珠宝玉石"的简称，包括天然珠宝玉石和人工宝石两大类；而题目中所描述的内容实际为"天然宝石"的相关概念。

【例题3】是非题 在珠宝商贸中，由于欧泊具有颜色丰富的变彩效应，常作为彩色宝石进行出售，因此欧泊应属于天然宝石。（　　）

【参考答案】 N

【例题讲解】 本题考查的内容为天然宝石与天然玉石的相关概念。天然宝石的定义为"由自然界产出，具有美观、耐久、稀少性，可加工成饰品的矿物单晶体（可含双晶）。"天然玉石的定义为"由自然界产出，具有美观、耐久、稀少性和工艺价值，可加工成饰品的矿物集合体，少数为非晶质体。"由于欧泊的主要成分为蛋白石，属于非晶质体，因此根据定义，欧泊应属于"天然玉石"。类似的宝石还有天然玻璃，如黑曜石、玄武玻璃和玻璃陨石等，均属于天然玉石。

【例题4】是非题 由于珍珠的主要成分为文石，并且以集合体的形式存在，因此珍珠应属于天然玉石。（　　）

【参考答案】 N

【例题讲解】 本题考查的内容为天然有机宝石的相关概念。根据天然有机宝石的定义"与自然界生物有直接生成关系，部分或全部由有机物质组成，可用于饰品的材料。"珍珠满足定义中规定的三个条件：①与自然界的生物有直接的生成关系，形成于珍珠母贝的体内，是珍珠母贝不断分泌珍珠质形成的；②部分由有机物质组成，有机物质包括角质蛋白以及各类氨基酸；③珍珠常制作成各类首饰及工艺品，是一种可用于饰品的材料。因此，珍珠应属于

"天然有机宝石"。

> 【知识扩展】
> 硅化木等宝石已经不再属于天然有机宝石。以硅化木为例，硅化木是二氧化硅交换树木的木质部分后的产物，主要成分为 SiO_2，可含一定量蛋白石及少量方解石、白云石、褐铁矿、黄铁矿，由于含有少量有机成分（包括苯丙氨酸、谷氨酸、天冬氨酸、甘氨酸、丝氨酸、蛋氨酸等 10 余种氨基酸），并保留有树木的特征结构和纹理，在《珠宝玉石 名称》（GB/T 16552—2017）之前的国家标准中一直将其归为天然有机宝石。但由于硅化木与自然界生物无直接生成关系，主要为树木成长后期经 SiO_2 热液交换而成，主体成分为无机质 SiO_2，因此《珠宝玉石 名称》（GB/T 16552—2017）中将其归为天然玉石中的石英质玉。类似的宝石品种还有硅化珊瑚等。

【例题 5】**是非题** 将两块天然蓝宝石拼合在一起形成宝石，应属于天然宝石，而拼合过程是蓝宝石的优化处理方法的一种，属于优化。（　　）

【参考答案】N

【例题讲解】本题考查的是拼合宝石的相关概念。拼合宝石的定义为"由两块或两块以上材料经人工拼接而成，且给人以整体印象的珠宝玉石。"因此，无论拼合石的组成是天然珠宝玉石还是人工宝石，均应归类为拼合石，属于人工宝石，并非天然宝石优化处理的方法之一。

【例题 6】**是非题** 根据宝石晶体化学的分类，红宝石应属于刚玉种的变种。（　　）

【参考答案】Y

【例题讲解】本题考查的是宝石的晶体化学分类中变种的概念。矿物的晶体化学分类体系包括大类、类、族、种 4 个基本层次，依据各类别中矿物种的多少和晶体化学变化情况，还常分出亚类、亚族、亚种及变种或异种等亚层次。

变种的定义为"在同一矿物种中，由于矿物在次要化学成分或物理性质形态上呈现出较明显的差异，称之为变种。"由于红宝石的主要化学成分为 Al_2O_3，当一定量的 Cr 元素替代部分 Al 形成红色，即形成红宝石，因此红宝石应属于刚玉种的变种。根据晶体化学分类，红宝石应属于氧化物和氢氧化物大类、刚玉族、刚玉种、红宝石变种。类似的宝石还有祖母绿、海蓝宝石等属于绿柱石的变种，变色金绿宝石属于金绿宝石的变种。

【例题 7】**多项选择题** 下列选项中命名正确的是（　　）。

A. 天然海水珍珠　　B. 天然红宝石　　C. 人造玻璃　　D. 再生水晶
E. 拼合蓝宝石　　F. CVD 法合成钻石　　G. 染色合成红宝石　　H. 仿祖母绿
I. 查塔姆祖母绿

【参考答案】ADEH

【例题讲解】宝石的命名应按照国标《珠宝玉石 名称》（GB/T 16552—2017）执行。

（1）天然珠宝玉石直接使用基本名称命名即可，无需添加"天然二字"，但在人们的日常认知中，玻璃是指人造玻璃，现代珠宝贸易中的"珍珠"均指"养殖珍珠"，所以对于天然玻璃、天然珍珠等，需添加"天然"二字，而对应的人工宝石"玻璃"无需添加相应的修饰词。因此 A 选项正确、B 选项错误。

注：养殖珍珠归类到天然有机宝石，可命名为"养殖珍珠"，或简称"珍珠"。

（2）人工宝石的命名需要根据具体的类别添加相应的修饰词，其中"合成""人造"和"再造"直接添加至宝石的基本名称之前即可，如合成红宝石、人造钛酸锶、再造琥珀等，但是玻璃、塑料、陶瓷等除外，无需添加相应的修饰词语，因此 C 选项错误。

由于生产厂和制造商的名称仅仅表示该合成宝石或人造宝石的制造地点或开发商名称等信息，不能代表该合成宝石的品种和属性。若直接使用生产厂和制造商的名称容易使消费者误认为，生产厂和制造商是该合成宝石所对应天然宝石的亚种名称。因此，为确保对合成宝石和人造宝石命名的准确性和唯一性，禁止使用生产厂、制造商的名称直接定名。因此 I 选项错误。

（3）再生宝石是指"在珠宝玉石表面人工再生长与原材料成分、结构基本相同的薄层"，属于合成宝石的一种，命名是在宝石的基本名称之前添加"合成"或"再生"即可，因此 D 选项正确，也可直接命名为"合成水晶"。常见的再生宝石包括再生红宝石、再生蓝宝石、再生钻石、再生绿柱石等。

（4）相对于其他人工宝石，"拼合石"具有多种不同的命名方式，①在组成材料名称之后加"拼合石"三字或在其前加"拼合"二字；②可逐层写出组成材料名称，如"蓝宝石、合成蓝宝石拼合石"；③可只写出主要材料名称，如"蓝宝石拼合石"或"拼合蓝宝石"，因此 E 选项正确，或命名为"蓝宝石拼合石"。

注：拼合石的命名方式已经发生改变，需注意其命名方式。

（5）经处理的人工宝石可直接使用人工宝石基本名称定名，因此 G 选项错误，直接使用"合成红宝石"命名即可。类似的情况还包括经辐照处理的合成钻石、经扩散处理或充填处理的合成红宝石等。

（6）仿宝石是指"用于模仿某一种天然珠宝玉石的颜色、特殊光学效应等外观特征的珠宝玉石或其他材料"。在命名时应在所仿的天然珠宝玉石基本名称前加"仿"字，但应尽量确定具体珠宝玉石名称，且采用下列表示方式，如"仿水晶（玻璃）"。因此 H 选项正确。

【例题8】是非题 仿宝石都是人工宝石。（　　）

【参考答案】N

【例题讲解】仿宝石是指"用于模仿某一种天然珠宝玉石的颜色、特殊光学效应等外观特征的珠宝玉石或其他材料"。由于任何珠宝玉石的某一种品种都可能成为另一种珠宝玉石的仿制品，例如无色水晶可以模仿无色蓝宝石，合成立方氧化锆可以模仿钻石，锆石是最古老的钻石仿制品，因此，仿宝石的材料可以是天然珠宝玉石，也可以是人工宝石。

第二节　课后练习

一、名词解释

宝石　天然珠宝玉石　天然宝石　天然玉石　天然有机宝石　人工宝石　合成宝石　人造宝石　再造宝石　拼合宝石　仿宝石　优化处理　优化　处理　珠宝玉石基本名称　珠宝玉石商贸名称

二、填空题

1. 人工养殖珍珠，由于其养殖过程的仿自然性及产品的仿真性，所以将其归类为_____；根据天然有机宝石的命名规则，人工养殖的海水珍珠可命名为_____、_____；天然生长的海水珍珠可命名为_____、_____。
2. 天然珠宝玉石具备的条件包括_____、_____、_____，其中_____是宝石价值的首要条件。
3. 影响宝石美观性的因素包括_____、_____、_____等。
4. 影响宝石耐久性的因素包括_____、_____、_____等。
5. 宝石的稀有性包括_____和_____。
6. 天然珠宝玉石可分为_____、_____和_____三大类。
7. 人工宝石可分为_____、_____、_____和_____四类。
8. 具有星光效应的红宝石应命名为_____，具有星光效应的合成红宝石应命名为_____，经过染色处理、且具有星光效应的合成红宝石应命名为_____。
9. 具有猫眼效应的金绿宝石可命名为_____或_____，具有变色效应的金绿宝石可命名为_____或_____，同时具有猫眼和变色效应的金绿宝石可命名为_____或_____。
10. 常见的优化处理方法包括_____、_____、_____等。
11. 经染色处理的红宝石可命名为_____、_____或_____，经热处理的红宝石可命名为_____。

三、是非题

1. 想要成为宝石，必须具有足够高的硬度和韧性，以抵抗外界环境对它们的损伤。（　　）
2. 由于净度级别较低的钻石美观度较差，因此不能成为宝石。（　　）
3. 合成宝石与自然界已知的对应物之间物理、化学性质差异不大，因此无需鉴定。（　　）
4. 在拼合宝石中，只有以珍珠、欧泊为主要材料的拼合石，可以直接命名为拼合珍珠、拼合欧泊，而不必逐层写出材料。（　　）
5. 由于塑料的主要成分为有机物，所以塑料为有机宝石。（　　）

6. 由于天然宝石品种没有碳化硅，因此人工制造的碳化硅应命名为人造碳化硅。
（　　）
7. 所有的天然珠宝玉石在命名时，均不用添加"天然"二字。（　　）
8. 所有的人工宝石在命名时，均需要添加相应的修饰词。（　　）
9. 以产地命名的玉石如岫玉、和田玉等，不具有产地意义。（　　）
10. 以颜色命名的宝石均具有颜色意义，如红宝石专指红色的刚玉。（　　）
11. 所有具有特殊光学效应的宝石，命名时均需在宝石的基本名称之前添加相应的修饰词。（　　）
12. 由于产地对宝石的价值具有较高的影响，因此在命名时需添加宝石的产地，如缅甸红宝石。（　　）
13. 根据天然玉石的命名规则，岫玉也可命名为蛇纹石或蛇纹石玉。（　　）
14. 天然宝石和天然玉石可以直接使用矿物或岩石的基本名称直接命名。（　　）
15. 一颗外观上与祖母绿相近的宝石，可直接命名为仿祖母绿。（　　）
16. 所有具有猫眼效应的宝石均可直接命名为猫眼，具有变色效应的宝石，均可命名为变石。（　　）
17. 对于所有的宝石来讲，染色均为处理，在命名时需指出。（　　）
18. 若无法确定宝石是否经过优化处理，可直接使用天然珠宝玉石的基本名称命名。（　　）
19. 经处理的人工宝石可以直接使用人工宝石的基本名称定名。（　　）
20. 辐照处理中，只有水晶的辐照处理为优化，其他宝石均为处理。（　　）
21. 拼合宝石的命名中，可以只写出主要材料，并在其后加上"拼合石"三个字。（　　）
22. 养殖珍珠可简称为珍珠，而天然珍珠需加入"天然"二字。（　　）
23. 翡翠属于天然玉石，不属于宝石。（　　）
24. 经过优化的宝石，在命名时以宝石的基本名称命名，并且无需附注说明。（　　）
25. 若宝石中含有大量的包裹体，将大大降低宝石的价值。（　　）
26. 天然形成的非均质体宝石均属于天然玉石。（　　）

四、单项选择题

1. 下列宝石中命名正确的一组是（　　）
A. 人造水晶、铁铝榴石、橄榄石、天然珍珠
B. 蓝宝石、红宝石、绿宝石、紫宝石
C. 黄晶、绿水晶、紫晶、芙蓉石
D. 沙弗莱、翠榴石、芬达石、黑榴石
E. 帕帕拉恰、帕拉伊巴、红宝碧玺、坦桑石
2. 下列宝石属于天然有机宝石的是（　　）
A. 木变石　　　　B. 硅化木　　　　C. 养殖珍珠　　　　D. 三叶虫化石

五、多项选择题

1. 下列哪些宝石的染色处理为优化　　　　　　　　　　　　　　　　　　　（　　）
   A. 玉髓　　　　B. 玛瑙　　　　C. 翡翠　　　　D. 红宝石　　　　E. 碧石
2. 以蓝宝石为顶，合成蓝宝石为底的拼合石可命名为（　　）
   A. 蓝宝石拼合石　　　　B. 拼合蓝宝石　　　　C. 蓝宝石、合成蓝宝石拼合石
   D. 蓝宝石（拼合）　　　E. 蓝宝石（处理）
3. 仿钻石可能是以下哪种材料（　　）
   A. 蓝宝石　　　　B. 水晶　　　　C. 合成立方氧化锆
   D. 合成碳化硅　　E. 人造钛酸锶
4. 下列属于宝石的是（　　）
   A. 海蓝宝石　　B. 和田玉　　　C. 欧泊　　　D. 玻璃　　　E. 塑料
5. 下列属于天然宝石的是（　　）
   A. 欧泊　　　　　　　　B. 钻石　　　　　　C. 发育聚片双晶的刚玉
   D. 由天然钻石组成的拼合石　E. 可见解理的萤石
6. 下列宝石中，可属于天然玉石的是（　　）
   A. 欧泊　　B. 黑曜石　　C. 菱锰矿　　D. 萤石　　E. 蔷薇辉石
7. 下列宝石属于合成宝石的是（　　）
   A. 玻璃　　　　　　　B. 塑料　　　　　　C. 陶瓷
   D. 实验室生长的红宝石　E. 再生水晶

六、问答题

1. 关于天然珠宝玉石具备的条件，请回答如下问题：
（1）简述天然珠宝玉石具备的条件。
（2）详细论述影响宝石耐久性的因素包括哪些。
（3）详细论述影响宝石美观度的因素。
2. 关于珠宝玉石的命名规则，请回答如下问题：
（1）详细论述天然珠宝玉石的命名规则。
（2）详细论述人工宝石的命名规则。
（3）简述经优化处理宝石的命名规则。
（4）简述具有特殊光学效应宝石的命名规则。
（5）为何人工宝石在命名时禁止使用生产厂、制造商以及合成方法直接定名？
3. 宝石矿物的分类原则有哪些，请详细说明珠宝玉石的分类，并举例说明。
4. 详细论述如何理解和使用"仿宝石"。

第三节 参考答案

一、名词解释

1. 宝石

答：宝石是珠宝玉石的简称，泛指一切经过琢磨、雕刻后可以成为首饰或工艺品的材料，是对天然珠宝玉石和人工宝石的统称。其中天然珠宝玉石包括天然宝石、天然玉石和天然有机宝石，人工宝石包括合成宝石、人造宝石、拼合宝石和再造宝石。

2. 天然珠宝玉石

答：天然珠宝玉石是指由自然界产出，具有美观、耐久、稀少性，具有工艺价值，可加工成装饰品的物质。根据组成和成因，可将天然珠宝玉石分为天然宝石（如红宝石、祖母绿等）、天然玉石（如翡翠、和田玉等）和天然有机宝石（如珍珠、琥珀等）。

3. 天然宝石

答：天然宝石是指由自然界产出，具有美观、耐久、稀少性，可加工成装饰品的矿物单晶体或双晶，如红宝石、祖母绿、金绿宝石等。

4. 天然玉石

答：天然玉石指由自然界产出的，具有美观、耐久、稀少性和工艺价值的矿物集合体，少数为非晶质体，如翡翠、和田玉、欧泊等。

注：不要忘记"非晶体"。

5. 天然有机宝石

答：天然有机宝石是指与自然界生物有直接生成关系，部分或全部由有机物质组成，可用于饰品的材料，例如琥珀、煤精等全部由有机物质组成，珊瑚、贝壳等部分由有机物质组成。此外，由于养殖珍珠的生长机理及生长过程与天然珍珠相同，其性质符合有关天然有机宝石定义。因此将养殖珍珠（简称"珍珠"）也归于此类。

【答案解析】是否为天然有机宝石，取决于三个条件：

（1）与自然界生物有直接生成关系（注意"直接"二字，与自然界生物无直接生成关系的，不能归类为天然有机宝石）。

（2）组成物质中含有机物质（可以全部由有机物质组成，如琥珀，也可以部分为有机物质，如珍珠）。

（3）可作为首饰及装饰品（宝石的基本功能）。

以上三个条件缺一不可。如硅化木，主要组分为二氧化硅，并且含有部分有机物，并且本身是树木的一种化石，与生物有一定的成因关系，但是，硅化木的主要形成过程与二氧化硅的交代作用密切相关，而与自然界生物没有直接生成关系，因此，不属于天然有机宝石，类似的还有硅化珊瑚等。

6. 人工宝石

答：人工宝石是指完全或部分由人工生产或制造，用作首饰及装饰品的材料，包括合成宝石、人造宝石、拼合宝石和再造宝石。

注：人工宝石的制作过程，可以包括天然珠宝玉石，如两个天然蓝宝石拼合而成的拼合石；合成祖母绿使用的天然绿柱石作为籽晶。

7. 合成宝石

答：合成宝石是指完全或部分由人工制造且自然界有已知对应物的晶质体或非晶质体，其物理性质、化学成分和晶体结构与所对应的天然珠宝玉石基本相同，如合成红宝石、合成水晶、合成祖母绿等。在珠宝玉石表面人工再生长与原材料成分、结构基本相同的薄层，此类宝石也属于合成宝石，又称再生宝石，如再生钻石、再生绿柱石等。

注：（1）再生宝石属于合成宝石，是在珠宝玉石表面人工再生长与原材料成分、结构基本相同的薄层，主要用于改变宝石的颜色或质量。国外珠宝业界将其称为 synthetic gemstone overgrowth，直译为"再生长合成宝石"或"附生合成宝石"。在《珠宝玉石 名称》（GB/T 16552—2017）中归属于合成宝石。常见的再生宝石包括再生钻石、再生水晶、再生绿柱石、再生刚玉等。

（2）是否为合成宝石，取决于是否在自然界有已知的对应物，而不是有相对应的天然珠宝玉石。例如，碳硅石在自然界由于尺寸过小，无法达到宝石级，因此天然宝石中尚无"碳硅石"这一品种，而人工制造的碳硅石应定名为"合成碳硅石"。类似的情况还包括合成立方氧化锆等。

8. 人造宝石

答：人造宝石是指由人工制造且自然界无已知对应物的晶质或非晶质体。常见的人造宝石包括人造钛酸锶、人造钇铝榴石、人造钆镓榴石等。

注：（1）玻璃与塑料为人造宝石。

（2）钛酸锶1987年在俄罗斯发现了天然对应物，但仍然习惯性地将其归类为人造宝石。

9. 再造宝石

答：再造宝石是指通过人工手段将天然珠宝玉石的碎块或碎屑熔接或压接成具整体外观的珠宝玉石。常见的有再造琥珀、再造绿松石等。

10. 拼合宝石

答：拼合宝石是指由两块或两块以上材料经人工拼合而成，且给人以整体印象的珠宝玉石，简称"拼合石"。

注：拼合宝石的组成部分若全部为天然宝石，仍然归属于人工宝石，而不是天然宝石的优化处理。

11. 仿宝石

答：仿宝石是指用于模仿天然珠宝玉石的颜色、外观和特殊光学效应的人工宝石以及用于模仿另外一种天然珠宝玉石的天然珠宝玉石，例如合成碳化硅、锆石由于外观与钻石相似，可用于模仿钻石。"仿宝石"不代表珠宝玉石的具体类别。

注：仿宝石可以是天然宝石，也可以是人工宝石，在命名时"仿宝石"一词不允许单独使用。

12. 优化处理

答：优化处理是指除切磨和抛光以外，用于改善珠宝玉石的颜色、净度、透明度、光泽或特殊光学效应等外观及耐久性或可用性的所有方法，分为优化和处理两类。常见的优化处理方法包括热处理、染色、充填、覆膜、漂白、辐照等。

注：同一种优化处理的方法，有可能部分宝石为优化，部分宝石为处理，例如，染色方法对于玛瑙、玉髓等属于优化，但对红宝石、翡翠等宝石属于处理。

13. 优化

答：优化是指传统的、被人们广泛接受的、能使珠宝玉石潜在的美显现出来的优化处理方法，常见的优化方法包括热处理、部分宝石的充填处理（如祖母绿注油处理）、部分宝石的染色处理（如玛瑙、玉髓的染色处理）、部分宝石的辐照处理（如水晶的辐照处理）等。

14. 处理

答：处理是指非传统的、尚不被人们广泛接受的优化处理方法，常见的处理方法包括部分宝石的充填处理（如红宝石的玻璃充填处理）、部分宝石的染色处理（如翡翠的染色处理）、部分宝石的覆膜处理（如祖母绿覆膜处理）、部分宝石的辐照处理（如钻石的辐照处理）等。

15. 珠宝玉石基本名称

答：珠宝玉石基本名称是指珠宝玉石品种的矿物学、岩石学、材料学及传统宝石学名称，如红宝石的基本名称包括刚玉、红宝石等；岫玉的基本名称包括蛇纹石、蛇纹石玉、岫玉等。珠宝玉石的基本名称可直接参与命名。

16. 珠宝玉石商贸名称

答：珠宝玉石商贸名称是指珠宝玉石流通领域中，被广泛使用和普遍认可的珠宝玉石基本名称以外的其他名称。如地方标准等涉及的珠宝玉石别称。如铬钒钙铝榴石的商贸名称为沙弗莱，锰铝榴石的商贸名称为芬达石。

注意：珠宝玉石商贸名称不直接参与定名，也不应单独使用，可在相关质量文件中附注说明"商贸名称：×××"，例如，橙黄色的锰铝榴石商贸名称为"芬达石"，可直接定名为"石榴石"，在相关的质量文件中附注说明"商贸名称：芬达石"。常见宝石的商贸名称详见表0-1。

表 0-1 常见宝石的商贸名称

商贸名称	基本名称	备注
帕帕拉恰	蓝宝石	天然粉橙-橙粉色蓝宝石
帕拉伊巴	碧玺	含铜、锰元素，蓝、紫蓝、绿蓝、蓝绿、黄绿、绿色碧玺，颜色鲜艳明亮饱和度高
摩根石/绝绿柱石	绿柱石	天然粉色绿柱石，由 Mn 元素致色
红绿柱石/柏比氏石		天然红色绿柱石，由 Mn 元素致色，其 Mn 含量高于摩根石，且 Ce、Rb 等碱金属含量较低，且不含水
马希谢绿柱石		深蓝色（钴蓝色），多为辐照处理后所得
金色绿柱石/金丝雀绿柱石		金黄色、带褐的黄色到褐色的绿柱石
戈申石/透绿柱石		无色透明的绿柱石
彩虹水晶	水晶	裂隙发育，且可产生鲜艳干涉色的水晶
草莓晶		具有赤铁矿、纤铁矿等铁氧化物，呈粉红-棕红-鲜红色的水晶
紫黄晶		一种紫色和黄色共存于同一石英晶体上的双色水晶，两种颜色有清晰的分界
蓝石英/蓝水晶		内部满布细针状或微粒状蓝色矿物，包括电气石、青泥石等
兔毛水晶		含纤维状（十分纤细，形如细密的发丝柔软缠绕）包裹体，可包括红兔毛、白兔毛等
幽灵水晶		含有尘埃状包裹体，包括绿幽灵、白幽灵等
水胆水晶		透明水晶内部含较大的液态包裹体
茶晶	烟晶/水晶	为烟黄色到深褐色的石英晶体，当出现黑色调时称"墨晶"
蔷薇石英/粉晶	芙蓉石/水晶	为淡红至蔷薇红色石英晶体，近白色-较深的蔷薇红色
勒子石	石英猫眼	内含大量平行于 c 轴排列的细针状、纤维状包裹体或细管的单晶石英
沙弗莱	石榴石	绿色铬钒钙铝榴石
芬达石		橙黄色锰铝榴石
贵榴石		天然红色铁铝榴石
桂榴石		天然褐黄色-酒黄色铁钙铝榴石
青海翠		天然绿色水钙铝榴石
黄榴石		天然黄色钙铁榴石
钛榴石		或称黑榴石，黑色者或暗褐到黑色，含 Ti 量较高的钙铁榴石
风信子石	锆石	
血滴董青石	董青石	具有砂金效应的董青石
加州玉	符山石玉	美国加利福尼亚州产出的以青符山石或绿符山石为主要组成的玉石
回龙玉		河南桐柏回龙地区也产一种矽卡岩型符山石玉
水沫子	斜长石玉	
京粉玉	蔷薇辉石	
红纹石	菱锰矿	
天青冻		色调湛蓝，质地水润通透，产于新疆
甲翠/岫翠	岫玉/蛇纹石玉	岫岩县产出的由蛇纹石和透闪石共同作为主要组成矿物的透闪石蛇纹石玉（蛇纹石含量高于透闪石）和蛇纹石透闪石玉（透闪石含量高于蛇纹石），绿白斑杂，质地略粗，半透明-微透明，硬度 5 左右

续表

商贸名称	基本名称	备注
营口玉		营口大石桥后仙峪硼矿区发现的蛇纹石玉,分为翠绿玉、墨绿玉、云翠玉和青铜玉四个类型
酒泉玉/祁连玉		地处祁连山脉的酒泉、肃南一带产出的蛇纹石玉
武山鸳鸯玉		甘肃东南部天水市武山县秦岭山脉的盘龙山产出的蛇纹石玉
南方玉/信宜玉		广东信宜泗流产出的蛇纹石玉
泰山玉、莒南玉、日照绿石、莱阳玉		山东泰安县泰山山麓产出的蛇纹石玉
昆仑玉		新疆昆仑山和阿尔金山脉产出的蛇纹石玉
托里蛇绿玉		新疆西北部塔城地区托里县产出超基性岩蚀变型蛇纹石玉
陆川玉		广西陆川县产出的蛇纹石玉
花莲玉		花莲县寿丰乡丰田石棉矿产出的蛇纹石玉
京黄玉		北京十三陵老君堂产出的蛇纹石玉
会理玉、石棉蛇纹石猫眼		四川凉山会理县产出的蛇纹石玉
云南玉		云南东川、武定、景东、牟定、苍山、宁蒗、德钦、镇源、墨江、新平等地产出的蛇纹石玉,统称"云南玉"
安绿玉		吉林省集安市高台子绿水河产出的蛇纹石玉
都兰墨绿玉		青海都兰乌妥沟产出的墨绿色蛇纹石玉
竹叶玉		青海哈利哈德山产出一种具竹叶状花纹的蛇纹石玉
中坝玉		青海海东市乐都县中坝乡的拉脊山脉产出的蛇纹石玉
鲍文玉		产于新西兰南岛、美国、南非、阿富汗和韩国扶余等地的蛇纹石玉,美国罗得岛州的州石
威廉玉		产于美国宾夕法尼亚州和马里兰州的蛇纹石玉
雷科石		产于美国新墨西哥州雷科地区的蛇纹石玉
加利福尼亚猫眼石/加利福尼亚虎睛石		产于美国加利福尼亚州一种具平行纤维构造的蛇纹岩,具有猫眼效应
高丽玉/朝鲜玉		产于朝鲜的蛇纹石玉
金格(克)浪	青金石	含量较高的黄铁矿局部成团块状或条带状聚集,含方解石白斑或白花,质地不均匀
催生石		青金石矿物和方解石蓝白二色混杂
点苍玉		云南大理点苍山产出的大理岩
阿富汗玉		阿富汗、土耳其和伊朗等地产出的大理岩
巴基斯坦玉		巴基斯坦产出的大理岩
曲阳玉	大理石	河北省曲阳地区产出的大理岩
莱阳玉/凤山玉		山东莱阳姜疃镇产出的大理岩
绿纹石		整体为较均匀的绿、蓝绿、黄绿、灰绿、绿白色,内有隐隐的乳白色平行条纹,微透明至半透明,个别样品甚至接近亚透明,玻璃光泽至油脂光泽,质地温润细腻,偶尔可显猫眼效应。产地为阿富汗、巴基斯坦
西川玉	白云岩	四川西部的丹巴产出的白云岩
木纹玉		黄河沿岸,是一种具木纹状纹理的白云岩

续表

商贸名称	基本名称	备注
蜜蜡黄玉	白云石大理岩	产于新疆哈密地区
和田黄纹玉	蛇纹石化白云石大理岩	岩石名称为蛇纹石化白云石大理岩,产于新疆和田地区且末县南100余千米长、海拔5 800多米的昆仑山玉矿带中,与和田玉伴生。其主要组成矿物为白云石和蛇纹石
九华玉	白云质大理岩	产于安徽池州,主要组成矿物为白云石,次要矿物以阳起石和透闪石为主
百鹤石/百鹤玉/百合玉	生物碎屑灰岩	产于湖北鹤峰距今4.3亿年前的志留纪地层中
砭石	结晶灰岩	结构致密,质地较细腻,颜色灰黑或红褐,不透明,光泽偏弱
菊花石	灰岩或灰质板岩	其基底为石灰岩(包括泥灰岩和含生物碎屑灰岩)或灰质板岩,有灰黑、灰、灰白、棕褐、灰紫等颜色 组成花朵的矿物主要是白、灰白色放射状排列的方解石粗大晶体,有时可见石英及交代残余的天青石、碳锶矿
密玉	石英岩玉	河南新密市产出的致密块状含绿色绢云母石英岩玉
京白玉	石英岩玉	北京门头沟产出的一种致密块状石英岩玉
贵翠	石英岩玉	贵州晴隆产出的含绿色高岭石石英岩玉
余太翠	石英岩玉	内蒙古乌拉特前旗大余太地区产出的石英岩玉
澳玉	玉髓	天然绿色玉髓
台湾蓝宝	玉髓	天然蓝色玉髓
血滴石	碧石	分布血红或红褐色赤铁矿斑点的绿碧石
带状玛瑙/合子玛瑙	玛瑙	指具有较宽平行纹带的玛瑙。纹带通常为单色的不同深浅,或为两种颜色相间排列,漆黑色夹一条白色色带者称"合子玛瑙"
缟玛瑙/条纹玛瑙/缠丝玛瑙	玛瑙	颜色相对简单,条纹清晰的玛瑙,当缟玛瑙的纹带十分细窄时,可称为缠丝玛瑙
苔藓玛瑙	玛瑙	内含苔藓状、树枝状包裹体的玉髓
火玛瑙	玛瑙	细微层理间含赤铁矿板片或薄层液体导致对入射光干涉、衍射,从而产生五颜六色晕彩的玉髓
云玛瑙	玛瑙	含细微的矿物和/或气液包裹体群,导致朦胧的云雾状外观的玉髓
虹彩玛瑙	玛瑙	透射光下观察显示光谱色彩虹效应的细纹带玛瑙
水胆玛瑙	玛瑙	内有含水或水溶液的封闭空洞的玛瑙
雨花石	玛瑙	南京六合及扬州仪征市月塘镇一带砾石层中的玛瑙
虎睛石	木变石/硅化玉	黄、黄棕、红棕、褐色木变石
鹰睛石	木变石/硅化玉	灰蓝、暗蓝、蓝绿色木变石
斑马虎睛石	木变石/硅化玉	黄褐色与灰蓝色斑杂分布的木变石

二、填空题

1. 天然有机宝石　海水养殖珍珠　海水珍珠　天然珍珠　天然海水珍珠

【答案解析】(1)由于养殖珍珠的生长机理及生长过程与天然珍珠相同,养殖生成的珠与天然珍珠在结构、成分上已很难区分,因此将养殖珍珠归类为天然有机宝石,养殖珍珠可以简称为"珍珠"。

（2）由于现代珠宝贸易中的"珍珠"均指"养殖珍珠"，所以天然产出的珍珠应定名为"天然珍珠"。

（3）若能够鉴定珍珠的生长环境，可将"海水""淡水"参与命名，如天然海水珍珠、天然淡水珍珠、养殖海水珍珠、养殖淡水珍珠、海水珍珠、淡水珍珠等。

2. 美观　耐久　稀少　美观

【答案解析】天然珠宝玉石需具备的条件包括美观、耐久和稀少，由于宝石的主要功能是作为首饰及工艺品，需具有一定的观赏性，因此美观是宝石价值的首要条件。其中，影响宝石美观的因素包括颜色、光泽、净度、透明度、特殊光学效应等；影响耐久性的因素包括硬度、韧度、化学稳定性等；宝石的稀少性主要包括品种上的稀少和质量上的稀少。

3. 颜色　透明度　净度

【答案解析】影响宝石美观度的主要因素包括内因和外因两大类：

（1）内因包括颜色、透明度、净度、光泽、火彩（色散）、特殊光学效应等宝石本身的光学性质。

（2）外因主要为宝石的切工，如琢型、比例、抛光、对称等。

4. 硬度　韧度　化学稳定性

【答案解析】影响宝石耐久性的因素包括内因和外因两大类：

（1）内因包括物理性质的耐久性和化学性质的耐久性，其中物理性质耐久性包括硬度、韧度、解理、裂理、断口、颜色稳定性、热膨胀性等；化学性质稳定性主要为耐腐蚀性。

（2）外因主要为宝石的切工，包括宝石的琢型、比例、修饰度等。

5. 品种上的稀有　质量上的稀有

【答案解析】稀有性是珠宝玉石名贵的重要原因之一，包括品种上的稀有和质量上的稀有：

（1）品种上的稀有：以星光红宝石为例，星光红宝石是一种具有星光效应，且以Cr元素致色的刚玉变种，其产量明显少于刚玉以及红宝石。

（2）质量上的稀有：以祖母绿为例，目前在全球各地以及地球历史各个时期均有祖母绿矿床的产出，但由于祖母绿内含物、裂隙等较为发育，能加工成完全无瑕者非常稀少。

注意：宝石的稀有性与宝石的自然资源储量密切相关，例如，紫水晶最初发现时，由于具有半透明至透明，紫色、紫红色的颜色，给人以高雅之感，最初仅见欧洲大陆，被人们视为珍宝，价值很高，但当在其他国家大量发现以后，价格大跌。

6. 天然宝石　天然玉石　天然有机宝石

【答案解析】根据宝石的成因分类，可将宝石分为天然珠宝玉石和人工宝石两大类，其中天然珠宝玉石可分为天然宝石、天然玉石和天然有机宝石三类；人工宝石分为合成宝石、人造宝石、拼合宝石和再造宝石。

7. 合成宝石　人造宝石　拼合宝石　再造宝石

【答案解析】详见填空题6题。

8. 星光红宝石　合成星光红宝石　合成星光红宝石

【答案解析】（1）具有星光效应的宝石，在珠宝玉石基本名称前加"星光"二字。

（2）具有星光效应的合成宝石，在所对应天然珠宝玉石基本名称前加"合成星光"四字。

（3）经优化处理的人工宝石直接使用人工宝石基本名称定名。

9. 金绿宝石猫眼　猫眼　变色金绿宝石　变石　变色金绿宝石猫眼　变石猫眼

【答案解析】（1）具有猫眼效应的珠宝玉石，在珠宝玉石基本名称后加"猫眼"二字。只有"金绿宝石猫眼"可直接称为"猫眼"。

（2）具有变色效应的宝石，在珠宝玉石基本名称前加"变色"二字。只有"变色金绿宝石"可直接称为"变石"。

（3）"变色金绿宝石猫眼"可直接称为"变石猫眼"。

10. 热处理　漂白　充填

【答案解析】 珠宝玉石常见的优化处理方法包括热处理、漂白、激光钻孔、漂白、充填、覆膜、高温高压处理、染色处理、辐照处理、扩散处理等。常见优化处理方法及类别详见表0-2。

表0-2　珠宝玉石常见优化处理方法及类别

优化处理方法	优化处理类别	备注
热处理	优化	
漂白	优化	
激光钻孔	处理	
漂白、充填	处理	
充填	优化	用无色油、蜡充填珠宝玉石 用少量树脂充填珠宝玉石缝隙，轻微改善其外观 祖母绿的此种方法为净度优化，归为优化（应附注说明）
充填	优化（应附注说明）	用玻璃、人工树脂充填珠宝玉石少许裂隙及空洞，改善其耐久性和外观
充填	处理	用含Pb、Bi等玻璃、人工树脂等固化材料灌注多孔隙及多裂隙珠宝玉石，改变其耐久性和外观
覆膜	优化（应附注说明）	在天然有机宝石表面覆无色膜，改变光泽或起保护作用
覆膜	处理	在天然宝石和天然玉石表面覆无色膜；或在珠宝玉石表面覆有色膜，改变其颜色或产生特殊效应
高温高压处理	处理	
染色处理	处理	玉髓的此种方法为优化
辐照处理	处理	水晶的此种方法为优化
扩散处理	处理	

11. 染色红宝石　红宝石（染色）　红宝石（处理）　红宝石

【答案解析】（1）根据珠宝玉石命名规则，经处理的宝石可有三种命名方式：

①可在珠宝玉石名称前加具体处理方法。

②在珠宝玉石名称后加括号注明处理方法。

③在珠宝玉石名称后加括号注明"处理"二字，并在相关质量文件中辅助说明具体处理方法。

因此，经过染色处理的红宝石可命名为染色红宝石、红宝石（染色）、红宝石（处理）（在质量文件中附注说明具体处理方法：染色处理）。

（2）经优化的宝石，直接使用珠宝玉石名称，可在相关质量文件中附注说明具体优化方法，红宝石的热处理属于优化，直接使用"红宝石"命名即可。

三、是非题

1. N

【答案解析】对于天然珠宝玉石的耐久性,针对某些宝石可适当放宽要求,例如,琥珀硬度较低,但由于其具有较深的文化底蕴、较好的美观性,同样可以成为宝石。再如,碳酸盐质玉石,如菱锰矿、孔雀石等,硬度较低,且化学性质不稳定,易溶于酸,但其颜色艳丽、花纹丰富,从而成为较为重要的宝石品种。

2. N

【答案解析】天然珠宝玉石应具备三个基本的条件:美观、耐久和稀少。但要注意,这三个基本条件均属于相对性的条件,即需要有一定的对比,但并不是所有的宝石均需要满足这三个条件,对于部分宝石可以适当放宽。虽然净度级别较低的钻石在美观度上不如净度级别更高的钻石,但仍然可作为首饰及工艺品,因此可以成为宝石。

3. N

【答案解析】虽然合成宝石与自然界已知的对应物之间,在物理性质、化学成分和晶体结构上基本相同,并且具有相似的外观,但是其生成条件决定了绝大多数人工宝石具有高产量、低成本的特点,与天然宝石的价值相去甚远。因此需要明确的鉴定结果,同时在命名时应强调其"合成"的成因,以示与天然珠宝玉石相区别。

4. N

【答案解析】题目描述的是老版本国家标准中的相关内容,在《珠宝玉石 名称》(GB/T 16552—2017)中已经将该内容进行了修改。对于拼合宝石的命名方式详见例题7。

5. N

【答案解析】根据天然有机宝石的定义,塑料虽然主要成分为有机物,但与自然界生物无直接生成关系,因此不属于天然有机宝石,根据其成因,塑料应属于"人造宝石"。关于有机宝石的含义详见例题4和名词解释5题。

6. N

【答案解析】根据合成宝石的定义"合成宝石是指完全或部分由人工制造且自然界有已知对应物的晶质体或非晶质体,其物理性质、化学成分和晶体结构与所对应的天然珠宝玉石基本相同"。但需注意的是,自然界的已知对应物不一定能够达到宝石级,类似的材料还包括合成立方氧化锆等。

7. N

【答案解析】天然珠宝玉石中,天然玻璃、天然(海水)珍珠、天然(淡水)珍珠在命名时需要添加"天然"二字。关于天然珠宝玉石的命名详见例题7。

8. N

【答案解析】玻璃、塑料、陶瓷等宝石无需添加相应的修饰词,关于人工宝石的命名详见例题7。

9. Y

【答案解析】以产地命名珠宝玉石是一种较为传统的命名方式,如和田玉、岫玉等,但已经失去了产地意义,属于天然珠宝玉石的基本名称,以和田玉为例,根据国家标准《和田玉鉴定与分类》(GB/T 38821—2020),和田玉是指"由自然界产出,具有美观、耐久、稀少性和工艺价值，可加工成饰品的透闪石矿物集合体"，该名称已不具有产地意义，除新疆和田地区以外，我国青海、贵州、辽宁以及俄罗斯均有软玉产出。

10. N

【答案解析】与使用产地命名相类似，使用颜色参与命名同样是一种传统的命名方式，如红宝石、蓝宝石、绿柱石、红柱石等，主要与当时人们对珠宝玉石或矿物的认知程度较低有关，随着演变，部分以颜色命名的宝石已经成为珠宝玉石的基本名称。但是由于矿物晶体类质同象替代的发生、晶格缺陷等使得矿物晶体的颜色发生变化，以绿柱石为例，Cr 元素使其变为绿色、Fe 元素使其变为蓝色、Mn 元素使其变为红色或粉色，当无致色元素时，绿柱石可呈现无色，因此，以颜色命名的部分宝石或矿物同样失去了颜色意义。

11. N

【答案解析】（1）特殊光学效应中，仅有星光效应、猫眼效应和变色效应参与命名，其他特殊光学效应可在相关质量文件中附注说明。

（2）在命名时"星光"和"变色"效应的修饰词放置在宝石的基本名称之前，"猫眼"放在宝石的基本名称之后。

12. N

【答案解析】天然珠宝玉石在命名时，"产地"不参与命名，传统上以产地命名的珠宝玉石已不具有产地意义。

13. Y

【答案解析】（1）根据天然玉石的命名规则，直接使用天然玉石基本名称或其矿物（岩石）名称，在天然矿物或岩石名称后可附加"玉"字；不必加"天然"二字，但"天然玻璃"除外。

（2）岫玉是该玉石品种的基本名称，矿物组成为蛇纹石，因此可直接命名为"蛇纹石"或"蛇纹石玉"；类似的还包括以透闪石为主要矿物组成的和田玉可命名为"和田玉""透闪石""透闪石玉"。

14. Y

【答案解析】天然宝石以红宝石为例，其矿物名称为刚玉，因此也以"刚玉"直接命名。天然珠宝玉石的命名规则详见例题 7。

15. Y

【答案解析】仿宝石在命名时应在所仿的天然珠宝玉石基本名称前加"仿"字，仿宝石的命名规则详见例题 7。

16. N

【答案解析】具有猫眼效应和变色效应的宝石中，仅金绿宝石可简称为猫眼或变石，其他宝石应在其基本名称的基础上加上相应的修饰词，如碧玺猫眼、变色蓝宝石等，详见填空题 9 题。

17. N

【答案解析】同种优化处理方法，不同的宝石定位不同，详见填空题 10 题。

（1）对于染色处理，玉髓、玛瑙、碧石的染色属于优化，其他珠宝玉石属于处理。

（2）对于辐照处理，水晶的辐照处理为优化，其他珠宝玉石的辐照处理为处理。

（3）对于覆膜处理，天然有机宝石覆无色膜为优化，但应附注说明，其他宝石覆无色膜为处理。

18. Y

【答案解析】根据国家标准《珠宝玉石 名称》（GB/T 16552—2017）中的规定，对于不能确定是否经过处理的珠宝玉石，在名称中可不予表示。但应在相关质量文件中附注说明"可能经××处理"或"未能确定是否经××处理"或"××成因未定"。例如，经辐照处理的蓝色托帕石颜色成因无有效的手段进行鉴定，因此需要在相关的质量文件中（如备注中）附注说明"颜色成因未定"。

19. Y

【答案解析】部分人工宝石在晶体生长结束后需进行"优化处理"，其主要目的包括掩盖"人工印记"模拟天然珠宝玉石、改善人工宝石的颜色等，如经染色处理的焰熔法生长的合成红宝石，会掩盖掉"弯曲生长纹"的鉴定特征；合成水晶经辐照处理后可将$[FeO_4]^{5-}$色心转变为$[FeO_4]^{4-}$色心，形成紫水晶。这类经过优化处理的人工宝石直接使用人工宝石的基本名称命名即可。

20. Y

【答案解析】辐照处理中，除水晶为优化外，其他均为处理，详见填空题10题和是非题17题。

21. Y

【答案解析】拼合宝石的命名规则详见例题7。

22. Y

【答案解析】关于珍珠的命名规则详见填空题1题。

23. N

【答案解析】宝石是珠宝玉石的简称，包括天然宝石、天然玉石和天然有机宝石。

24. N

【答案解析】宝石的优化处理分为三个类别，分别是优化、优化（应附注说明）、处理。

（1）"优化"在命名时基本名称处不必说明，但可附注说明具体优化处理方法，也可说明程度，如红宝石的热处理等。

（2）"优化（应附注说明）"，命名时基本名称不必说明，但应辅助说明具体优化处理方法，可说明程度，如琥珀的覆无色膜等。

（3）"处理"命名时应在基本名称处注明，并附注说明具体优化处理方法，如红宝石的染色处理等。

25. N

【答案解析】宝石的内含物对宝石的价值既可具有正面的影响，也可具有负面的影响。

（1）正面影响：

①形成特殊光学效应：部分特殊光学效应与内含物有关，如星光效应、猫眼效应、砂金效应等，可提升宝石的美观度，进而提升宝石的价值。

②形成特殊的图案：部分宝石中的内含物可形成特殊的图案，同样可增加宝石的价值，如水晶中的绿泥石包裹体，可形成"绿幽灵水晶"。

（2）负面影响：对于透明度较高的宝石，当存在一定内含物时，影响其净度等级，可降低宝石的价值。内含物的净度特征的大小、对比度、位置、数量、影像的数量及净度特征的性状是评价宝石净度的因素。

26. N

【答案解析】根据天然玉石的定义，天然玉石包括自然界形成的矿物集合体和非晶质体，与矿物的光性特征无关。例如，水钙铝榴石为均质体，属于天然玉石。

四、单项选择题

1. C

【答案解析】A 选项，人造水晶命名错误，由于自然界产出的天然珠宝玉石中包括"水晶"，因此人工制造的"水晶"应命名为"合成水晶"。

B 选项，绿宝石与紫宝石命名错误，在珠宝玉石的命名中，部分以颜色命名的宝石无颜色意义，如并不是所有的蓝宝石均为蓝色，除传统上能够确定具体的宝石品种的名称以外的宝石，如红宝石、蓝宝石、海蓝宝石等，一般不使用颜色直接命名。主要有以下两个原因：

（1）一种宝石可能表现出不同的颜色，如碧玺、石榴石等。

（2）不同的宝石有时具有相同或相似的颜色，如红宝石与尖晶石。

基于以上两点原因，若以颜色直接命名宝石，同一名称之下可能包含多个宝石品种。

C 选项正确，水晶具有多种颜色，根据颜色分类，可将水晶划分成不同的宝石品种：水晶、紫晶、黄晶、烟晶、芙蓉石等；依据特殊的光学效应，又可将其划分为星光水晶、石英猫眼；依据包体特征，又可将其划分为发晶、水胆水晶等。

D 与 E 选项，沙弗莱、翠榴石、芬达石、帕帕拉恰、帕拉伊巴、红宝碧玺等名称属于珠宝玉石的商贸名称，是已经被广泛使用和普遍认可的珠宝玉石基本名称以外的其他名称，但是珠宝玉石的商贸名称不应单独使用，可在相关质量文件中附注说明"商贸名称：×××"。

2. C

【答案解析】详见例题 4。

注意：天然有机宝石必须与自然界生物有"直接"生成关系，无直接生成关系的宝石不能归类为天然有机宝石。

五、多项选择题

1. ABE

【答案解析】染色处理是将致色物质（如有色油、染料等）渗入珠宝玉石，以改善或改变珠宝玉石的颜色。对于玉髓、玛瑙、碧石等属于优化，对于其他珠宝玉石属于处理。

2. ABC

【答案解析】关于拼合石的命名规则详见例题 7。

3. ABCDE

【答案解析】仿宝石是"用于模仿某一种天然珠宝玉石的颜色、特殊光学效应等外观特征的珠宝玉石或其他材料。"

钻石的外观具有无色、透明、金刚光泽、强火彩、刻面棱锋利等特点，因此，具有与钻石相似特征的宝石均可作为钻石的仿制品。

（1）蓝宝石与水晶模仿钻石的"无色"与"透明"的外观。

（2）合成立方氧化锆、合成碳化硅和人造钛酸锶主要模仿钻石的"无色""透明""金刚光泽""强火彩"等特点。

（3）合成碳化硅由于具有较高的硬度，因此具有与钻石相似的锋利刻面棱，并且可模仿钻石"无色""透明""金刚光泽""强火彩"等特点。

4. ABCDE

5. BCE

6. ABCDE

注：菱锰矿、萤石和蔷薇辉石等均可以单晶的形式存在，也可以集合体的形式出现，其名称既可以代表"天然宝石"，也可为"天然玉石"。

7. DE

【答案解析】4~7题，关于宝石的定义，详见例题1。

六、问答题

1. 关于天然珠宝玉石具备的条件，请回答如下问题：

（1）简述天然珠宝玉石具备的条件。

答：作为宝石材料须具有三大主要特征：瑰丽、耐久和稀少。

（1）宝石的美观性是宝石应具备的首要条件。影响宝石美丽的因素包括内因和外因，其中内因包括宝石的颜色、透明度、光泽、净度、特殊光学效应等；外因主要为宝石的切工，如琢型、比例、修饰度等。

（2）宝石的耐久性是指宝石能长时间佩戴或保存而不发生变化，甚至可以代代流传。影响宝石耐久性的因素包括内因和外因，其中内因主要为宝石本身的物理性质耐久性（如硬度、韧性、颜色稳定性等）和化学性质耐久性（如抗腐蚀性）；外因主要为宝石的切工，包括琢型、比例、修饰度等因素。但这一条件对某些宝石可适当放宽，如有机宝石、碳酸盐类宝石等。

（3）宝石以产出稀少而名贵，包括品种上的稀有和质量上的稀有。品种上的稀有以星光红宝石为例，星光红宝石是一种具有星光效应，且以Cr元素致色的刚玉变种，其产量明显少于刚玉以及红宝石；质量上的稀有以祖母绿为例，目前在全球各地以及地球历史各个时期均有祖母绿矿床的产出，但由于祖母绿内含物、裂隙等较为发育，能加工成完全无瑕者非常稀少。

（2）详细论述影响宝石耐久性的因素包括哪些。

答：影响宝石耐久性的因素包括内因和外因两大类，其中内因主要为宝石的物理性质的耐久性和化学性质的耐久性，外因主要为宝石的切工。

1. 内因

（1）宝石的物理性质稳定性主要与宝石的力学性质有关。其中力学性质主要包括硬度、韧度等有关。

①宝石硬度是指宝石抵抗外来压入、刻划或研磨等机械作用的能力，与其晶体结构、化学键、化学组成等有关。传统意义上的贵重宝石往往具有较高的硬度，例如，钻石的硬度为10，红宝石的硬度为9。

②宝石的韧度是指物质抵抗打击撕拉破碎的性能，与脆性近似对应。受打击易碎裂为脆性，反之，抗打击撕拉碎裂性能强者具韧性。传统意义上的贵重玉石如和田玉、翡翠等玉石具有较高的韧性。宝石在外力作用下发生破裂的性质包括解理、裂理和断口。

a. 解理是指宝石晶体在外力作用下，沿一定的结晶学方向裂开成光滑平面的性质。根据形成解理的难易程度和解理面发育的特点，可将宝石常见的解理分为极完全解理、完全解理、中等解理、不完全解理和极不完全解理。例如，钻石具有八面体中等-完全解理，虽然钻石的硬度较高，但受到外力时易于破碎。

b. 裂理是宝石在外力作用下沿双晶结合面、包裹体分布面或结构缺陷面等裂开成平面的性质。因此当宝石矿物出现双晶以及包裹体时会降低宝石的耐久性。例如，红宝石多发于菱面体裂理及底面裂理，具有较大的脆性。

c. 断口是宝石在外力作用下沿任意方向（无方向性）裂开的性质。不同宝石在受到外力作用下破裂的难易程度不同。

③其他物理性质稳定性

a. 颜色稳定性。宝石的颜色通常与致色元素及晶格缺陷有关，部分宝石的颜色稳定性相对较差，例如，芙蓉石经加热或长时间日晒颜色会变浅。

b. 热膨胀性。物体由于温度改变而有胀缩现象，常用热膨胀系数表示，钻石的热膨胀系数极低，温度的突然变化对钻石影响不大。

（2）化学性质稳定性是指宝石矿物在化学因素作用下保持原有物理化学性质的能力，通常与宝石矿物的化学组成及晶体结构有关。例如，碳酸盐类宝石矿物耐腐蚀性较低，易与酸等发生反应；钻石具有很强的化学稳定性，在酸和碱中均不溶解。

2. 外因

影响宝石耐久性的外因主要为宝石的切工，如琢型类型、腰棱厚度、底尖尺寸等。

（1）琢型：部分宝石具有较大的脆性，因此在琢型选择上，需要能够避免脆性所带来的伤害，例如祖母绿，硬度虽然较高，为 7.5~8，但由于祖母绿本身裂隙较为发育，因此脆性较高，常使用八角阶梯琢型，周围的棱角均为钝角，在一定程度上提升宝石的耐久性。

（2）腰厚和底尖：腰棱的厚度和底尖均可影响宝石的耐久性，若腰棱过薄，则容易引起宝石的损伤。

（3）详细论述影响宝石美观度的因素。

答：影响宝石的美观的因素包括两个大的方面，包括内因和外因，其中内因主要包括宝石的颜色、光泽、透明度、净度、特殊光学效应等，外因主要为宝石切工等。

1. 内因

（1）宝石的颜色：是由宝石自身的致色因子对光源的不同波长或能量具有不同程度的选择性吸收和透射或反射所致。表征颜色的三个重要的物理量分别为色相（色调）、明度和彩度（饱和度），高质量的宝石通常要求其颜色艳丽、纯正、均匀。但需要注意的是，并不是所有的宝石均要求具有美丽的颜色特征，例如无色系的宝石、钻石等，以颜色纯净为美。

（2）宝石的光泽：是指宝石表面反射光的能力，主要与折射率（n）和吸收系数（K）等因素有关。宝石的折射率和吸收系数越大，光泽越强，根据光泽的强弱可以将光泽分为金属光泽、半金属光泽、金刚光泽和玻璃光泽等，此外，还包括一些特殊光泽，如油脂光泽、树脂光泽、蜡状光泽、土状光泽、丝绢光泽、珍珠光泽等。不同的宝石具有不同的光泽，且具有不同的评价标准，例如钻石以金刚光泽为美，而和田玉以柔和的油脂光泽为美。

（3）宝石的透明度：是指宝石允许可见光透过的程度，与宝石对光的吸收因数、厚度、自身颜色、颗粒结合方式、杂质、裂隙等因素有关，通常将宝石的透明度大致划分为透明、亚透明、半透明、微透明和不透明五个级别。不同的宝石具有不同的评价标准，如水晶以高透明度为美，但绿松石、孔雀石等玉石则具有较低的透明度。

（4）宝石的净度：是指影响宝石美观度和耐久性的内部和表面瑕疵的发育程度特征，包括宝石内部的内含物（如晶体包裹体或气液包裹体）和表面特征（如刮痕或破损），通常与净度特征的大小、数量、位置、对比度等因素有关。但并不要求所有的宝石均具有较高的净度特征，有些内含物能够形成特殊的光学效应，如砂金效应、猫眼效应和星光效应等，能够提升宝石的美观度。

（5）宝石的火彩：由于介质对不同波长的光的折射率不同，白色光照射到类似三棱镜的介质上时，可将白色光分解成单色光，当切工良好的时，光线通过多次折射和全反射后，可在宝石的冠部形成火彩，例如钻石、金红石、锆石等宝石由于色散值较高，可具有非常明显的火彩特征。

（6）宝石的特殊光学效应：是指在可见光照射下，珠宝玉石的结构对光的折射、反射、干涉和衍射等作用所产生的特殊的光学现象。主要包括星光效应、猫眼效应、变色效应、砂金效应、变彩等，可以提高宝石的美观度。

（7）宝石的发光性：是指宝石在外界能量的激发下发出可见光的性质，日常生活中接触的激发源主要为太阳光，可激发宝石的荧光。根据荧光的强度，一般可分为强、中、弱、无四个级别，但不同的宝石，荧光对其美观度的影响不同，例如钻石，较强的荧光会降低其透明度，具有雾蒙蒙的外观，从而降低钻石的价格；对于红宝石或者尖晶石，其较强的荧光会叠加在宝石的体色之上，进而增加宝石的颜色外观，提升宝石的价值，高品质的鸽血红红宝石、绝地武士尖晶石的评判标准之一就是具有较强的荧光。

（8）克拉质量：通常情况下，宝石的尺寸越大，其美观度越好，以钻石为例，经过统计，30分以上的钻石可以很好地展现钻石的亮度，70分以上的钻石可以很好地展现钻石的火彩。

2. 外因：宝石内在的美往往需要通过良好的切工得到展示

（1）宝石的琢型：不同的宝石常常适用于不同的琢型，例如，具有星光效应、猫眼效应等特殊光学效应的宝石需要切磨成高度适宜的弧面型宝石；具有高折射率、高透明度的宝石通常采用明亮式琢型；彩色宝石通常选择阶梯琢型等体现宝石的颜色。玉石的雕工可以根据颜色的分布特征等进行精心的设计，展现出玉石美观度。

（2）比率：良好的比率可以很好地展现出宝石的火彩、颜色、闪烁等特征，针对不同的宝石往往需要精确的计算，其评价的标准包括台宽比、亭深比、冠角、亭角、腰厚比、星刻面长度比与卜腰面长度比、剔磨、刷磨等。对于玉石雕件，其评价主要为整体的比例特征，如人物的比例等。

（3）抛光：抛光通常是宝石加工的最后一道工序，抛光主要影响宝石的光泽、透明度、光洁度等外观特征，其评价的内容主要为抛光痕迹的明显程度，如抛光痕、烧痕、蜥蜴皮等特征。

（4）对称：自然界往往以对称为美，对称在日常生活中无处不在。影响宝石对称程度的因素主要包括腰围不圆、台面偏心、底尖偏心、台面/底尖偏离、冠高不均、冠角不均、亭深不均、亭角不均、腰厚不均、台宽不均等。

（5）宝石的定向：对于不同宝石，在加工过程中需对宝石进行定向，将其最好的美观度留在宝石的正面，例如，具有星光效应和猫眼效应的宝石，其底面需平行于包裹体分布所在的平面。对于具有多色性的宝石，需将宝石的最好的颜色留在宝石的台面上，例如红宝石的加工通常需将台面垂直于光轴；对于深色碧玺，台面通常平行于光轴方向，浅色碧玺则需垂直光轴方向切磨。

2. 关于珠宝玉石的命名规则，请回答如下问题：

（1）详细论述天然珠宝玉石的命名规则。

答：天然珠宝玉石是指由自然界产出，具有美观、耐久、稀少性，具有工艺价值，可加工成装饰品的物质。按照组成和成因不同可分为天然宝石、天然玉石和天然有机宝石三类。

（1）天然宝石的定名应遵守以下规则：

①直接使用天然宝石基本名称或其矿物名称，不必加"天然"二字，如红宝石。

②产地不应参与定名，如"南非钻石""缅甸蓝宝石"。

③不应使用由两种或两种以上天然宝石名称组合定名某一种宝石，如"红宝石尖晶石""变石蓝宝石"，"变石猫眼"除外。

④不应使用易混淆或含混不清的名称定名，如"蓝晶""绿宝石""半宝石"等。

（2）天然玉石的定名应遵守以下规则：

①直接使用天然玉石基本名称或其矿物（岩石）名称，在天然矿物或岩石名称后可附加"玉"字，不必加"天然"二字，"天然玻璃"除外。

②不应使用雕琢形状定名天然玉石，如"玉观音"等。

③带有地名的天然玉石基本名称，不具有产地含义，如"和田玉""岫玉"等已不具有产地意义。

（3）天然有机宝石的定名应遵守以下规则：

①直接使用天然有机宝石基本名称，不必加"天然"二字，"天然珍珠""天然海水珍珠""天然淡水珍珠"除外。

②"养殖珍珠"可简称为"珍珠"，"海水养殖珍珠"可简称为"海水珍珠"，"淡水养殖珍珠"可简称为"淡水珍珠"。

③产地不应参与天然有机宝石定名，如"波罗的海琥珀"。

（2）详细论述人工宝石的命名规则

答：人工宝石是指完全或部分由人工生产或制造，用作首饰及装饰品的材料，包括合成宝石、人造宝石、拼合宝石和再造宝石。

（1）合成宝石的定名应遵守以下规则：

①应在对应的天然珠宝玉石基本名称前加"合成"二字，如"合成红宝石""合成祖母

绿"等。

②不应使用生产厂、制造商的名称直接定名，如"查塔姆（Chatham）祖母绿""林德（Linde）祖母绿"。

③不应使用易混淆或含混不清的名称定名，如"鲁宾石""红刚玉""合成品"等。

④不应使用合成方法直接定名，如"CVD 钻石""HPHT 钻石"。

⑤再生宝石应在对应的天然珠宝玉石基本名称前加"合成"或"再生"二字。如无色天然水晶表面再生长绿色合成水晶薄层，应定名为"合成水晶"或"再生水晶"。

（2）人造宝石的定名应遵守以下规则：

①应在材料名称前加"人造"二字，"玻璃""塑料"除外。

②不应使用生产厂、制造商的名称直接定名。

③不应使用易混淆或含混不清的名称定名，如"奥地利钻石"。

④不应使用生产方法直接定名，如"焰熔法人造钛酸锶"。

（3）拼合宝石的定名应遵守以下规则：

①应在组成材料名称之后加"拼合石"三字或在其前加"拼合"二字。

②可逐层写出组成材料名称，如"蓝宝石、合成蓝宝石拼合石"。

③可只写出主要材料名称，如"蓝宝石拼合石"或"拼合蓝宝石"。

（4）再造宝石的定名应遵守以下规则：

应在所组成天然珠宝玉石基本名称前加"再造"二字。如"再造琥珀""再造绿松石"等。

（3）简述经优化处理宝石的命名规则。

答：优化处理是指除切磨和抛光以外，用于改善珠宝玉石的颜色、净度、透明度、光泽或特殊光学效应等外观及耐久性或可用性的所有方法，分为优化和处理两类。

（1）优化是指传统的、被人们广泛接受的、能使珠宝玉石潜在的美显现出来的优化处理方法，其表示方法应符合下述要求：

①直接使用珠宝玉石名称，可在相关质量文件中附注说明具体优化方法。

②对于"优化（应附注说明）"的方法，应在相关质量文件中附注说明具体优化方法，可描述优化程度。如"经充填"或"经轻微/中度充填"。

（2）处理是指非传统的、尚不被人们广泛接受的优化处理方法，其表示方法应符合下述要求：

①在珠宝玉石基本名称处注明：

a. 名称前加具体处理方法，如"扩散蓝宝石""漂白、充填翡翠"。

b. 名称后加括号注明处理方法，如"蓝宝石（扩散）""翡翠（漂白、充填）"。

c. 名称后加括号注明"处理"二字，如"蓝宝石（处理）""翡翠（处理）"；应尽量在相关质量文件中附注说明具体处理方法，如"扩散处理""漂白、充填处理"。

②不能确定是否经过处理的珠宝玉石，在名称中可不予表示。但应在相关质量文件中附注说明"可能经××处理"或"未能确定是否经××处理"或"××成因未定"，例如，若无法确定蓝色托帕石是否经过辐照处理，可直接命名为"托帕石"，在备注中附注说明"颜色成因未定"。

③经多种方法处理或不能确定具体处理方法的珠宝玉石按①或②进行定名。也可在相关

质量文件中附注说明"××经人工处理",如钻石(处理),附注说明"钻石颜色经人工处理"。

④经处理的人工宝石可直接使用人工宝石基本名称定名,如经染色处理的合成红宝石可直接命名为"合成红宝石"。

(4)简述具有特殊光学效应宝石的命名规则。

答:特殊光学效应是指在可见光照射下,珠宝玉石的结构对光的折射、反射、干涉和衍射等作用所产生的特殊的光学现象。具有特殊光学效应的珠宝玉石定名应遵守以下规则:

(1)具猫眼效应的珠宝玉石,在珠宝玉石基本名称后加"猫眼"二字,如"磷灰石猫眼""碧玺猫眼"。只有"金绿宝石猫眼"可直接称为"猫眼"。

(2)具星光效应的珠宝玉石,在珠宝玉石基本名称前加"星光"二字,如"星光红宝石""星光祖母绿"等。具有星光效应的合成宝石,在所对应天然珠宝玉石基本名称前加"合成星光"四字,如"合成星光红宝石""合成星光蓝宝石"等。

(3)具变色效应的珠宝玉石,在珠宝玉石基本名称前加"变色"二字,如"变色蓝宝石""变色碧玺"等。只有"变色金绿宝石"可直接称为"变石""变色金绿宝石猫眼"可直接称为"变石猫眼"。具有变色效应的合成宝石,在所对应天然珠宝玉石基本名称前加"合成变色"四字,如"合成变色蓝宝石"等,但"合成变石""合成变石猫眼"除外。

(4)具其他特殊光学效应(砂金效应、晕彩效应、变彩效应等)的珠宝玉石,其他特殊光学效应不应参与定名,可在相关质量文件中附注说明。

(5)为何人工宝石在命名时禁止使用生产厂、制造商以及合成方法直接定名。

答:一种人工宝石可能有多种生产方法,如合成红宝石的方法包括焰熔法、水热法、助熔剂法、提拉法等,若使用生产方法直接定名,仅能显示该人造宝石的制造地点、开发商名称等信息,并未揭示该人工宝石的品种和属性,同时不能确保人工宝石命名的准确性和唯一性,是一种易误导消费者的错误命名方法。

3. 宝石矿物的分类原则有哪些,请详细说明珠宝玉石的分类,并举例说明。

答:宝石矿物的分类原则珠宝包括三大类,分别为宝石的成因分类、组成元素种类及其间的关系分类和晶体化学分类。详见第二章。

4. 详细论述如何理解和使用"仿宝石"。

答:(1)"仿宝石"指用于模仿某一种天然珠宝玉石的颜色、特殊光学效应等外观特征的珠宝玉石或其他材料。"仿宝石"不代表珠宝玉石的具体类别。仿宝石定名规则为:

①应在所仿的天然珠宝玉石基本名称前加"仿"字,如"仿祖母绿""仿钻石"。

②尽量确定具体珠宝玉石名称,且采用下列表示方式,如"仿水晶(玻璃)"、仿钻石(合成立方氧化锆)。

③确定具体珠宝玉石名称时,应遵循本标准规定的所有定名规则。

④"仿宝石"一词不应单独作为珠宝玉石名称。

(2)使用"仿某种珠宝玉石"表示珠宝玉石名称时,意味着该珠宝玉石:

①不是所仿的珠宝玉石,如"仿钻石"不是钻石。

②所用的材料有多种可能性,如"仿钻石"可能是玻璃、合成立方氧化锆、合成碳化硅等。

第一章　结晶学基础

内容概述

本章主要为结晶学的相关内容，包括晶体与非晶体的定义、晶体的性质、晶体的分类、晶体的规则连生、实际晶体的形态与晶面条纹、晶体的定向、宝石矿床的成因简介（图1-1）。在学习过程中需重点掌握以下内容：

1. 理解晶体的本质以及相关性质，理解晶体与非晶体之间的本质区别。
2. 理解对称的含义，晶体对称的特点，以及晶体的对称分类。
3. 理解晶体定向的意义，以及各类晶体定向的规则、各类晶体的晶体常数，以及由于定向所产生的各类符号的计算方式和表达方式。
4. 理解单形的定义、单形的分类以及单形相聚的条件。
5. 需掌握晶体连生的本质、基本规律及其成因。
6. 掌握真实晶体与理想晶体之间的区别。
7. 掌握宝石矿床的成因，了解内生成矿作用、外生成矿作用以及变质作用的内涵以及相关的宝石实例。

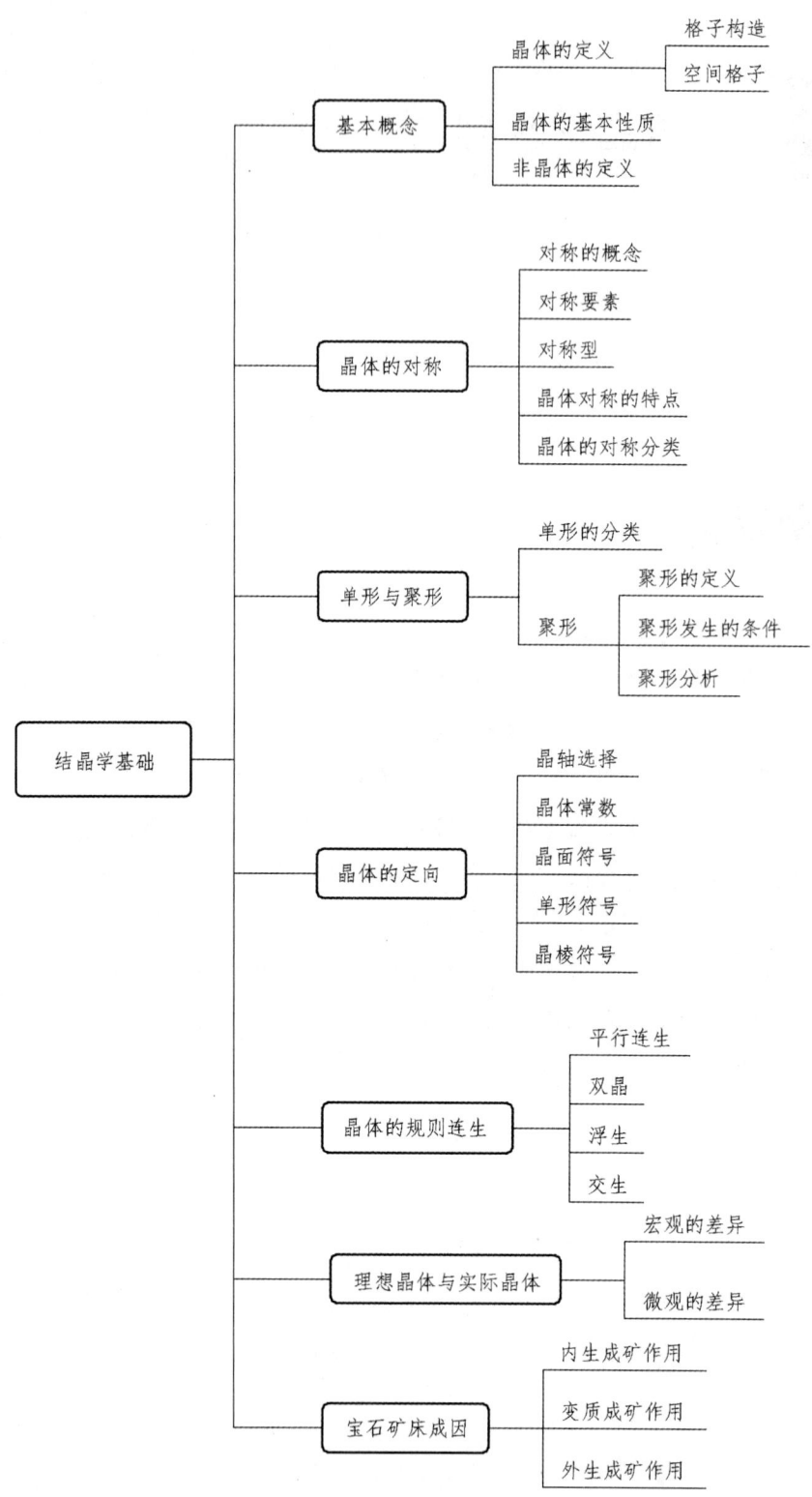

图 1-1 第一章内容概述

第一节　重点例题讲解

【例题1】填空题　晶体是具有_____的固体，其基本性质包括_____、_____、_____、_____、_____、_____，根据晶体的对称特点，可将晶体分为_____个晶系，_____晶族；对称型共有_____个，晶类具有_____个。

【参考答案】格子构造　自限性　均一性　对称性　异向性　最小内能性　稳定性　7　3　32　32

【例题讲解】晶体的定义、性质以及分类，是几何结晶学中最为重要的知识之一，同时是学习结晶学相关知识的基础，把握晶体的本质对于后续知识的理解具有重要的意义。

（1）晶体的定义及空间格子：晶体是具有格子构造的固体，其中，格子构造是指晶体的内部质点（原子或离子）作规律排列，而且这种排列可在三维空间周期性重复，可用格子形状来表征，即空间格子。

空间格子：是用于表示晶体内部结构中质点周期性重复排列规律的几何图形，包括结点、行列、面网和平行六面体4个要素。根据格子中结点的分布特征，可将空间格子分为原始格子、底心格子、面心格子和体心格子四种基本类型，综合考虑平行六面体的形状及结点的分布情况，在晶体结构中只可能出现14种不同形式的空间格子，称为14种布拉维格子，由布拉维于1848年最先推导出来。

①原始格子：结点分布于平行六面体的8个角顶上。
②底心格子：结点分布于平行六面体的角顶及某一对面的中心。
③体心格子：结点分布于平行六面体的角顶和平行六面体中心。
④面心格子：结点分布于平行六面体的角顶和3对面的中心。

（2）晶体的基本性质：包括自限性、均一性、异向性、对称性、最小内能性和稳定性六大性质，这些性质均是由晶体的格子构造所决定的。

①自限性：是指晶体在适当条件下可自发地形成规则几何多面体外形的性质。晶体为平的晶面所包围，晶面相交成直的晶棱，晶棱会聚成尖的角顶。晶体规则的几何多面体形态是其格子构造在外形上的直接反映，晶面、晶棱与角顶分别与格子构造中的面网、行列及结点相对应，因此，晶体多面体形态受格子构造制约，它服从一定的结晶学规律。

注：并不是所有的晶体在任何条件下都可自发地形成规则的几何多面体外形，它需要适当的条件，例如，伟晶岩中形成的宝石晶体形态相对完整。根据晶形的完整程度，可将晶体分为自形晶、半自形晶和他形晶。无论晶体是否发育成规则的几何多面体形态，均不影响晶体自限性的存在。

②均一性：是指晶体各个部分的物理性质和化学性质是相同的。由于晶体是具有格子构造的固体，质点在三维空间周期重复排列，因此，在同一晶体的各个不同部分，质点的分布规律相同，从而导致晶体各个部分具有相同的物理化学性质。

注：非晶体也具有均一性，但与晶体的均一性不同，属于统计均一性；晶体的均一性是由格子构造决定的，是结晶均一性，两者具有本质的差异。另外，液体和气体也具有统计均一性。

③异向性：是指晶体的性质随方向的不同而有所差异的性质。质点在三维空间内周期重

复排列，但是在不同方向上质点的排列规则存在一定的差异，例如结点间距、面网密度等在不同方向上不同，导致晶体在不同方向上的性质不同，具有异向性。晶体中能够体现异向性的性质折射率、硬度、解理、多色性、色带、导电性等。

④对称性：是指相同的性质在不同方向或位置上有规律地重复。由于晶体中的质点在三维空间周期重复排列，其格子构造本身就是相同性质有规律重复的体现，因此所有的晶体都是对称的。晶体的对称性是晶体最重要的性质之一，是晶体分类的基础。

由于晶体的对称受格子构造的制约，因此晶体的对称具有以下几个特点：

a. 所有的晶体都是对称的：晶体中的格子构造本身就是晶体对称的体现，借助一定的操作可将不同方向或位置相同性质重复的操作称为对称操作，在微观层面上，通过平移操作可使相同的质点，或空间格子重复。

b. 晶体的对称是有限的：只有符合格子构造规律的对称才能在晶体上出现，需遵循晶体对称定律，即晶体中可能出现的对称轴只能是一次轴、二次轴、三次轴、四次轴、六次轴，不可能存在五次轴及高于六次的对称轴。

c. 晶体的对称除几何意义外，还包含物理意义：晶体的对称不仅体现在外形上，同时也体现在物理性质上，如光学性质（双折射率、多色性、色带）、力学性质（解理、裂理、硬度）等。

注：晶体的均一性、异向性、对称性三个性质并不是矛盾的，而是对晶体性质不同角度的描述，其中，均一性描述的是晶体各个部位的性质相同；异向性描述的是晶体在不同方向上性质的差异；对称性描述的是晶体相同性质有规律的重复。

⑤最小内能性：是指在相同的热力学条件下，晶体与同种物质的非晶质体、液体、气体相比，其内能最小。由于晶体具有格子构造，是质点间的引力与斥力达到平衡的结果，质点间的距离增大或缩小，均将导致质点的相对势能的增加，内能升高。对于非晶体、液体和气体，由于内部质点的排列不规律，因此质点间的距离未达到平衡距离，相对晶体而言，势能较大，内能较高。

⑥稳定性：在相同的热力学条件下，晶体比具有相同化学成分的非晶体稳定，非晶体有自发转变为晶体的必然趋势，例如玻璃的脱玻化作用，而晶体不会自发地转变为非晶体，蜕晶化作用需要吸收能量，例如锆石的变生作用（蜕晶化作用）与晶格中放射性元素的衰变有关。晶体的稳定性是晶体具有最小内能的必然结果，同样是由格子构造规律所决定的。

（3）晶体的分类：对称性是晶体最重要的性质，由于受格子构造的制约，因此具有自己独有的特点，因此晶体的对称可作为晶体分类最好的依据。根据晶体的对称特点，可将晶体划分为三个晶族、七个晶系，详见表1-1。

表1-1 晶体对称分类

晶族	对称特点	晶系	对称特点	对称型	晶类
低级晶族	无高次轴	三斜晶系	无 L^2，无 P	L^1	单面
				C	平行双面
		单斜晶系	L^2 或 P 不多于1个	L^2	轴双面
				P	反映双面
				L^2PC	斜方柱

续表

晶族	对称特点	晶系	对称特点	对称型	晶类
低级晶族	无高次轴	斜方晶系	L^2 或 P 多于 1 个	$3L^2$	斜方四面体
				$L^2 2P$	斜方单锥
				$3L^2 3PC$	斜方双锥
中级晶族	有且只有一个高次轴	三方晶系	有一个 L^3 或 L_i^3	L^3	三方单锥
				$L^3 3L^2$	三方偏方面体
				$L^3 C = L_i^3$	菱面体
				$L^3 3P$	复三方单锥
				$L^3 3L^2 3PC$ $= L_i^3 3L^2 3P$	复三方偏三角面体
		四方晶系	有一个 L^4 或 L_i^4	L^4	四方单锥
				$L^4 4L^2$	四方偏方面体
				$L^4 PC$	四方双锥
				$L^4 4P$	复四方单锥
				$L^4 4L^2 5PC$	复四方双锥
				L_i^4	四方四面体
				$L_i^4 2L^2 2P$	复四方偏三角面体
		六方晶系	有一个 L^6 或 L_i^6	L^6	六方单锥
				$L^6 6L^2$	六方偏方面体
				$L^6 PC$	六方双锥
				$L^6 6P$	复六方单锥
				$L^6 6L^2 7PC$	复六方双锥
				$L_i^6 = L^3 P$	三方双锥
				$L_i^6 3L^2 3P$ $= L^3 3L^2 4P$	复三方双锥
高级晶族	高次轴多于 1 个	等轴晶系	有四个 L^3	$3L^2 4L^3$	五角三四面体
				$3L^2 4L^3 3PC$	偏方复十二面体
				$3L_i^4 L^3 6P$	六四面体
				$3L^4 4L^3 6L^2$	五角三八面体
				$3L^4 4L^3 6L^2 9PC$	六八面体

（4）晶类的定义：由于一个对称型只可能有一个一般形，其原始晶面位于对称型的赤平投影图中的最小重复单位（似三角形）的中部，单形符号均为 {hkl} 或 {hkīl}；由于每个对称型的一般形不同（但可能与另一个对称型的特殊形的几何形态相同），所以一般形可作为每个对称型中所有单形的代表，属于同一对称型（点群）的晶体可归为一类，称为晶类。晶体中共有 32 种对称型，便有 32 个晶类，因此，晶类以一般形的名称进行命名。

【例题 2】填空题　等轴晶系中，可以选做晶轴的对称轴包括_____、_____、____

____等，其晶体常数为_____、_____。

【参考答案】 L^4 L_i^4 L^2 $a=b=c$ $\alpha=\beta=\gamma=90°$

【例题讲解】（1）晶体的定向：晶体定向的本质是将晶体放置在一个坐标系统中，其目的是更确切地描述和表达晶体的晶面、晶棱等要素在空间的展布方位及其相互位置关系等。

（2）坐标系统的确定及晶格常数：坐标系统的选择并不是任意的，一套好的坐标系统，能够直观地描述坐标系统中的各种要素。

一个坐标系统的确定，需要选择合适的坐标轴、单位长度以及坐标轴之间的角度，这些参数的选择，需符合晶体的对称。

①晶轴：在晶体所处的坐标系统中，坐标轴称为晶轴，对应格子构造中的行列，用 a、b、c 或 X、Y、Z 表示；对于三方晶系和六方晶系的晶体，通常要用四轴定向法，即要选出 4 根晶轴，分别为 X、Y、U、Z 轴。

②轴长：坐标轴的单位长度称为轴长，用 a_0、b_0、c_0 或 X_0、Y_0、Z_0 表示，对应坐标轴所在行列的结点间距。

③轴率：由于结点间距需通过 X 射线分析才能获得，仅通过晶体的宏观外形无法确定，但可确定它们之间的比率，称之为轴率，用 $a_0:b_0:c_0$ 或 $a:b:c$ 表示。

④轴角：坐标轴正向的角度称为轴角，用 $\alpha(Y\wedge Z)$，$\beta(X\wedge Z)$，$\gamma(X\wedge Y)$ 表示。

⑤晶体常数：轴率与轴角合称为晶体常数，在一般性描述中常叙述晶体常数的特征（如轴长是否相等，轴角是否为特殊角），而不给出具体的轴率或非特殊的轴角值。例如等轴晶系的晶体常数为 $a=b=c$，$\alpha=\beta=\gamma=90°$。

（3）晶轴选择的具体方法：由于不同晶系的晶体具有不同的格子构造，因此所选用的坐标系具有一定的差异，能够作为晶轴的要素包括对称轴、对称面的法线以及主要的晶棱，其选择的重要原则之一是能够体现晶体的对称特点。具体的选择方法以及相应的晶格常数见表1-2。

表1-2　各晶系选择晶轴的具体方法及晶体常数特点

晶系	选轴原则	晶体常数特点
等轴晶系	以相互垂直的 L^4 或相互垂直的 L_i^4 或相互垂直的 L^2 为 X、Y、Z 轴	$a=b=c$ $\alpha=\beta=\gamma=90°$
四方晶系	以 L^4 或 L_i^4 为 Z 轴（主轴），以垂直 Z 轴并相互垂直的两个 L^2 或 P 的法线或晶棱的方向（当无 L^2 或 P 时）为 X、Y 轴，在 $L_i^4 2L^2 2P$ 对称型中，以两个 L^2 为 X 轴和 Y 轴	$a=b\neq c$ $\alpha=\beta=\gamma=90°$
三方晶系和六方晶系	以 L^6、L_i^6、L^3 为 Z 轴（主轴），以垂直 Z 轴并彼此相交为 $120°$（正端间）的 3 个 L^2 或 P 的法线或晶棱的方向（无 L^2 或 P）时，为 X、Y、U 轴，在 $L_i^6 3L^2 3P$ 对称型中，以 3 个 L^2 分别为 X、Y、U 轴	$a=b=c$ $\alpha=\beta=90°$ $\gamma=120°$
斜方晶系	以相互垂直的 3 个 L^2 为 X、Y、Z 轴，在 $L^2 2P$ 对称型中以 L^2 为 Z 轴，以两个 P 的法线为 X、Y 轴	$a\neq b\neq c$ $\alpha=\beta=\gamma=90°$
单斜晶系	以 L^2 或 P 的法线为 Y 轴，以垂直 Y 轴的主要晶棱方向为 Z 轴和 X 轴	$a\neq b\neq c$ $\alpha=\gamma=90°$ $\beta>90°$
三斜晶系	以不在同一平面内的 3 个主要晶棱的方向为 X、Y、Z 轴	$a\neq b\neq c$ $\alpha\neq\beta\neq\gamma=90°$

【例题3】填空题 等轴晶系(100)面和(001)面的位置关系是_____;单斜晶系(100)面和(001)面的位置关系是_____;三斜晶系(100)面和(010)面的位置关系是_____。

【参考答案】垂直 斜交 斜交

【例题讲解】由于各晶系的坐标系统以及晶格常数存在一定的差异,因此在确定晶体中几何要素的相对位置关系时,首先需要确定所在的晶系,即确定坐标系统,以及坐标系统的性质,即确定晶格常数。

晶体在进行定向之后,常用符号来表示晶体中的各类几何要素,其中晶面或面要素使用"( )"表示,坐标中的"0"代表与对应的坐标轴相平行。在理解坐标含义以及确定坐标系统之后,可确定相应的位置关系。

(1)(100)面与Y轴和Z轴平行,即平行于YOZ面,(001)面与X轴和Y轴平行,即平行于XOY面,(010)面与X轴和Z轴平行,即平行于XOZ面,在等轴晶系中,X轴、Y轴与Z轴均相互垂直,因此YOZ面与XOY面相互垂直,因此(100)面与(001)面相互垂直。

(2)在单斜晶系中,Y轴与X轴和Z轴均垂直,但X轴与Z之间的夹角>90°,为斜交关系,即$\alpha=\gamma=90°$,$\beta>90°$,因此(100)面与(001)面斜交。

(3)在三斜晶系中,各晶轴之间的关系为斜交关系,因此(100)面和(010)面的位置关系是斜交。

【例题4】多项选择题 下列单形中,能够相聚成聚形的是(   )
A. 八面体与四方柱　　　　B. 六方柱与菱面体　　　　C. 五角十二面体与平行双面
D. 三方双锥与六方柱　　　E. 斜方柱与四方柱　　　　F. 三方单锥与单面。

【参考答案】BDF

【例题讲解】聚形是指两个以上的单形聚合在一起,共同圈闭的空间外形。单形的相聚并不是任意的,必须具有相同对称型的单形才能相聚在一起。对于聚形,有以下说明:

(1)聚形中的单形均指结晶单形。
(2)组成聚形的单形,其对称型相同,组成聚形之后,其对称型不发生变化。
(3)聚形可理解为两个空间上的物体相交之后取其公共的部位。

例如,黄铁矿中的常见单形包括立方体和五角十二面体,单纯从几何形态可以看出,立方体的对称型为$3L^4 4L^3 6L^2 9PC$,五角十二面体的对称型为$3L^2 4L^3 3PC$,两者的对称型不同,明显不能相聚。

由于在描述聚形时,指的均是结晶单形,黄铁矿对称型为$3L^2 4L^3 3PC$,而结晶单形的立方体对称型也可为$3L^4 4L^3 3PC$。从另外一个角度讲,黄铁矿立方体单形中常发育平行于立方体晶棱的横纹,因此在垂直于立方体晶面的方向上,不再是L^4,而是L^2。

A选项:八面体属于等轴晶系单形,四方柱属于四方晶系单形,因此两者不能相聚。

B选项:若根据几何形态,六方柱应属于六方晶系,菱面体属于三方晶系,但需要注意的是,聚形的中"单形"概念指的是结晶单形,六方晶系可出现在三方晶系当中,六方柱和菱面体可在$L^3 3L^2$、$L^3 C$、$L^3 3L^2 3PC$对称型中相聚,例如,刚玉发育的单形包括六方柱、菱面体、平行双面等。

C选项:五角十二面体属于等轴晶系单形,平行双面属于中级和低级晶族单形,两者不能相聚。

D选项:当晶体中同时出现L^3和垂直于L^3的对称面时,将其组合成L_i^6,仅从几何形态来看，三方双锥具有这样的性质，类似的还有三方柱、复三方双锥，因此它们可出现在六方晶系当中；三方双锥与六方柱均可出现在三方晶系和六方晶系中，在三方晶系中，可在 $L^3 3L^2$ 对称型中相聚；在六方晶系的 $L_i^6 3L^2 3P$ 对称型中相聚。

E 选项：斜方柱只出现在低级晶族的单斜晶系和斜方晶系中；四方柱只出现在中级晶族四方晶系中，因此不能相聚。

F 选项：单面与平行双面可以与中低级晶族中的面类、柱类、单锥类单形相聚。

【例题 5】多项选择题　立方体属于（　　）

A. 闭形　　　　B. 定形　　　　C. 开形　　　　D. 特殊形　　　　E. 一般形

【参考答案】ABD

【例题讲解】单形是由对称要素联系起来的一组晶面，因此单形具有如下性质：

（1）在理想状态下，组成单形各晶面的性质相同，且同形等大。

（2）各晶面与相同对称要素（或晶轴）间的取向关系（平行、垂直或以某个角度相交）必然互相一致。

（3）各晶面的性质彼此相同，如物理性质、晶面花纹及蚀象等。

根据不同的分类标准，单形具有以下分类：

（1）结晶单形与几何单形。

根据对称型以及原始晶面与对称要素之间的相对位置关系，对 32 种对称型进行逐一推导，推导出来的单形即为结晶单形，共计 146 种。

若只考虑组成单形的晶面数目、各晶面间的几何关系以及单形单独存在时的形态等几何性质，146 种结晶单形可归并为几何性质不同的 47 种几何单形，其中，中低级晶族的几何单形包括面类、柱类、单锥类、双锥类、面体类、偏方面体类；高级晶族的几何单形包括四面体组、八面体组、立方体组和十二面体组。

（2）特殊形和一般形。

根据单形晶面与对称型中对称要素的相对位置可以将单形划分成一般形和特殊形。

①若单形晶面处在特殊位置（如垂直、平行、或等角度相交），则称为特殊形。

②若单形晶面处于一般位置，即不与任何对称要素垂直或平行（等轴晶系中的一般形有时可平行于三次轴的情况除外），也不与相同的对称要素以等角相交，称之为一般形。

（3）左形和右形。

形态完全类同，在空间的取向上正好彼此相反的两个形体，两者互为镜像，但不能借助于旋转或反伸操作使之重合，此二同形反向体构成了左右对映形，其中一个为左形，另一个为右形，如人的双手、双脚等。

可具有左右形之分的几何单形包括斜方四面体、三方偏方面体、四方偏方面体、六方偏方面体、五角三四面体和五角三八面体。通过以下两种方法进行区分：

①利用几何特征进行区分，例如，中级晶族的 3 个偏方面体，以上部晶面的两个不等长的晶棱为依据，晶棱长者在左边为左形，在右边为右形。五角三四面体和五角三八面体的左形、右形也可以从外形上加以区分。

注：斜方四面体不能单纯地依靠外形判断左形和右形。

②利用单形符号进行区分：不同单形的左形与右形的单形符号详见表 1-3。

表1-3 左形与右形几何单形的单形符号统计

单形名称		斜方四面体	三方偏方面体		六方偏方面体	四方偏方面体	五角三四面体		五角三八面体
			正形	负形			正形	负形	
对称型		$3L^2$	L^33L^2		L^66L^2	L^44L^2	$3L^44L^3$		$3L^44L^36L^2$
单形符号	左形	$\{hkl\}$	$\{hk\bar{i}l\}$	$\{i\hbar kl\}$	$\{hk\bar{i}l\}$	$\{hkl\}$	$\{khl\}$	$\{h\bar{k}l\}$	$\{khl\}$
	右形	$\{hkl\}$	$\{i\bar{k}hl\}$	$\{kh\bar{i}l\}$	$\{i\bar{k}hl\}$	$\{hkl\}$	$\{hkl\}$	$\{k\hbar kl\}$	$\{hkl\}$

注：中级晶族 $h>k$；高级晶族 $h>k>l$。

（4）正形和负形。

取向不同的两个相同单形，若相互之间可借助于旋转操作使之彼此重合，则两单形互为正、负形。两个同种单形可以同时出现在同一晶体上，例如在锆石晶体中可发育不同取向的两个四方柱单形，可通过旋转操作使两个单形重合。

注：正形和负形、左形和右形的相同点及不同点总结如下：

①相同点：正形和负形、左形和右形描述的均是两个形态相同的单形，两个单形可通过一定的对称操作使之重合。

②不同点：互为正形与负形的两个单形，可通过旋转操作使之彼此重合，但互为左形与右形的两个单形则不可通过旋转、反伸等操作使之重合，但可通过反映操作使之重合。

（5）开形和闭形。

根据单形的晶面是否可以自相闭合来划分将单形划分为开形和闭形。

①若单形的晶面不能封闭一定空间者称开形，如中低级晶族中的面类、柱类、单锥类单形均为开形；

②单形晶面可以封闭一定空间者，称为闭形，如中低级晶族中的双锥类、面体类、偏方面体类和等轴晶系的全部单形均为闭形。

注：柱类、单锥类等单形常被误认为属于闭形，需要注意的是，理想中的单形，各晶面应同形等大，例如三方柱，属于该单形的晶面应为侧面的柱面，上下两个平面则不属于该单形，理论上应为平行双面，三方柱只有与其他单形组成聚形之后（如平行双面、三方双锥、菱面体等），才可形成封闭的空间。

（6）定形和变形。

根据晶面之间的夹角是否恒定，将单形分为定形和变形。若单形中各晶面之间的角度为恒定，则为定形。属于定形的单形包括单面、平行双面、三方柱、四方柱、六方柱、四面体、八面体、菱形十二面体和立方体，共计9种。

若单形中各晶面之间的夹角不恒定，称之为变形，除上述9种定形外，其余单形皆为变形，如反映双面、轴双面、单锥类、双锥类单形等。

【例题6】填空题 晶体的规则连生包括_____、_____、_____和_____，其中_____、_____、_____可发生在同种晶体之间，_____和_____可发生在不同种晶体之间。

【参考答案】平行连生 双晶 浮生 交生 平行连生 双晶 浮生 浮生 交生

【例题讲解】规则连生是指彼此连接生长在一起的晶体，不是处于偶然位置，而是按必然的结晶学方向连接，晶体的规则连生可以发生在同种晶体之间，也可以发生在不同种晶体之间。晶体的规则连生可分为平行连生、双晶、浮生和交生四种。

（1）平行连生：指同种晶体的个体彼此平行地连生在一起，连生着晶体对应的晶面和晶棱均相互平行。从外形上看，平行连生为多晶体的连生，但其内部的格子构造是连续的，可等同于单晶体，常见平行连生的晶体包括水晶、碧玺、尖晶石、蓝铜矿等。

（2）双晶：也叫孪晶，是指两个或两个以上的同种晶体，彼此间按一定的对称关系相互取向而组成的规则连生晶体。构成双晶两个单体之间相应的结晶方向（包括各个对应的晶轴、对称要素、晶面及晶棱的方向）不再相互平行，但可以借助于对称操作（反映、旋转、反伸等），使两个个体彼此重合或相互平行所借助的几何要素为双晶要素，包括双晶中心、双晶轴和双晶面。

根据不同的分类标准，双晶具有不同的分类体系：

根据双晶中单体间结合方式的不同，可将双晶分为接触双晶和贯穿双晶两种。

①接触双晶：由两个单体以简单的平面相接触而构成的双晶，分为简单接触双晶、聚片双晶和环状双晶三种。

a. 简单接触双晶：两个单体只以一个明显而规则的接触面相接触而形成的双晶为简单接触双晶，例如水晶的膝状双晶、锡石的膝状双晶。此外，可发育简单接触双晶的宝石包括钻石、尖晶石、金绿宝石、长石、锆石、普通辉石、硬玉（翡翠）、粒硅镁石、闪锌矿、毒砂、金红石、蓝晶石、碧玺、顽火辉石、透辉石、普通辉石、锂辉石、硅灰石等。

b. 聚片双晶：由若干单体按同一种双晶律所组成的双晶为聚片双晶，表现为一系列接触双晶的聚合，所有接合面均相互平行，相邻单体间呈双晶关系，相间的各单体之间结晶学方向相互平行。可发育聚片双晶的宝石包括红宝石、蓝宝石、方解石、长石、普通辉石、硬玉（翡翠）、磷铝锂石、闪锌矿、顽火辉石、透辉石、阳起石等。

c. 轮式双晶：又称环状双晶，由两个以上的单体按同一种双晶律所组成，表现为若干接触双晶的单晶体的组合，各接合面依次成等角度相交，其形态总体呈环状，环不一定封闭，可以开口。环状双晶按其单体的个数，可分别称为三连晶、四连晶、五连晶、六连晶、八连晶等。常见轮式双晶的宝石包括金绿宝石、堇青石、黄铁矿等。

②贯穿双晶：两个或多个单体相互穿插形成的双晶称为贯穿双晶，接合面常曲折而复杂。可发育穿插双晶的宝石包括萤石、钻石、方解石、白云石、独居石、钻石、长石、辰砂、十字石、合成红宝石、黄铁矿、毒砂等。

③复合双晶：由两个以上的单体彼此间按不同的双晶律所组成的双晶，如斜长石的卡-钠复合双晶，就是按3种不同的双晶律结合在一起而成的。

根据双晶的成因，可将双晶分为生长双晶、转变双晶和机械双晶三种类型。

①生长双晶：在晶体生长过程中形成的双晶。在晶体生长的过程中，晶核（或小晶体）按照双晶关系连生，然后成长为双晶。

②转变双晶：在同质多象转变及无序-有序转变的过程中所产生的双晶，如水晶的道芬双晶。

③机械双晶：晶体在生成后，由于受到应力的作用，部分晶格中的一连串相邻原子面之间依次发生均匀滑移，即其中任二毗邻原子面间的相对位移量均为定值，结果使已滑移部分与未滑移部分的晶格间处于双晶的相互取向关系，从而形成的双晶。

根据双晶的产生相对于晶体形成的时间先后顺序，可将晶体分为原生双晶和次生双晶。

①原生双晶：指在晶体的生长过程中同时形成的双晶，生长双晶都属于原生双晶。

②次生双晶：指在晶体已经形成之后形成的双晶。机械双晶和转变双晶一般视为次生双晶，但有少数机械双晶可在晶体成长的后期相互挤压而产生；对于转变双晶，转变后的晶体相，双晶与晶体是同时形成的。

双晶的识别可通过凹入角、假对称、双晶缝合线、蚀象等现象进行识别。

①凹入角：单晶体均为凸多面体，平行连晶及双晶中单体的接合部位常常形成凹入角，所以同种晶体上出现凹角有可能构成双晶。

②双晶纹和双晶缝合线：双晶表面常留有其接合面的线状痕迹，由于单体接合紧密呈细线状，所以称为双晶纹和双晶缝合线。双晶缝合线是一根孤立的线条，可以是直线，如发育聚片双晶的刚玉，表现为一组平行线，也可以是折线或曲线，如发育道芬双晶的水晶。

③蚀象：由于双晶中单体的取向不一致，因而在相邻单体中的蚀象取向也不一致，据此能推定双晶的存在。例如，石英柱面上缝合线两侧的蚀坑呈现两次旋转对称关系。此外，由于双晶接合面的格子构造不连续，容易出现结构"缺陷"，也是易被风化的薄弱部位，所以沿双晶缝合线有时出现线状排列的蚀象。

④假对称：整个双晶外形上表现出来的对称性与单体所固有的对称不同，是一种假对称。例如水晶道芬双晶的形态呈现一种六次对称，不符合水晶三方晶系的对称性，属于一种假对称。

⑤解理方向：双晶中的两个单体，只当双晶面或接合面正好平行于某个解理面时，两者的解理方向才会平行一致；一般情况下，两者的解理面不相平行。

（3）浮生：又称外延生长，是指一种晶体以一定的结晶学取向关系浮生于另一种晶体表面，或同种晶体以不同的面网附生在一起。例如，斜方晶系的十字石的（010）面网与三斜晶系蓝晶石的（100）面网在结构及成分上相近，因而十字石以（010）面浮生于蓝晶石的（100）面上。

（4）交生：又称互生，是指两种不同的晶体彼此间以一定的结晶学取向关系交互连生，或一种晶体嵌生于另一种晶体之中的现象。例如钠长石嵌生于钾长石晶体中形成条纹长石。

第二节　课后练习

一、名词解释

结晶学　矿物　岩石　晶体　格子构造　空间格子　非晶体　自限性　对称性　均一性　各向异性　最小内能性　稳定性　显晶质　隐晶质　显微显晶质　显微隐晶质　对称　对称要素　对称面　对称轴　高次轴　晶体对称定律　对称中心　旋转反伸轴　旋转反映轴　对称型　晶类　晶体定向　晶轴　晶体常数　高级晶族　中级晶族　低级晶族　等轴晶系　六方晶系　四方晶系　三方晶系　斜方晶系　三斜晶系　单斜晶系　单形　聚形　晶面符号　单形符号　晶棱符号　平行连生　双晶　浮生　交生　接触双晶　聚片双晶　穿插双晶　轮式双晶　复合双晶　双晶律　双晶要素　双晶面　双晶轴　双晶中心　理想晶体　晶格缺陷　点缺陷　线缺陷　面缺陷　体缺陷　歪晶　面角守恒定律　凸晶　弯晶　晶面条纹　结晶习性　粒状集合体　放射状集合体　纤维状集合体　晶簇　分泌体　钟乳状集合体　内生成矿作用　外生成矿作用　变质成矿作用

二、填空题

1. 晶体是_____在三维空间周期性地重复排列构成的固体物质。这种质点在三维空间周期性地重复排列也称_____，所以晶体是具有_____的固体。

2. 根据结点的分布情况，可将空间格子分为_____、_____、_____和_____四种。在晶体结构中只可能出现_____种不同形式的空间格子。

3. 常见的非晶质宝石包括_____、_____、_____等。

4. 晶体的性质包括_____、_____、_____、_____、_____和_____六大类。

5. 进行对称操作所借助的几何要素称为对称要素，一般包括_____、_____和_____等。使晶体中相同部分重复而进行的操作叫_____。

6. 对称面是一个假想的通过_____的平面，它将晶体平分为_____的两个相等部分。一个晶体上的对称面最多可以为_____个。

7. 对称面可能出现的位置包括_____、_____，也可以_____。对称面对应的对称操作为_____操作，用英文字母_____表示。

8. 对称轴是一根假想的通过_____的直线，相应的对称操作是围绕此直线的_____，用英文字母_____表示。旋转一周，晶体中相同部分重复的次数叫_____。_____的对称轴，称高次轴，轴次_____称低次轴。在一个晶体中，_____对称轴是必然存在的。

9. 对称轴在晶体上可能出现的位置包括_____、_____或_____。

10. 对称中心是一个假想的位于晶体中心的点，相应的对称操作就是对此点的_____。如果通过此点作任意直线，则在此直线上距_____等距离的两端必定可找到对应点。一个具有对称中心的图形，其相对应的面体现为_____。

11. 一个晶体中所有对称要素的组合称为该晶体的_____。自然界中所有晶体归纳起来共有_____种对称型，几何单形_____种，结晶单形_____种。

12. 全部对称要素的组合称为_____，由对称要素组合起来的一组晶面叫作_____，交棱相互平行的一组晶面的组合，称为一个_____。

13. 可具有左右型之分的几何单形包括_____、_____、_____、_____、_____和_____。

14. 四角三八面体具有_____个面；五角三四面体具有_____个面，四六面体具有_____个面。

15. 在等轴晶系中，(100)晶面垂直结晶轴_____轴，(010)晶面垂直结晶轴_____轴，(001)晶面垂直结晶轴_____轴，(111)晶面垂直对称轴_____轴。

16. 符号为{110}的单形在等轴晶系中表示_____单形，在单斜晶系中可能表示_____单形、_____单形和_____单形，在斜方晶系中表示_____单形。

17. 在等轴晶系中，{111}代表_____单形或_____单形；[111]与L^3的位置关系是_____。

18. 等轴晶系的宝石包括_____、_____等，中级晶族的宝石包括_____、_____等；三斜晶系的宝石包括_____、_____等。

19. 三方晶系的最高对称型为_____，所属晶类为_____，四方晶系最高对称型为_____，所属晶类为_____，斜方晶系的最高对称型为_____，所属晶类为_____，等轴晶系最高对称型为_____，所属晶类为_____。

20. 在所有的对称型中，对称面最多可以有_____个，对称中心最多可以有_____个。

21. 常发育八面体单形的宝石包括_____、_____、_____等；常发育六方柱的宝石矿物包括_____、_____、_____等。

22. 根据晶类的定义，蓝宝石属于_____晶类；水晶属于_____晶类；锆石属于_____晶类。

23. 宝石矿物中的规则连生包括_____、_____、_____和_____。

24. 双晶要素包括_____、_____和_____。

25. 可见平行连生现象的宝石包括_____、_____、_____等。

26. 常发育聚片双晶的宝石包括_____、_____等，发育接触双晶的宝石包括_____、_____等，发育轮式双晶的宝石包括_____、_____等，发育穿插双晶的宝石包括_____、_____等。

27. 晶格缺陷按其在晶体结构中分布的几何特点可分为_____、_____、_____和_____4种类型。

28. 晶面上由一系列所谓的邻接面构成的直线条称为_____，石英的晶面横纹是由_____与_____的狭长晶面交替生长形成的，黄铁矿的晶面条纹则是由_____与_____两种单形的晶面交互生长形成的；碧玺柱面上的纵纹由_____和_____反复相聚形成。

29. 晶面条纹包括_____和_____两种，双晶结合面的痕迹称为_____，常在_____等宝石矿物中出现。

30. 根据构成集合体矿物颗粒的大小，可将其分为_____和_____。

31. 宝石中常见的集合体形态包括_____、_____、_____、_____等。

32. 晶体的晶格常数包括_____和_____，斜方晶系的晶格常数为_____、_____。
33. 结晶习性指矿物通常呈现的晶体形态，它包括_____、_____、_____三方面。
34. 单体为粒状的集合体称为_____，菊花石常见的集合体形态为_____，玛瑙常见的集合体称为_____。
35. 可形成晶簇的宝石矿物包括_____和_____等；可形成纤维状集合体的宝石矿物包括_____、_____等；常为隐晶质集合体的宝石包括_____、_____等。
36. 肉眼下无法观察到矿物颗粒，但在光学显微镜下可观察矿物颗粒的集合体称为_____；在光学显微镜下也无法分辨矿物颗粒的集合体称为_____。
37. 宝石矿床的成因分为_____、_____和_____。
38. 可通过岩浆成矿作用形成的宝石包括_____、_____等；伟晶岩成矿作用形成的宝石括_____、_____等；可通过热液成矿作用形成的宝石包括_____、_____等。
39. 外生成矿作用形成的矿床类型包括_____、_____和_____，例如_____、_____等宝石。

三、是非题

1. 晶体必须是固体，但是非晶体可以是固体，也可以是液体和气体。（　　）
2. 由于组成集合体的矿物单体都属于晶体，其内部质点均呈周期重复排列，因此集合体也可形成规则的几何多面体的形态。（　　）
3. 等轴晶系在各个方向上的性质相同，因此不具有异向性。（　　）
4. 那些没有发育成规则几何多面体形态的晶体不具有自限性。（　　）
5. 晶体的对称只体现在几何外形上，并不包括晶体的其他物理性质。（　　）
6. 从微观角度来看，由于晶体都具有格子构造，而格子构造就是质点在三维空间周期性重复的体现，因此从这种意义上来讲，所有的晶体都是对称的。（　　）
7. 晶体的对称要素都是晶体中真实存在的几何要素。（　　）
8. 所有晶体的对称要素一定包括对称轴。（　　）
9. 在晶体中，当存在对称中心时，其晶面必然成对分布，理想状态下，每对晶面都是两两平行而且同形等大的。（　　）
10. 旋转反伸轴是旋转与反伸的复合，每一步操作都必须是对称操作。（　　）
11. 双晶接合面就是双晶面，是双晶要素的一种。（　　）
12. 三方晶系的最高对称型为 $L^3 3L^2 4PC$。（　　）
13. 由于晶体与非晶体均是固态，因此它们无法相互转化。（　　）
14. 三方柱、六方柱、四方柱等单形均属于闭形，单面、平行双面等单形均属于开形。（　　）
15. 三斜晶系的对称程度最低，既不含有对称面，也不含有对称中心，因此没有对称要素。（　　）
16. 三方柱、三方双锥只能出现在三方晶系中，四方柱、四方双锥只能出现在四方晶系中。（　　）
17. 平行连生的晶体内部质点是连续的，可等同于单晶体。（　　）

18. 单锥类单形不具有对称中心，双锥类单形均具有对称中心。（   ）
19. 若一晶面在 X、Y、Z 轴上的截距分别为 $2a$、$3b$、$6c$，则晶面符号为 {236}。（   ）
20. （100）面一定与（010）面和（001）面相互垂直。（   ）
21. 双晶是区分天然宝石与人工宝石的重要手段之一，原因是双晶只能出现在天然宝石中，人工宝石不可能出现双晶。（   ）
22. 一个单晶体实际上是由许多理想的均匀块段组成的，而这些块段并非严格地相互平行。（   ）
23. 晶体在实际生长过程中，会偏离本身理想晶形，同一单形的各个晶面发育不等，部分晶面甚至有可能缺失，相对应的晶面的夹角也发生了变化。（   ）
24. 晶体表面的条纹一定都是直的，例如碧玺晶体表面的纵纹。（   ）
25. 晶面条纹只能出现在晶面上，当晶面被破坏时，晶面条纹也随之消失。（   ）
26. 晶体不可能同时具有对称性和异向性，两者是彼此相互矛盾的性质。（   ）
27. 在实际晶体中，同一单形的晶面必定同形等大。（   ）
28. 由于晶体具有最小内能性，所以其具有稳定性。（   ）
29. 显晶质必须是经过肉眼就可观察到矿物颗粒。（   ）
30. 若只考虑晶体的几何形态，三方柱和三方双锥应属于六方晶系。（   ）
31. 等轴晶系一定具有 3 个 L^4 或 3 个 L_i^4。（   ）
32. 三方柱可以与六方柱和菱面体等单形形成聚形。（   ）
33. 晶面符号为（111）的晶面与 X 轴、Y 轴和 Z 轴的截距相同。（   ）
34. 由于立方体与五角十二面体的对称型不同，因此它们不能相聚成聚形。（   ）
35. 具有完全相同几何形态的单形，可以具有不同的对称型。（   ）
36. 同一宝石可发育成不同的晶体形态，因此对称型也不同。（   ）
37. 立方体也可以理解成由三组平行双面组成的。（   ）
38. 柱类的单形均与 Z 轴相平行。（   ）
39. 晶体不都是完美的，通常含有晶格缺陷，对宝石往往产生不好的后果。（   ）
40. 具有压电效应和热电效应的宝石均不具有对称中心。（   ）
41. 晶体总是被生长快的晶面所包围。（   ）
42. 三方晶系中，对称面最多为 4 个，例如三方柱和三方双锥；四方晶系中对称面最多有 5 个，如四方柱和四方双锥。（   ）
43. 结晶轴的 C 轴一定是宝石的延长方向。（   ）
44. 晶体的晶面条纹是一种印记，是受相邻晶体的挤压所致。（   ）
45. 晶体的晶面条纹一般平行于晶体的延长方向，例如碧玺柱面上常发育纵纹。（   ）
46. 同种宝石呈单形的晶体与呈聚形的晶体有不同的对称型。（   ）
47. 某种宝石可以出现多种的晶体形态，所以这种宝石没有结晶习性。（   ）
48. 聚形的对称型必须与其中的单形的对称型相同。（   ）
49. 非晶体也可以具有规则的几何外形，例如立方体形态的玻璃，因此也具有自限性。（   ）
50. 根据晶体的对称规律，环状双晶也只能发育三连晶、四连晶和六连晶，不能出现五

连晶、八连晶等。 （　　）

51. 开形只有与闭形相聚才能形成一个封闭的空间。 （　　）

四、单项选择题

1. 水晶的对称型是（　　）

   A. $L^3 3L^2$　　　　B. $L^3 3L^2 3PC$　　　C. $L^3 3P$　　　　D. $L^3 C$

2. 水晶具有左右形之分，是因为发育了哪种单形？（　　）

   A. 菱面体　　　B. 六方柱　　　C. 三方偏方面体　D. 复三方偏三角面体

3. 在等轴晶系中，{110}代表哪种单形（　　）

   A. 立方体　　　B. 八面体　　　C. 菱形十二面体　D. 四面体

4. 四方晶系的晶体常数是（　　）

   A. $a=b=c$，$α=β=γ$　　　　　B. $a≠b=c$，$α≠β=γ$
   C. $a=b≠c$，$α=β≠γ$　　　　　D. $a≠b≠c$，$α=β=γ$

5. 判断歪晶单形的依据是（　　）

   A. 晶面夹角　　B. 晶面大小　　C. 晶面形态　　D. 晶面数量

6. 下列选项中属于复三方偏三角面体晶类的宝石是（　　）

   A. 方柱石　　　B. 锆石　　　C. 水晶　　　D. 绿柱石　　　E. 蓝宝石

7. 下列宝石中发育左形与右形的是（　　）

   A. 石榴石　　　B. 方解石　　　C. 水晶　　　D. 红宝石

8. 三斜晶系的宝石（　　）

   A. 一定没有对称面　　　　　　B. 一定没有对称轴
   C. 一定没有对称中心　　　　　D. 以上均不对

9. 三方偏方面体判断左形与右形的依据是（　　）

   A. 晶棱的长度　　　　　　　　B. 晶棱的方向
   C. 晶面的形状　　　　　　　　D. 晶面法线的方向

10. 根据方解石的对称规律，则（　　）

    A. 属于复三方偏三角面体晶类　B. 具有左右形之分
    C. 发育三方偏方面体单形　　　D. 对称型为 $L^3 3P$

11. 一种单形对应晶面之间的角度（　　）

    A. 一定是固定不变的　　　　　B. 可以发生变化
    C. 一定是可变的　　　　　　　D. 以上均不对

12. 若某一晶体只发育特殊形，那么（　　）

    A. 可确定晶体的对称型　　　　B. 不可确定晶体的对称型
    C. 晶体形态不随环境的变化而变化　D. 晶面与晶棱一定垂直

13. 锆石常发育两个取向不同的四方柱，它们之间的关系为（　　）

    A. 互为左形与右形　　　　　　B. 互为正形与负形
    C. 互为一般形与特殊形　　　　D. 互为定形和变形

14. 水晶晶面中常见不连续的晶面条纹，由此可判断（　　）

A. 具有双晶　　B. 形成环境　　C. 水晶的对称型　D. 左形与右形

15. 同种晶体以不同的面网连生在一起，这种现象称之为（　　）

A. 双晶　　　　B. 浮生　　　　C. 平行连生　　　D. 交生

16. 晶面台阶是晶体中常见的现象之一，它（　　）

A. 一定是平直的　　　　　　　B. 一定是弯曲的

C. 一定与宝石的生长过程有关　D. 以上均不对

17. 凸晶的形成与（　　）有关

A. 溶蚀作用　　　　　　　　　B. 外力作用的挤压

C. 形成空间　　　　　　　　　D. 温压条件

18. 赛黄晶的晶体常数表达式为（　　）

A. $a=b=c$，$\alpha=\beta=\gamma=90°$　　　　B. $a=b\neq c$，$\alpha=\beta=90°$，$\gamma\neq 90°$

C. $a\neq b\neq c$，$\alpha=\beta=\gamma=90°$　　　D. $a\neq b\neq c$，$\alpha\neq\beta\neq\gamma\neq 90°$

19. 下列宝石的物理性质中，不具有方向性特征的是（　　）

A. 颜色　　　B. 裂理　　　C. 相对密度　　　D. 硬度　　　E. 折射率

20. 晶体宏观对称中，不能出现的对称要素包括（　　）

A. 对称轴　　B. 对称面　　C. 对称中心　　　D. 滑移面

21. 下列哪些宝石可发育三方柱单形（　　）

A. 红宝石　　B. 水晶　　　C. 碧玺　　　D. 方解石　　　E. 绿柱石

五、多项选择题

1. 非晶体具有的性质包括（　　）

A. 均一性　　　　　　B. 异向性　　　　　　C. 可自发地向晶体转化

D. 固定的熔点　　　　E. 内能相对晶体较高

2. 立方体的对称型可能为（　　）

A. $3L^2 4L^3$　　　　B. $3L^4 4L^3 6L^2 9PC$　　　C. $3L^4 4L^3 6L^2$

D. $3L_i^4 4L^3 6P$　　E. $3L^2 4L^3 3PC$

3. 六方柱可以与下列哪些单形形成聚形（　　）

A. 六方双锥　　B. 三方柱　　C. 菱面体　　D. 平行双面　　E. 单面

4. 下列性质中，哪些是晶体异向性的表现（　　）

A. 折射率　　B. 硬度　　C. 解理　　D. 晶体形态　　E. 多色性

5. 下列性质中，哪些是晶体对称性的表现（　　）

A. 折射率　　B. 硬度　　C. 解理　　D. 晶体形态　　E. 多色性

6. 下列宝石中，属于斜方晶系的宝石是（　　）

A. 葡萄石　　B. 重晶石　　C. 斜长石　　D. 橄榄石　　E. 透视石

7. 根据绿柱石的宝石学性质，它应属于（　　）

A. 晶体　　B. 六方晶系　　C. 天然宝石　　D. 六方柱晶类　　E. 发育纵纹

8. 红宝石作为红色宝石之王，它（　　）

A. 属于三方晶系　　　　B. 发育六方柱单形　　　　C. 常见聚片双晶

D. 可见简单双晶　　　　　E. 属于六方柱晶类

9. 在斜方晶系中,斜方柱的单形符号可以是(　　)

A. {011}　　B. {101}　　C. {110}　　D. {111}　　E. {012}

10. 下列选项中,哪种宝石的 $α=β=γ=90°$ (　　)

A. 刚玉　　B. 托帕石　　C. 橄榄石　　D. 钻石　　E. 绿松石

11. 符号[111]可以代表的要素是(　　)

A. 对称轴　　B. 对称面　　C. 晶棱　　D. 晶带　　E. 双晶轴

12. 符号{100}可以表示的要素是(　　)

A. 单形　　B. 解理方向　　C. 裂理方向　　D. 双晶方向　　E. 面网方向

13. 斜方柱可出现在哪些晶系中(　　)

A. 单斜晶系　　B. 三斜晶系　　C. 斜方晶系　　D. 四方晶系　　E. 等轴晶系

14. 下列单形中属于闭形的是(　　)

A. 三方柱　　B. 三方单锥　　C. 三方双锥　　D. 复三方偏方面体　　E. 四面体

15. 下列选项中,属于非晶质体宝石的是(　　)

A. 欧泊　　B. 黑曜石　　C. 玻璃　　D. 琥珀　　E. 煤精

16. 等轴晶系具有多个高次轴,它的特点是(　　)

A. 一定有3个 L^4　　B. 一定有4个 L^3　　C. 一定有 L^2

D. 一定有对称面　　E. 一定有对称中心

17. 晶体具有下列哪些特征(　　)

A. 一定有对称要素　　B. 一定能发育成规则的几何多面体

C. 一定具有固定的熔点　　D. 一定是固体

E. 一定具有异向性

18. 澳大利亚是欧泊重要的产地,欧泊属于(　　)

A. 晶体　　B. 非晶体　　C. 天然宝石　　D. 天然玉石　　E. 宝石

19. 下列选项中,对称型为 L^33L^23PC 的宝石是(　　)

A. 蓝宝石　　B. 水晶　　C. 碧玺　　D. 透视石　　E. 方解石

20. 下列选项中属于假想的要素是(　　)

A. 对称要素　　B. 双晶要素　　C. 晶面　　D. 晶棱　　E. 光率体

21. 根据双晶的成因,双晶的类型包括(　　)

A. 接触双晶　　B. 生长双晶　　C. 转变双晶　　D. 聚片双晶　　E. 机械双晶

22. 刚玉的矿床类型包括(　　)

A. 岩浆矿床　　B. 变质矿床　　C. 砂矿　　D. 热液矿床　　E. 伟晶岩矿床

23. 石英可形成的集合体类型包括(　　)

A. 粒状集合体　　B. 柱状集合体　　C. 晶簇

D. 晶腺　　E. 葡萄状集合体

24. 晶体在生长过程中可在晶体表面留下的痕迹包括(　　)

A. 聚形纹　　B. 双晶纹　　C. 螺旋纹　　D. 生长丘　　E. 晶面台阶

25. 在实际晶体中,可用于判断晶体对称规律的方法包括(　　)

A. 晶面夹角　　B. 蚀象　　C. 晶面条纹　　D. 生长丘　　E. 聚片双晶纹

26. 根据布拉维法则，晶体被（　　）的晶面所包围
A. 生长速度较慢　　　　B. 生长速度较快　　　　C. 面网密度较大
D. 面网密度较小　　　　E. 面网间距较大

27. 岩石的组成部分可以是（　　）
A. 晶体　　　B. 非晶体　　　C. 有机质　　　D. 无机质　　　E. 玻璃

28. 晶体的晶面常见生长丘，它（　　）
A. 由晶面台阶组成　　　　　　　B. 可由层生长理论解释
C. 同一晶面上的生长丘具有相同的规则外形　　D. 凸出于晶面
E. 符合晶体的对称规律

29. 偏方面体类的单形（　　）
A. 没有对称中心　　　B. 没有对称面　　　C. 没有 L^2
D. 没有高次轴　　　　E. 有左右型之分

30. 具有左右形之分的几何单形包括（　　）
A. 三方偏方面体　　　B. 复三方偏三角面体　　　C. 四方偏方面体
D. 复四方偏三角面体　E. 斜方四面体

31. 可选择作为晶轴的要素包括（　　）
A. 对称轴　　B. 对称面　　C. 对称面法线　　D. 晶棱　　E. 双晶轴

六、问答题

1. 关于晶体的定义与性质，请回答如下问题：
（1）如何理解晶体与非晶体？
（2）从格子构造观点出发，说明晶体的基本性质。
（3）晶体的对称性和异向性是否属于两个相互矛盾的性质？为什么？
（4）晶体为什么具有最小内能性和稳定性？两者有何关系？
（5）什么叫晶体？晶体有哪些基本特征？如何对晶体进行分类？
（6）什么是晶体的定向？各晶系是如何进行定向的？其对应的晶体常数特点是什么？
（7）宝石具有哪些方向性的物理性质？举例说明在宝石加工中应该如何利用或避免这些性质。

2. 关于晶体的对称，请回答如下问题：
（1）什么是对称？晶体的对称有哪些特点？
（2）简述如何寻找晶体的对称要素，请画图解释。
（3）什么是晶体对称定律？请用两种方法进行证明。

3. 关于晶体的规则连生，请回答如下问题：
（1）什么是晶体的规则连生？举例说明规则连生的主要类型。
（2）什么是浮生？什么是交生？它们是如何形成的？
（3）什么是双晶？有哪些类型？双晶是如何形成的？如何识别宝石中的双晶？
（4）在宝石学中，研究双晶的意义何在？
（5）请说明双晶面绝不可能平行于单晶体中的对称面；双晶轴绝不可能平行于单晶体中

的偶次对称轴；双晶中心则绝不可能与单晶体的对称中心并存。

4. 对比布拉格方程、布拉维格子和布拉维法则三个概念。

5. 关于理想晶体与实际晶体，请回答如下问题：

（1）什么是理想晶体？理想晶体有何特点？

（2）简述同种矿物的实际晶体与理想晶体有何差异。

（3）何为歪晶？它是如何形成的？它在矿物成因研究中有何意义？

（4）从晶体的格子构造及晶体的生长过程，分析同种晶体相应晶面夹角守恒的必然性。

6. 什么是结晶习性？如何理解宝石矿物的结晶习性？

7. 什么是晶体的微形貌特征？包括哪些类型？各类型的微形貌特征及成因是什么？

8. 什么是单形？单形具有哪些性质？单形是如何进行分类的？

9. 关于宝石的晶格缺陷，请回答如下问题：

（1）什么是晶格缺陷，晶格缺陷分为哪些类型？

（2）晶格缺陷对宝石的宝石学性质有哪些影响？

第三节　参考答案

一、名词解释

1. 结晶学

答：结晶学是一门涉及晶体结构、形态和性质的学科，从本质上揭示宝石矿物的化学成分、结构、形态、物理化学性质及形成条件之间的相互关系，是宝石学、矿物学、岩石学等相关学科的基础。根据具体的研究内容可分为几何结晶学、晶体结构学、晶体发生学、晶体化学、晶体物理学等分支。

2. 矿物

答：矿物是自然作用中形成的天然固态单质或化合物，具有一定的化学成分和内部结构，且具有一定的几何形态、物理性质和化学性质，在一定的物理化学条件下稳定，是固体地球和地外天体中岩石、矿石的基本组成单位，是生物体中骨骼部分的主要组成，如刚玉、绿柱石等。

3. 岩石

答：岩石是自然作用中形成的，由矿物或类似矿物的物质（如有机质、玻璃、非晶质等）组成的固体集合体。它可以是由一种矿物为主构成的集合体，如大理岩，也可以是由多种矿物构成的集合体，如花岗岩。根据岩石的成因可将岩石划分为岩浆岩、沉积岩和变质岩三大类。岩石是地球及类地行星的重要组成部分。

4. 晶体

答：晶体是指内部质点在三维空间呈周期性平移重复排列而形成格子构造的固体。晶体具有自限性、均一性、对称型、异向性、稳定性和最小内能性等性质，多数宝石属于晶体，如刚玉、绿柱石等。

5. 格子构造

答：格子构造是指组成晶体的质点在三维空间做周期重复排列，意指可用格子形状来表征，空间格子就是表示晶体内部结构中质点周期性重复排列规律的几何图形。格子构造决定了晶体具有自限性、均一性、对称型、异向性、稳定性和最小内能性等性质。

6. 空间格子

答：空间格子是用于表示晶体内部结构中质点周期性重复排列规律的几何图形，包括结点、行列、面网和平行六面体四个要素。根据格子中结点的分布特征，可将空间格子分为原始格子、底心格子、面心格子和体心格子四种基本类型，综合考虑平行六面体的形状及结点的分布情况，在晶体结构中只可能出现14种不同形式的空间格子，称为14种布拉维格子。

7. 非晶体

答：非晶体是指结构中的内部质点不作规则排列，不具格子构造的固体，不具有晶体所具有的自限性、各向异性、对称性、最小内能和稳定性等基本性质。少数宝石属于非晶体，例如欧泊、天然玻璃、琥珀等。

8. 自限性

9. 对称性

10. 均一性

11. 各向异性

12. 最小内能性

13. 稳定性

【答案解析】8～13题，详见例题1。

14. 显晶质

答：显晶质是指直接用肉眼或借助普通10倍放大镜就可辨认出其中的单个矿物晶体颗粒的集合体，如结构比较粗松的翡翠和石英岩等。根据单体的结晶习性及集合方式，显晶集合体的形态常见柱状、针状、板状、片状、粒状等集合体形态。

15. 隐晶质

答：隐晶质是指用肉眼或借助普通10倍放大镜不能观察和分辨出单个矿物颗粒的集合体，包括显微显晶质和显微隐晶质，如质地细腻的翡翠、和田玉等。隐晶质集合体表面趋向于球状外观，常见的隐晶集合体主要包括分泌体、结核、鲕状或豆状集合体等。

16. 显微显晶质

答：显微显晶质也称微晶质。指在光学显微镜下可以观察到单颗矿物颗粒的集合体，如部分软玉和质地较为细腻的翡翠等。

17. 显微隐晶质

答：显微隐晶质指光学显微镜下也不能观察到其颗粒或只有微弱的光性显示，则称其为显微隐晶质，如玉髓和软玉等。

18. 对称

答：对称是指物体相同部分有规律地重复，相同的部分通过一定的操作（如旋转、反映反伸）可以发生重复。所有晶体都是对称的，除几何意义外，还包括物理意义，并且晶体的对称需符合晶体的格子构造。

19. 对称要素

答：欲使对称图形中相同部分重复，必须通过一定的操作，这种操作就称为对称操作。在进行对称操作时所应用的辅助几何要素（点、线、面），称为对称要素，包括对称面、对称轴、对称中心、旋转反伸轴、旋转反映轴。

20. 对称面

答：对称面是一假想的平面，相应的对称操作为对此平面的反映，它将图形平分为互为镜像的两个相等部分。用英文字母 P 表示。晶体中最多可含有 9 个对称面，如立方体、八面体等。

21. 对称轴

答：对称轴是一假想的直线，相应的对称操作为围绕此直线的旋转，物体绕该直线旋转一定角度后可使相同部分重复。用英文字母 L 表示。旋转一周重复的次数称为轴次，重复时所旋转的最小角度称基转角 α。两者之间的关系为 $n=360°/\alpha$。晶体中只能出现的对称轴包括 L^1、L^2、L^3、L^4 和 L^6，不可能出现五次对称轴和高于六次的对称轴。

22. 高次轴

答：高次轴是指轴次大于 2 的对称轴，包括三次对称轴、四次对称轴和六次对称轴。根据高次轴的数量，可将晶体分为高级晶族（高次轴多于 1 个）、低级晶族（仅有一个高次轴）和低级晶族（无高次轴）三大晶族。

23. 晶体对称定律

答：由于在垂直对称轴的面网上，围绕 L^2、L^3、L^4 和 L^6 所形成的多边形网孔，可毫无间隙地布满整个平面，从能量上看是稳定的，且符合面网上结点所围成的网孔。但围绕 L^5 以及围绕高于六次轴所形成的正多边形网孔均不能毫无间隙地布满整个平面，从能量上看是不稳定的。因此，晶体对称定律是指晶体中只能出现的对称轴包括 L^1、L^2、L^3、L^4 和 L^6，不可能存在 L^5 及高于六次的对称轴。

24. 对称中心

答：对称中心是一个假想的位于晶体中心的点，相应的对称操作是对此点的反伸。如果通过此点作任意直线，则在此直线上距对称中心等距离的两端必定可找到对应点。具有对称中心的单形，其晶面成对出现，且反向平行。

25. 旋转反伸轴

答：旋转反伸轴是一假想的直线，如果物体绕该直线旋转一定角度后，再对此直线上的一点进行反伸，可使相同部分重复，即所对应的操作是旋转与反伸的复合操作，用 L_i^n 表示，i 表示反伸，n 表示轴次。组成这种符合操作的每一个操作本身可以是对称操作，也可以不是对称操作，但两者的复合操作一定是对称操作。

26. 旋转反映轴

答：旋转反映轴为一假想的直线，相应的对称操作为旋转与反映的复合操作，图形绕它旋转一定角度后，并对垂直它的一个平面进行反映，可使图形的相等部分重复。用 L_s^n 表示，s 表示反映，n 表示轴次。

27. 对称型

答：对称型是指一个晶体中所有对称要素的组合。例如，尖晶石晶体具有 3 个 L^4、4 个 L^3、6 个 L^2、9 个 P、1 个对称中心，其对称型可记为 $3L^4 4L^3 6L^2 9PC$。对称型的书写顺序一般是，首先写从高到低不同轴次的对称轴或旋转反伸轴（$3L^2 4L^3$，$3L^2 4L^3 3PC$ 除外），其次为对称面，最后为对称心。在等轴晶系中，3 次对称轴 L^3 应当始终放在第 2 位。晶体中可能出现的对称型有 32 种。

28. 晶类

答：属于同一对称型（点群）的晶体归为一类，称为晶类，通常按照只出现在一个对称型中的单形即所谓"一般形"的名称对晶类进行命名。例如，正长石、普通辉石、石膏等晶体都具有 $L^2 PC$ 的对称型，属于该对称型的一般形为斜方柱，因此，这 3 种矿物都属于斜方柱晶类。晶体中共有 32 种对称型，便有 32 个晶类。

29. 晶体定向

答：晶体定向是指在晶体中确定一个坐标系统，选择坐标轴（又可称为晶轴）和确定各晶轴上单位长（轴长）之比（轴率）。晶体定向的本质是要选择晶轴并确定各个晶轴上的轴单位。

30. 晶轴

答：晶轴是指交于晶体中心的三条直线，分别为 X 轴、Y 轴和 Z 轴，晶轴的展布和正负方向与几何学中的规定相同。对于三方和六方晶系，要增加一个 U 轴，其前端为负，后方为正。

31. 晶体常数

答：轴率 $a:b:c$ 和轴角 α、β、γ 合称为晶体常数。其中，轴角指晶轴正端之间的夹角，它们分别以 $\alpha(Y \wedge Z)$、$\beta(Z \wedge X)$、$\gamma(X \wedge Y)$ 表示。轴率指轴长的比率，用 $a_0:b_0:c_0$ 或直接用 $a:b:c$ 表示。

32. 高级晶族

答：若晶体中的对称要素中高次对称轴多于一个，将其归类为高级晶族，包括等轴晶系，其对称特点为含有 4 个 L^3，属于高级晶族的宝石包括钻石、尖晶石、石榴石等。

33. 中级晶族

答：若晶体中的对称要素中高次对称轴有且只有一个，将其归类为中级晶族，根据高次对称轴的性质，可将中级晶族分为三方晶系、四方晶系和六方晶系三个晶系。属于中级晶族的宝石包括红宝石、祖母绿、磷灰石等。

34. 低级晶族

答：若晶体中的对称要素中无高次对称轴将其归类为中级晶族，根据二次对称轴和对称面的数量，可将低级晶族分为斜方晶系、单斜晶系和三斜晶系三个晶系。属于低级晶族的宝石包括金绿宝石、锂辉石、橄榄石等。

35. 等轴晶系

答：等轴晶系属于高级晶族，其特点是具有三个三次对称轴（L^3），最高对称型为 $3L^4 4L^3 6L^2 9PC$，常见的单形包括立方体、八面体、菱形十二面体等。属于等轴晶系的宝石包括钻石、尖晶石、石榴石等。

36. 六方晶系

答：六方晶系属于中级晶族，其特点是有且只有一个六次对称轴（L^6）或六次旋转反伸轴（L_i^6），最高对称型为 $L^6 6L^2 7PC$，常见单形包括六方柱、六方双锥、六方单锥等。属于六方晶系的宝石包括祖母绿、磷灰石、塔菲石等。

37. 四方晶系

答：四方晶系属于中级晶族，其特点是有且只有一个四次对称轴（L^4）或四次旋转反伸轴（L_i^4），最高对称型为 $L^4 4L^2 5PC$，常见单形包括四方柱、四方双锥、四方单锥等。属于四方晶系的宝石包括锆石、锡石、金红石等。

38. 三方晶系

答：三方晶系属于中级晶族，其特点是有且只有一个三次对称轴（L^3），最高对称型为 $L^3 3L^2 3PC$，常见单形包括菱面体、三方柱、三方偏方面体等。属于三方晶系的宝石包括水晶、红宝石、碧玺等。

39. 斜方晶系

答：斜方晶系属于低级晶族，其特点是二次对称轴（L^2）或对称面（P）数量多于一个，最高对称型为 $3L^2 3PC$，常见单形包括斜方四面体、斜方双锥等。属于斜方晶系的宝石包括金绿宝石、托帕石、橄榄石等。

40. 三斜晶系

答：三斜晶系属于低级晶族，其特点是二次对称轴（L^2）或对称面（P）数量不多于一个，

最高对称型为 L^2PC，常见单形包括轴双面、反映双面等。属于三斜晶系的宝石包括绿松石、拉长石、日光石等。

41. 单斜晶系

答：单斜晶系属于低级晶族，其特点是无二次对称轴（L^2）和对称面（P），对称型包括 L^1 和 C，常见单形包括单面、平行双面等。属于单斜晶系的宝石包括锂辉石、透辉石、榍石等。

42. 单形

答：单形是指由对称要素联系起来的一组晶面的总和，即单形是在一个晶体上，通过对所有宏观对称要素进行相应的对称操作，能够使一组晶面相互重复。单形中各晶面与相同对称要素（或晶轴）间的取向关系（平行、垂直或以某个角度相交）必然互相一致，且各晶面的其他性质如物理性质、晶面花纹及蚀象等也都彼此相同，理想情况下同一单形的所有晶面还应同形等大。

43. 聚形

答：单形的聚合称为聚形。即指两个以上的单形聚合在一起，共同圈闭的空间外形。单形的聚合不是任意的，能够在同一对称型中出现的结晶单形才能相聚。组成聚形的所有单形的对称型，都应当与该聚形的对称型一致。例如，绿柱石常见六方柱、六方双锥和平行双面所组成的聚形。

44. 晶面符号

答：晶面符号是根据晶面（或晶体中平行于晶面的其他平面）与各结晶轴的交截关系，用简单的数学符号形式来表达它们空间方位的一种结晶学符号。通常用米氏符号进行表示，一般用晶面在三个（或四个）晶轴上的截距系数的倒数比加"（　　）"来表示。

45. 单形符号

答：单形符号是指在一个单形中按照一定的原则选择一个晶面，用该晶面的晶面指数加"{ }"括起来，用来表征组成该单形的一组晶面的结晶学取向的符号。选择代表晶面的一般原则是选择正指数最多的晶面，同时还要遵循先前（X 轴指数最大）、次右（Y 轴指数次大）、后上（Z 轴指数最小）的原则。

46. 晶棱符号

答：晶棱符号是表征晶棱（直线）方向的符号，以方括号中简单的小整数形式表示。其一般式为 $[rst]$，r、s、t 为相对于 X、Y、Z 轴的晶棱指数。晶棱符号不涉及晶棱的具体位置，即所有相互平行的棱均具有同一个符号。

47. 平行连生

48. 双晶

49. 浮生

50. 交生

51. 接触双晶

52. 聚片双晶

53. 穿插双晶

54. 轮式双晶

55. 复合双晶

【答案解析】47～55题，详见例题6。

56. **双晶律**

答：单体构成双晶的具体规律叫双晶律，除可由双晶要素来表征以外，还可用专门的术语来给双晶律命名。例如，卡斯巴律双晶指长石族矿物以 C 轴为双晶轴的双晶；钠长石律双晶专指三斜晶系中的长石以（010）为双晶面[或以垂直（010）为双晶轴]的双晶。

57. **双晶要素**

答：双晶要素是使双晶中的单体之间，通过变换其中一个的方位而与另一个能够重合或平行而凭借的几何要素，包括双晶面、双晶轴和双晶中心。

58. **双晶面**

答：双晶面为一假想的平面，可使构成双晶的两个单体中的一个通过它的反映变换后与另一单体重合或平行。在实际双晶中，双晶面总是平行于单晶体中具简单指数的晶面，或是垂直于重要的晶带轴（常为晶轴）。因此，双晶面的方向均采用平行于某晶面或垂直于某晶带轴的方式表示。

59. **双晶轴**

答：双晶轴为一假想直线，双晶中单体围绕它旋转一定角度后（一般都为180°），可与另一单体重合或平行。在实际双晶中，双晶轴总是平行于单晶体中重要的晶带轴（常为晶轴），或垂直于简单指数的晶面，因此双晶轴的方向均采用平行于某晶带轴或垂直于某晶面的方式表示。

60. 双晶中心

答：双晶中心为一假想的几何点，通过它对其中一个个体的方位反伸变换后而与另个单体可相互重合或平行。

61. 双晶接合面

答：双晶接合面是指双晶中相邻单体间彼此接合的实际界面。其两侧的单体以接合面为界晶格互不平行连续，两者的取向亦不一致。有些双晶中，双晶接合面极不规则而呈复杂的曲折面；有些双晶中，接合面为一平面，且是两个单体中的一个公用面网，往往平行于单晶体中具简单指数的晶面，此时可用相应的晶面符号表示接合面的方向。

62. 理想晶体

答：理想晶体是在理想条件下，晶体围绕一个生长中心，严格地按照其空间格子，在三维空间均匀地生长出的晶体，在外形上应表现为规则的几何多面体可具有面平棱直的特性；同时在一个晶体上属于同一单形的各个晶面均应同等程度地发育，即具有相同的形状和大小。

63. 晶格缺陷

64. 点缺陷

65. 线缺陷

66. 面缺陷

67. 歪晶

68. 面角守恒定律

69. 凸晶

70. 弯晶

【答案解析】63～70题，详见问答题5题。

71. 晶面条纹

答：晶面上由一系列邻接面构成的直线条纹称为晶面条纹，是晶体在生长过程中形成的。例如，石英晶体的柱面上常具横纹，是由六方柱与菱面体的狭长晶面交替生长形成的；电气石晶体柱面上则常具纵纹，由三方柱和六方柱反复相聚而形成。

72. 结晶习性

答：结晶习性指矿物通常呈现的晶体形态，是其内部和外部两方面因素共同作用的结果。

包括两方面：一是同种晶体所习见的单形，如绿柱石习见单形包括六方柱、六方双锥、平行双面等；二是晶体在三维空间延伸的比例，包括三向等长型（呈粒状或等轴状，如钻石）、二向延展型（呈片状或板状，如云母）和一向延长型（呈针状或柱状，如绿柱石）

73. 粒状集合体（引申其他集合体）

答：粒状集合体是指单体成粒状的矿物集合体，可见粒状集合体的天然玉石包括石英岩、翡翠、独山玉等。

74. 放射状集合体

答：放射状集合体指呈长柱状或针状的矿物单体，它们以一点为中心，向外成放射状排列而形成的集合体，例如，红柱石的放射状集合体，又称为菊花石。

75. 纤维状集合体

答：纤维状集合体指纤维状的矿物单体，其延长方向相互平行密集排列所形成的集合体，可形成猫眼效应，如纤维状石膏、阳起石猫眼等。

76. 晶簇

答：晶簇指以洞壁或裂隙壁作为共同基底而生长的单晶体群所组成的集合体，如石英晶簇、方解石晶簇等。由于受几何淘汰规律的制约，晶簇中具有一向延长的单晶体最终发育成与基底近于垂直的，大致平行排列的梳状晶簇。

77. 分泌体

答：分泌体是指真溶液或胶体溶液从岩石空洞的洞壁渗出后将胶体或晶质逐层向中心沉淀而成的集合体。其外形可继承空洞的形状，呈卵圆形，具有同心层状构造，各层成分和颜色多有不同，中心往往留有空腔或晶簇。根据直径可分为晶腺（直径大于1 cm，如玛瑙）和杏仁体（直径小于1 cm，如充填于熔岩气孔中的方解石）。

78. 钟乳状集合体

答：钟乳状集合体是指在岩石的空穴或裂隙中，由真溶液蒸发或胶体凝聚，在同一基底上向外逐层堆积而形成的集合体的统称。具有同心层状、放射状、致密状或结晶粒状构造，外部多呈圆锥形、圆柱形、圆球形等，通常以具体形状与常见物体类比给予不同的名称，如钟乳状、葡萄状、肾状等。

79. 内生成矿作用

答：内生成矿作用指与岩浆活动和火山喷发有关的一系列成矿作用。主要有岩浆成矿作用、伟晶岩成矿作用、热液成矿作用和火山成矿作用。例如，钻石的原生矿床为内生成矿作用形成，与金伯利岩或钾镁煌斑岩的喷发作用有关。

80. 外生成矿作用

答：外生成矿作用指在近地表由于太阳、水、风、空气和有机体作用所形成的成矿作用。其形成的矿床类型主要包括风化壳型、砂矿型和成岩型，风化壳型和砂矿型又称为次生矿床，例如，钻石、刚玉等宝石的砂矿的形成均为外生成矿作用。

81. 变质成矿作用

答：变质成矿作用指已经形成的矿物群体（岩石或矿床）在地壳内应力作用下（如构造运动引起的温度、压力、岩浆、热液等的作用），使其物质矿物成分、矿物组合、结构和构造发生变化而形成新的矿物、岩石或矿床的成矿作用，例如，大理岩型红宝石矿床的形成与变质成矿作用有关。

二、填空题

1. 内部质点　格子构造　格子构造

【答案解析】略。

2. 原始格子　底心格子　体心格子　面心格子　14

【答案解析】详见例题1。

3. 琥珀　玻璃　天然玻璃

【答案解析】常见的非晶质宝石包括欧泊、琥珀、天然玻璃（黑曜石、玄武玻璃、玻璃陨石）、玳瑁、琥珀、煤精、玻璃、塑料、陶瓷等。

4. 自限性　对称性　均一性　异向性　最小内能性　稳定性

【答案解析】详见例题1。

5. 对称面　对称轴　对称中心　对称操作

【答案解析】进行对称操作所借助的结合要素称为对称要素，包括对称面、对称轴、对称中心、旋转反伸轴等。

注：对称要素均为假想的，并不是晶体中真实存在的。在结晶学中所借助的几何要素一般均为假想的，如双晶要素、光率体等。

（1）对称面是一个假想的平面，且通过晶体中心，将晶体分为互为镜像的两个相等部分，所对应的操作为反映操作。对称面最多为9个，对应的对称型为$3L^44L^36L^29PC$。对称面可能出现的位置包括垂直平分晶面，垂直晶棱并通过它的中点，也可以包含晶棱。

（2）对称轴是一根假想的通过晶体中心的直线，相应的对称操作是围绕此直线的旋转。用英文字母L表示。旋转一周，晶体中相同部分重复的次数叫轴次。轴次大于2的对称轴，称高次轴，轴次小于等于2的称低次轴。在一个晶体中，一次对称轴是必然存在的。根据晶体对称定律，晶体中只能出现L^1、L^2、L^3、L^4、L^6，不能出现L^5和高于六次对称轴。对称轴在晶体上可能出现的位置包括晶面中心、晶棱中心或晶体角顶。L^3最多有4个，L^4最多有3个，L^2最多有6个，均出现在等轴晶系中，其对应的对称型为$3L^44L^36L^29PC$，L^6最多有1个，出现在六方晶系中。

注：在所有的对称要素中，一定存在一次对称轴（即L^1），主要原因是晶体旋转360°，

必定与其自身重复一次，但是在书写对称型时，除三斜晶系外，其他的常常忽略掉。

（3）对称中心是一个假想的位于晶体中心的点，相应的对称操作就是对此点的反伸。如果通过此点作任意直线，则在此直线上距对称中心等距离的两端必定可找到对应点。具有对称中心的单形其晶面具有两两成对的晶面，并且对应的晶面、晶棱、角顶等反向平行。

6. 晶体中心　互为镜像　P9
7. 垂直平分晶面　垂直晶棱并通过它的中点　包含晶棱　反映　P
8. 晶体中心　旋转　L　轴次　轴次大于2　小于等于2　一次
9. 晶面中心　晶棱中心　晶体角顶
10. 反伸　对称中心　反向平行

【答案解析】6~10题详见填空题第5题。

11. 对称型　32　47　146

【答案解析】详见例题1。

12. 对称型　单形　晶带

【答案解析】在结晶学中有各种各样的组合：

（1）对称型：为全部对称要素的组合，对称型的书写一般规律是：高次对称轴→低次对称轴→对称面→对称中心，等轴晶系 $3L^24L^3$ 和 $3L^24L^3PC$ 除外。

（2）单形：由对称要素组合起来的一组晶面，由于组成单形的晶面是由对称要素组合起来的，因此在理想状态下，必定是同形等大的。

（3）晶带：交棱相互平行的一组晶面，表示晶带方向的一根直线，即该晶带中各晶面交棱方向直线，并移至过晶体中心，称晶带轴，晶带轴的符号就是晶棱符号。

13. 斜方四面体　三方偏方面体　四方偏方面体　六方偏方面体　五角三四面体　五角三八面体

【答案解析】详见例题5。

14. 24　12　24

【答案解析】在高级晶族的单形中，常常分为四组，分别为四面体组、八面体组、立方体组和十二面体组。

以四面体组为例，三角三四面体、四角三四面体和六四面体，均由四面体演化而来，例如，三角三四面体，首先将四面体的晶面平均演化成三个晶面，并且每个晶面内角的数量为三个。名称中"三角"代表每个晶面内角的数量为三个，"三"代表四面体的每个晶面分成了三个晶面，"四面体"表示该单形为四面体组，因此，三角三四面体可拆分成三角-三-四面体，以方便记忆，由此可知，三角三四面体晶面的个数为3×4=12个。

再如四角三四面体，"四角"代表每个晶面内角的数量为四个，"三"代表四面体每个晶面演化成三个晶面，"四面体"表明为四面体组，其名称可拆分成四角-三-四面体，因此晶面的个数为3×4=12个。

以此类推，五角三四面体具有12个面，四六面体为24个面，三角三八面体为24个面，四角三八面体为24个面，五角三八面体为24个面，六八面体为48个面，四六面体为24个面。

15. X、Y、Z、L^3

【答案解析】在确定晶体中各要素之间的位置关系时，需要首先确定其所属的晶系，具有相同符号的晶面、晶棱等，在不同的晶系中可具有不同的位置关系，例如，（100）晶面在等轴晶系、四方晶系和斜方晶系中与 X 轴垂直，但在单斜晶系和三斜晶系中与 X 轴斜交，其最主要的原因是在不同的晶系中，晶轴之间的位置关系不同。

16. 菱形十二面体　斜方柱　平行双面　反映双面　斜方柱

【答案解析】符号相同的单形在不同的晶系以及不同的对称型中代表不同的单形，因此在确定单形时，同样首要了解所属的晶系：

（1）等轴晶系：{110}代表菱形十二面体。

（2）单斜晶系：对称型为 L^2 时，{110}代表轴双面；对称型为 P 时，{110}代表反映双面；对称型为 L^2PC 时，{110}代表斜方柱。

（3）斜方晶系：{110}代表斜方柱。

17. 八面体　四面体　平行

【答案解析】（1）在等轴晶系中，{111}在对称型为 $3L^2 4L^3$ 和 $3L_i^4 4L^3 6P$ 时代表四面体单形，其余对称型中代表八面体单形。

（2）[111]代表晶体中的线性要素，如对称轴、双晶轴、晶棱等，[111]与 L^3 的位置关系是平行。

18. 尖晶石　石榴石　锆石　水晶　普通辉石　拉长石

【答案解析】（1）等轴晶系的宝石包括钻石、石榴石、青金石、尖晶石、萤石、方钠石、合成立方氧化锆、人造钇铝榴石、人造钆镓榴石、人造钛酸锶、黄铁矿、闪锌矿、方镁石、赤铜矿、硼锂铍矿、方硼石（高温变体）、无水钾镁矾等。

（2）四方晶系的宝石包括锆石、锡石、金红石、符山石、方柱石、鱼眼石、锐钛矿、锥冰晶石、角铅矿、水磷铝钠石、白钨矿、钼铅矿等。

（3）三方晶系的宝石包括石英、透视石、硅铍石、刚玉、碧玺、方解石、菱镁矿、菱铁矿、菱锰矿、菱锌矿、白云石、辰砂、淡红银矿、赤铁矿等。

（4）六方晶系的宝石包括绿柱石、磷灰石、塔菲石、合成碳硅石、堇青石（高温变体）、红锌矿、蓝锥矿、苏纪石、硼铝石、钒铅矿等。

（5）斜方晶系的宝石包括葡萄石、顽火辉石、金绿宝石、托帕石、天青石、重晶石、矽线石、黝帘石（坦桑石）、橄榄石、赛黄晶、堇青石、红柱石、柱晶石、硼铝镁石、板钛矿、钽铋矿、硬水铝石、蓝线石、异极矿、硼铍石、方硼石、锰方硼石、文石、白铅矿、碳酸钡矿、磷铝锰矿、磷铝石、磷锰石、银星石、硬石膏、铅矾、臭葱石等。

（6）单斜晶系的宝石包括透辉石、榍石、磷铝钠石、柱晶石、绿帘石、滑石、天蓝石、钾长石（正长石、透长石）、锂辉石、普通辉石、透闪石、阳起石、蛇纹石、孔雀石、硅孔雀石、查罗石、雄黄、冰晶石、十字石、粒硅镁石、榍石、硅硼钙石、蓝柱石、绿帘石、锂云母、多水硼镁石、羟硅硼钙石、蓝铜矿、斜钠钙石、磷钠铍石、光彩石、独居石、磷铍钙石、蓝铁矿、绿磷锰矿、板磷铁矿、红磷锰矿、羟砷锌矿、乳砷铅铜矿、铬铅矿。

（7）三斜晶系的宝石包括绿松石、拉长石、磷铝锂石、日光石、蓝晶石、斧石、斜长石、钾长石（微斜长石、歪长石）、蔷薇辉石、钠硼解石等。

19. $L^3 3L^2 3PC$　复三方偏三角面体　$L^4 4L^2 5PC$　复四方双锥　$3L^2 3PC$　斜方双锥　$3L^4 4L^3 6L^2 9PC$　六八面体

【答案解析】详见例题1。

20. 9　1

【答案解析】详见例题1。

21. 钻石　尖晶石　萤石　绿柱石　磷灰石　碧玺

【答案解析】（1）常发育八面体单形的宝石包括钻石、尖晶石、石榴石、萤石、赤铜矿。

（2）常发育六方柱单形的宝石包括刚玉（红宝石和蓝宝石）、绿柱石、水晶、碧玺、磷灰石、方解石、白云石、菱锌矿、菱锰矿、钒铅矿等。

22. 复三方偏三角面体　三方偏方面体　复四方双锥

【答案解析】属于同一对称型（点群）的晶体可归为一类，称为晶类。晶体中共有32种对称型，便有32个晶类（详见例题1）。

（1）蓝宝石，三方晶系，对称型为$L^3 3L^2 3PC$，复三方偏三角面体晶类。

（2）水晶，三方晶系，对称型为$L^3 3L^2$，三方偏方面体晶类。

（3）锆石，四方晶系，对称型为$L^4 4L^2 5PC$，复四方双锥晶类。

23. 平行连生　双晶　浮生　交生

【答案解析】详见例题6。

注：部分宝石学教材中仅介绍了平行连生和双晶。

24. 双晶面　双晶轴　双晶中心

【答案解析】各要素的定义详见名词解释。

注：双晶要素与对称要素相似，同为假想的几何要素。

25. 水晶　绿柱石　尖晶石

【答案解析】详见例题6。

26. 方解石　长石　尖晶石　水晶　金绿宝石　堇青石　萤石　钻石

【答案解析】详见例题6。

27. 点缺陷　线缺陷　面缺陷　体缺陷

【答案解析】详见问答题5题。

28. 晶面条纹　六方柱　菱面体　立方体　五角十二面体　三方柱　六方柱

【答案解析】晶面条纹包括聚形纹和双晶纹两类，在宝石学中晶面条纹多指聚形纹，是指不同单形交替生长而使它们的晶面规律性交替出现，进而在晶体的某些晶面上形成的一系列直线状平行条纹，如水晶、碧玺、黄铁矿等。

注：聚形纹只能出现在发育完整的晶面上，当晶面被破坏之后，聚形纹也随之消失。

双晶纹是指双晶结合面的痕迹，其形态取决于双晶面的形态，例如，刚玉通常发育聚片双晶或接触双晶，是鉴定刚玉的重要标志之一；由于双晶面贯穿整个晶体，因此当晶体被破坏，双晶纹依然可见。

29. 聚形纹　双晶纹　双晶纹　红宝石

【答案解析】详见填空题28题。

30. 显晶质　隐晶质

【答案解析】根据构成集合体矿物颗粒的大小，可将其分为显晶质和隐晶质；其中隐晶质又可进一步划分为显微显晶质和显微隐晶质，各定义详见名词解释。

31. 放射状集合体　纤维状集合体　晶簇　晶腺

【答案解析】（1）根据单体的形态，可将集合体分为粒状集合体、片状集合体、鳞片状集合体、叶片状集合体、板状集合体、柱状集合体、针状集合体等。

（2）特殊形态的集合体，包括纤维状集合体、放射状集合体、晶簇、束状集合体、毛发状集合体、树枝状集合体、分泌体、结核、鲕状及豆状集合、钟乳状集合体、葡萄状及肾状集合体等。其中，分泌体、结核、鲕状及豆状集合、钟乳状集合体、葡萄状及肾状集合体属于隐晶质集合体。

32. 轴率　轴角　$a≠b≠c$　$α=β=γ=90°$

【答案解析】详见例题 1。

33. 同种晶体所习见的单形　晶体在三维空间延伸的比例　矿物晶面发育的完整程度

【答案解析】结晶习性是指在一定的条件下，矿物晶体趋向于按照自己内部结构的特点自发形成某些特定的形态的性质。结晶习性具有三层含义：

（1）同种晶体所习见的单形：一种晶体常呈现某种或某几种单形，例如，尖晶石习见的单形为八面体；在不同介质条件下，矿物的结晶习性也会发生变化，例如，萤石在岩浆岩和伟晶岩中常呈八面体，在高温热液中形成的常呈菱形十二面体，在低温热液中形成的常呈立方体。

注：能够反映矿物或地质体成因特征的矿物学标志称为矿物的标型性。

（2）晶体在三维空间延伸的比例：根据晶体在三维空间延伸的情况，可大致分为三向等长型、二向延展型和一向延长型。

①三向等长型：晶体沿三维方向的发育基本相同，呈等轴状、粒状等形态，等轴晶系的矿物尖晶石、石榴石、钻石等常呈粒状产出。

②二向延展型：晶体沿两个方向上相对更为发育，形成板状、片状、鳞片状、叶片状等形态。例如石墨、云母等矿物常呈片状或鳞片状产出，长石族矿物常呈板状产出。

③一向延长型：晶体沿某一个方向特别发育，呈柱状、针状或纤维状等形态。例如，绿柱石、水晶、金红石等常呈柱状或针状产出。

（3）基于矿物晶面发育的完整程度，将矿物的形态分自形、半自形和他形三种类型：

①自形：自形是指晶体在具备充分空间和挥发性组分或很强的结晶力条件下，能够按照自身的习性生长，发育成近乎完美的几何多面体，其外部几乎全部被平坦的晶面所包围，相应的矿物晶体称自形晶。

②他形：他形是指晶体在结晶过程中受到空间不足、贫挥发分等多种物理化学环境的制约，其外表主要由不平坦的断面所包围，相应的矿物晶体称他形晶。例如，花岗岩中较晚晶出的石英便呈他形晶。

③半自形：矿物表面部分被平坦的晶面所包围而部分被断面所包围时称半自形。其生长条件介于自形与他形的条件之间。

34. 粒状集合体　放射状集合体　晶腺

【答案解析】略。

35. 水晶　方解石　石膏　阳起石　玉髓　绿松石

【答案解析】略。

36. 显微显晶质　显微隐晶质

【答案解析】详见名词解释。

37. 内生成矿作用　外生成矿作用　变质成矿作用

【答案解析】根据地质作用的性质和能量来源，可将宝石矿床的成因分为内生成矿作用、外生成矿作用和变质成矿作用。其中内生成矿作用主要有岩浆成矿作用、伟晶岩成矿作用、热液成矿作用、火山成矿作用等；外生成矿作用的矿床类型包括风化壳型、砂矿型和成岩型。

38. 钻石　红宝石　红宝石　海蓝宝石　水晶　祖母绿

【答案解析】（1）岩浆成矿作用形成的宝石主要包括钻石、刚玉（红宝石、蓝宝石）、石榴石、锆石、橄榄石、普通辉石、磷灰石、黑曜石、玄武玻璃、金红石等。

（2）伟晶岩成矿作用主要包括红宝石、绿柱石、托帕石、碧玺、水晶、金红石等。

（3）热液成矿作用主要包括祖母绿、水晶、碧玺、萤石、方解石、菱锰矿、托帕石、橄榄石、方柱石、欧泊等。

（4）变质成矿作用包括刚玉、祖母绿、金绿宝石、石榴石、月光石、碧玺、锆石、磷灰石、堇青石、红柱石、方柱石、普通辉石、蔷薇辉石、坦桑石、矽线石、翡翠、和田玉、蛇纹石玉、石英岩、大理岩、蔷薇辉石、塔菲石、金红石、赤铁矿、锐钛矿、方镁石、蓝线石、符山石、榍石、斧石、绿帘石、透闪石、阳起石等。

39. 风化壳型　砂矿型　成岩型　欧泊　玉髓

【答案解析】外生成矿作用指在近地表由于太阳、水、风、空气和有机体作用所形成的成矿作用。其形成的矿床类型主要包括风化壳型、砂矿型和成岩型，风化壳型和砂矿型又称为次生矿床，如欧泊、玉髓、绿松石、孔雀石、钻石、红蓝宝石、翡翠、软玉、绿柱石、石榴石等。

三、是非题

1. N

【答案解析】晶体与非晶体是一对相对的概念，均为固体；晶体与非晶体之间可以相互转化，其中非晶体可以自发地向晶体转化，而晶体向非晶体转化需要外界的能量。

注：液体和气体既不是晶体，也不是非晶体，它们不在定义的范围之内。

2. N

【答案解析】晶体具有自限性，在一定条件下可自发地形成规则的几何多面体的形态。集合体的形态也可具有一定的规律，如放射状集合体等，但这些集合体的形态并不呈规则的几何多面体的形态，集合体不具有自限性。

注：晶体的六个性质均指单晶体的性质，不包括晶体集合体。

3. N

【答案解析】等轴晶系属于光性均质体，不同振动方向上对应光的折射率是相同的，但对于其他物理性质，如解理、硬度等均具有异向性。异向性是晶体的基本性质之一。

4. N

【答案解析】宝石的实际形态受到外界环境的影响，其自限性是否能够表现，取决于外界环境，但自限性属于晶体固有的性质，不随形态的改变而改变。在矿物学中，根据晶体形态的完整程度，可将晶体分为自形、半自形和他形。

注：宝石固有的性质不随这种性质是否表达而消失或存在，如解理等。

5. N

【答案解析】晶体的对称不仅体现在外形上，还包括物理性质，晶体的对称特点详见例题 1。

6. Y

【答案解析】所有的晶体均是对称的，晶体的对称特点详见例题 1。

7. N

【答案解析】在研究晶体过程中所借助的几何要素一般均为假想的，如对称要素、双晶要素、晶轴、光率体等，其主要目的是使研究对象更为简便。

8. Y

【答案解析】所有的晶体中，一定含有一次对称轴（L^1），即旋转 360°后与自身一定是重合的；其他对称要素可能含有，也可能不含有。例如，三斜晶系中，没有对称面，也可以没有对称中心。

9. Y

【答案解析】任何一个具有对称中心的图形中，其相对应的面、棱、角都体现为反向平行，若晶体中存在对称心，其晶面必然成对分布，两两平行，同形等大且方向相反，是理想晶体有无对称中心的判别依据。

10. N

【答案解析】旋转反伸轴所对应的操作是旋转+反伸的复合操作，每一步操作可以是对称操作，也可以不是对称操作。例如 L_i^4，当旋转 90°时，晶体并没有发生规律性的重复，不属于对称操作；再如 $L_i^1=C$，旋转 360°时发生重复，属于对称操作。

11. N

【答案解析】双晶接合面是双晶单体间的实际接合界面，其形态可以是简单的平面或折面（如接触双晶、聚片双晶等），也可以很复杂（如穿插双晶），它是只表达双晶单体之间实际结合方式而不是表达单体之间取向关系的一种几何要素，当与双晶要素共同表征双晶特征才能使双晶特征唯一化。所以，一般用双晶要素和双晶接合面组合的方式描述双晶特征。

12. N

【答案解析】在晶体中，若同时存在 L^3 和垂直于 L^3 的对称面时，将其"升级"为 L_i^6，因此对称型 L^3L^24PC 的实际对称型应为 $L_i^63L^23PC$，而三方晶系的最高对称型应为 L^33L^23PC。

13. N

【答案解析】晶体与非晶体可相互转化。非晶体内能较高，可自发地向晶体发生转化；晶体向非晶体转化时，需借助外界的能量，例如，高型锆石由于 U、Th 等放射性元素的存在，发生变生作用，转化成中型或低型锆石。

14. N

【答案解析】在理想状态下，组成单形的一组晶面应为同形等大的，因此在图片中看到柱形单形中的上下两个面与柱面并不同形等大，因此不属于相应单形中，所有的"柱形"单形均为开形，类似的，所有的单锥类单形也均为开形。

15. N

【答案解析】三斜晶系中可包含的对称要素为对称中心（C），另外需要注意的是，所有的晶体均含有一次对称轴（L^1）。

16. N

【答案解析】三方柱、三方双锥也可出现在六方晶系中，其若只考虑几何形态，两单形同时存在 L^3 和垂直于 L^3 的对称面时，应将其"升级"为 L_i^6，因此三方柱、三方双锥等单形可出现在六方晶系中。

17. Y

【答案解析】平行连生的晶体在外形上表现为各个单体间的所有对应晶面全都彼此平行，但各单体间的格子构造是连续的，因此，它们实际上是外形像多个晶体而内部结构是连续完整的单晶体。

18. N

【答案解析】所有单锥类单形均不具有对称中心，双锥类除三方双锥、复三方双锥外，其余双锥类单形均具有对称中心。

19. N

【答案解析】（1）晶面符号应用"（　　）"表示，{ }表示的为单形符号。

（2）晶面符号应为截距系数倒数的比值进行计算，如题所述，截距系数为 2、3、6，其倒数分别为 1/2、1/3 和 1/6，其比值为 1/2：1/3：1/6=3：2：1，去掉比例符号，然后用"（　　）"括起来，即（321）为该晶面的晶面符号。

20. N

【答案解析】在确定晶体中几何要素的相互位置关系时，首先需明确所属的晶系或所处的坐标系属性：

（1）在等轴晶系、四方晶系中和斜方晶系中，（100）面与（010）面和（001）面相互垂直。

（2）在单斜晶系中，（100）面与（010）面相互垂直，与（001）面斜交。

（3）在三斜晶系中，（100）面与（010）面和（001）面均斜交。

21. N

【答案解析】双晶即可出现在天然宝石中，也可出现在人工宝石中，例如，助熔剂法合成红宝石（拉姆拉合成红宝石、多罗斯合成红宝石）可出现贯穿双晶，但天然红宝石中往往缺失贯穿双晶，常见接触双晶和聚片双晶。

22. Y

【答案解析】（1）任何一个晶体在其生长过程中总会不同程度地受到外界因素的干扰，从而产生晶格缺陷。在微观角度上，晶体并非严格地按照空间格子规律所形成的均匀整体，以致晶体不能按理想状态发育。

（2）一个真实的单晶体实际上是由许多理想的均匀块段组成的，而这些块段并非严格地相互平行，从而形成了"镶嵌构造""空位"和"位错"等构造缺陷。

（3）构造缺陷中部分质点的替换及包体的存在也会导致晶体的构造变形；此外，晶体在形成之后，由于继续受到应力和后期热液等各种外界因素的影响，增加了晶体的非理想程度。

23. N

【答案解析】晶体在实际生长过程中，会偏离本身的理想形态，形成歪晶，表现为同一单形的各个晶面发育不等，部分晶面甚至有可能缺失，但是它们的晶面夹角与理想晶体的相应晶面夹角保持相同，即"面角守恒定律"，因此可通过对不同形态的晶体进行晶面的测量来识别歪晶。

24. N

【答案解析】（1）要注意一个概念，晶体的表面≠晶面，晶体具有自限性，可自发地形成规则的几何多面体形态，在晶体的几何多面体上的平整的平面称为晶面，晶面条纹中的聚形纹只出现在晶面上，当晶面受到破坏后，聚形纹也随之消失不见，因此晶面与晶体的表面是两个不同的概念，在晶体的表面可出现一些弯曲的现象，如贝壳状断口中的弧线。

（2）晶面条纹也可呈弯曲状，例如绿柱石中的螺旋纹，可由螺旋生长理论进行解释。

25. Y

【答案解析】晶面条纹包括聚形纹和双晶纹两种，其中聚形纹只出现在晶面上，随晶面发生破坏而随之消失，宝石学中所指的晶面条纹多为聚形纹；双晶纹可贯穿整个宝石，不随晶面的破坏而随之消失。

26. N

【答案解析】对称性和异向性均是晶体的主要性质，两者形成的原因不同，是对晶体性质在不同角度上的描述：

（1）对称性是指晶体中的相同部分或性质在不同的方向或位置上有规律地重复出现的特性，例如立方体中六个晶面具有相同的性质，是有规律重复出现的现象，通过一定的操作（旋转、反映、反伸等）可将六个晶面重合；晶体的对称性是由格子构造决定的，从微观的角度讲，格子构造就是在三维空间内有规律地重复，通过简单的平移操作就可让空间格子发生有规律的重复。

（2）异向性形成的原因同样与格子构造有关，由于在不同方向上质点排列的排列规律具有一定的差异（如质点之间的间距不同、面网密度不同等），晶体在不同方向上的性质存在一定的差异，从而导致晶体具有异向性。

（3）晶体中的同一个性质既可以具有对称性，也可以具有异向性，例如，钻石具有八面体解理，具有一定对称性，但是钻石在立方体方向上并不发育解理，因此具有异向性。

27. N

【答案解析】详见是非题23题。

28. Y

【答案解析】详见例题1。

29. N

【答案解析】显晶质是指直接用肉眼或借助普通10×放大镜就可辨认出其中的单个矿物晶体颗粒的集合体，如结构比较粗松的翡翠和石英岩等。

30. Y

【答案解析】详见是非题12题和16题。

31. N

【答案解析】等轴晶系最重要的特点是具有 4 个 L^3，可以不含有 L^4 或 L_i^4、L^2、对称面和对称中心，如对称型 $3L^2 4L^3$ 中不含有四次对称轴、对称面和对称中心，对称型 $3L_i^4 4L^3 6P$ 中不含有 L^2。

32. Y

【答案解析】单形相聚的前提条件是具有相同的对称型，若只考虑单形的几何形态，三方柱、六方柱和菱面体并不具有相同的对称型，但是，实际晶体中发育的单形均为结晶单形，具有一定内部结构的意义，不能只根据某实际晶体的几何形态的对称性来判断该晶体的对称型。

33. N

【答案解析】（111）面代表在各晶轴上的截距系数相同，并不代表截距相同。其中，在等轴晶系中，在各晶轴上的截距相同，在四方晶系中，在 X 轴和 Y 轴上的截距相同；在斜方晶系、单斜晶系和三斜晶系中，均不相同。

34. N

【答案解析】黄铁矿中常见立方体与五角十二面体的聚形。需注意，组成聚形的单形，所指的均为结晶单形。

35. Y

【答案解析】注意结晶单形和几何单形，例如，几何形态为立方体的对称型可以是 $3L^24L^3$、$3L^24L^3PC$、$3L_i^4L^36P$、$3L^44L^46L^2$、$3L^44L^36L^29PC$。

36. N

【答案解析】同一种宝石由于晶体结构相同，对称型必然相同，不随晶体形态的变化而变化，是宝石矿物固有的性质。

37. N

【答案解析】组成立方体的六个晶面具有完全相同的性质，因此应属于同一单形，不能归类到三组平行双面。

38. N

【答案解析】以斜方晶系中对称型为 $3L^2$ 为例，晶轴的选择是以三个相互垂直的 3 个 L^2 作为晶轴，因此斜方柱即可以与 X 轴平行，也可以与 Y 轴或 Z 轴平行。

39. N

【答案解析】在实际晶体中，均含有一定程度的晶格缺陷，但是"缺陷"一词并不含有"贬义"，晶格缺陷的出现是宝石性质发生变化的重要原因之一，尤其是在颜色方面的变化，例如，色心是宝石产生颜色的一个重要因素之一，如萤石；宝石中的包裹体可产生猫眼效应、星光效应、砂金效应等特殊光学效应，因此晶格缺陷并不一定对宝石产生不好的后果。

40. Y

【答案解析】晶体的对称不仅仅体现在晶体外形上，也体现在晶体的其他物理性质上，由于在晶体的两端出现的电荷性质不同，分别为正负电荷，性质不同，不符合对称中心的定义，因此无对称中心。

41. N

【答案解析】根据布拉格法则的描述，晶体上的实际晶面平行于面网密度大的面网，是被生长速度慢的晶面所包围。

42. N

【答案解析】三方晶系中的对称面最多只有 3 个，其最高对称型为 L^33L^23PC。

43. N

【答案解析】结晶轴 C 轴与晶体的延长方向没有一定的对应关系，例如等轴晶系的宝石，在各晶轴方向上具有相同的性质，常形成粒状，不具有明显的延长方向。

44. N

【答案解析】详见填空题 28 题。

45. N

【答案解析】晶体的晶面条纹与延长方向没有一定的对应关系，例如，水晶的晶面条纹为"横纹"，与延长方向相垂直，黄铁矿属于等轴晶系，无明显的延长方向。

46. N

【答案解析】宝石晶体的对称型与格子构造密切相关，因此，宝石的对称型是固有的性质，不随聚形、双晶、平行连生等现象的发生而发生改变。

47. N

【答案解析】结晶习性包括两个方面，一个是晶体的习见单形，一个是晶体在三维空间的延伸比例。宝石矿物在不同的环境中常出现不同的形态特征，也是结晶习性的表现之一。正是由于晶体的形态与环境有关，因此研究宝石的晶体形态可推断其成因，将同一种矿物的天然晶体于不同的地质条件下形成时，在形态上、物理性质上都可能显示不同的特征，这些特征标志着晶体的生长环境，称为标型特征。例如，低温方解石的形态多为柱状，高温方解石的形态多为板状。

48. Y

【答案解析】单形相聚的前提条件是具有相同对称型，相聚前后的对称型不变。

49. N

【答案解析】非晶体也可具有规则的几何外形，但是，非晶体规则的几何外形需要外界条件的加入，例如，使用模具可以将非晶体的形态固定，它不能自发地形成规则的几何外形，属于"他限"。

50. N

【答案解析】双晶与晶体的对称规律不同，环状双晶可出现三连晶、四连晶、五连晶、六连晶、八连晶等。

51. N

【答案解析】开形与开形之间的聚形也可以形成一个封闭的空间，例如，三斜晶系中只发育平行双面的晶体。

四、单项选择题

1. A

【答案解析】水晶发育的单形包括六方柱、菱面体、三方双锥、三方偏方面体等，由于发育三方偏方面体（为一般形），因此没有对称中心、没有对称面，具有左右形之分，其对称型为 L^33L^2，属于三方偏方面体晶类。

2. C

【答案解析】详见单项选择题第 1 题。

3. C

【答案解析】略。

4. D

【答案解析】略。

5. A

【答案解析】详见是非题 23 题。

6. E

【答案解析】晶类的概念详见例题 1。

A 选项，方柱石，对称型为 L^44L^25PC，复四方双锥晶类。

B 选项，锆石，对称型为 L^44L^25PC，复四方双锥晶类。

C 选项，水晶，对称型为 L^33L^2，三方偏方面体晶类。

D 选项，绿柱石，对称型为 L^66L^27PC，复六方双锥晶类。

E 选项，蓝宝石，对称型为 L^33L^23PC，复三方偏三角面体晶类。

7. C

【答案解析】具有左形与右形之分的单形包括斜方四面体、三方偏方面体、六方偏方面体、四方偏方面体、五角三四面体、五角三八面体。

A 选项，石榴石，等轴晶系，常见单形包括六八面体、菱形十二面体、四角三八面体，无左形与右形之分。

B 选项，方解石，三方晶系，常见单形包括平行双面、六方柱、菱面体、复三方偏三角面体，无左形与右形之分。

C 选项，水晶，详见单项选择题第 1 题。

D 选项，红宝石，三方晶系，常见单形包括六方柱，菱面体，六方双锥，平行双面，复三方偏三角面体，无左形与右形之分。

8. A

【答案解析】三斜晶系的特点是无 L^2、无对称面 P，但是所有的晶体均含有对称轴 L^1，此外，三斜晶系还可存在对称中心。

9. A

【答案解析】详见例题 5。

10. A

【答案解析】方解石的对称型为 L^33L^23PC，常见的单形包括平行双面、六方柱、菱面体、复三方偏三角面体，属于复三方偏三角面体晶类，无左右形之分。

11. B

【答案解析】单形的形态可以是固定不变的，如立方体、八面体；也可以发生一定的变化，如单锥类和双锥类单形。因此，根据单形晶面间的角度是否恒定，将单形划分为定形和变形两类，其中，晶面间的角度恒定者，称为定形，包括单面、平行双面、三方柱、四方柱、六方柱、四面体、八面体、菱形十二面体和立方体，共九种；其余单形中晶面间的角度不是恒定的，称为变形。

12. B

【答案解析】特殊形的晶面处于特殊位置，例如与对称要素垂直、平行，或者与相同的对称要素以等角相交；一般形的晶面处于一般位置，不与任何对称要素垂直或平行（等轴晶系中的一般形有时可平行于三次轴的情况除外），也不与相同的对称要素以等角相交。

如果晶体形态上只发育特殊形，则不能根据形态确定晶体的对称型，例如，立方体和八面体可出现在等轴晶系中所有的对称型当中；但是一个对称型中只有一个一般形，因此一般形可作为每个对称型所有单形的代表,可用来命名晶类,由于以上原因,只有当晶体中发育一般形时,才能确定晶体的对称型。

13. B

【答案解析】锆石中发育的两个取向不同的四方柱,相互之间能够借助于旋转操作彼此重合,因此两者之间的关系为互为正形和负形。

左形与右形是两个形态完全类同,在空间的取向上正好彼此相反的两个形体,它们互为镜像,但不能借助于旋转或反伸操作使之重合。

一般形与特殊形是根据晶面与对称要素之间的相互位置关系来确定的,特殊形的晶面与对称要素垂直或平行,或者对相同的对称要素等角度相交,其晶面处于特殊位置;而一般形的晶面处于一般位置,与对称要素既不垂直或平行,也不与相同的对称要素呈等角度相交。

定形与变形是通过晶面之间的角度是否固定不变来确定的,若晶面间的角度固定不变,其为定形;反之为变形。

14. A

【答案解析】石英晶体常呈六次假对称,在六方柱柱面上常发育横纹,但横纹并不连续,是判断石英双晶类型的重要标志,借助晶面条纹,可判断双晶,缝合线若为折线,则为巴西双晶,若为曲线,则为道芬双晶。

15. B

【答案解析】详见例题6。

16. C

【答案解析】晶体按台阶是由层生长或螺旋生长机制形成的,是最常见的晶面花纹。台阶可以是平直的,如钻石晶面的层状台阶;也可以是弯曲的,如黑钨矿晶面上的螺旋状台阶。因此台阶的形态与生长过程有关。

注:部分教材中将螺旋状生长台阶单独命名为螺旋纹。

17. A

【答案解析】各晶面中心均相对凸起而呈曲面,晶棱弯曲而呈弧线的晶体称为凸晶。所有凸晶都是由几何多面体趋向于球面体的过渡形态。凸晶是晶体形成后又遭溶解而形成的,因为位于角顶和晶棱上的质点的自由能较位于晶面上者的大,角顶及晶棱部位与溶剂的接触概率也大,因而,它们的溶解速度也较晶面中心为快,从而产生凸晶。

18. C

【答案解析】赛黄晶为斜方晶系宝石,晶体常数应为 $a \neq b \neq c$,$\alpha = \beta = \gamma = 90°$。

19. C

【答案解析】A选项,具有多色性的宝石,其颜色具有异向性。

B选项,裂理的发育与晶格缺陷面、双晶面、包裹体分布面有关,可符合晶体的对称性,也可以不符合,同样具有异向性。

C选项,相对密度表示与参考物质密度的比值,其物理意义与密度相类似,不具有异向性。

D选项,部分宝石具有差异硬度,例如,钻石八面体方向>菱形十二面体方向>立方体方向的硬度,具有异向性。

E选项,非均质体宝石具有双折射率,其折射率值随在晶体中的振动方向不同而发生变化，具有异向性。

20. D

【答案解析】（1）晶体的宏观对称要素包括对称轴、对称面、对称中心、旋转反伸轴、旋转反映轴。

（2）晶体的微观对称要素包括平移轴、螺旋轴和滑移面。

21. C

【答案解析】A 选项，红宝石单形包括六方柱，菱面体，六方双锥，平行双面。

B 选项，水晶常见单形包括六方柱、菱面体、三方双锥、三方偏方面体。

C 选项，碧玺常见单形包括三方柱、六方柱、各种形态的三方单锥。

D 选项，方解石常见单形包括平行双面、六方柱、菱面体、复三方偏三角面体。

E 选项，绿柱石常见单形包括六方柱、六方双锥、平行双面。

五、多项选择题

1. ACE

【答案解析】详见例题 1。

2. ABCDE

【答案解析】在实际晶体中讨论单形时，往往指的是结晶单形，相同的形态，可具有不同的对称型。立方体、四角三八面体和菱形十二面体在等轴晶系中的所有对称型中均可出现。

3. ABCDE

【答案解析】只有对称型相同的单形才能相聚形成聚形，这里的单形多指结晶单形。

（1）六方晶系

①L^6 对称型中，六方柱可与六方单锥、单面相聚。

②$L^6 6L^2$ 对称型中，六方柱可与六方偏方面体、六方双锥、复六方柱、平行双面相聚。

③$L^6 PC$ 对称型中，六方柱可与六方双锥、平行双面相聚。

④$L^6 6P$ 对称型中，六方柱可与复六方单锥、六方单锥、单面相聚。

⑤$L^6 6L^2 7PC$ 对称型中，六方柱可与复六方柱、六方双锥、复六方双锥、平行双面相聚。

⑥L_i^6 对称型中，六方柱不可能出现在该对称型中。

⑦$L_i^6 3L^2 3PC$ 对称型中，六方柱可与复三方双锥、三方双锥、六方双锥、复三方柱、三方柱、平行双面相聚。

（2）三方晶系：六方柱可出现在 $L^3 3L^2$、$L^3 3P$、$L^3 C$、$L^3 3L^2 3PC$ 中。

①$L^3 3L^2$ 对称型中，六方柱可与三方偏方面体、菱面体、三方双锥、复三方柱、三方柱和平行双面相聚。

②$L^3 3P$ 对称型中，六方柱可与复三方单锥、三方单锥、六方单锥、复三方柱、三方柱和单面相聚。

③$L^3 C$ 对称型中，六方柱可与菱面体、平行双面相聚。

④$L^3 3L^2 3PC$ 对称型中，六方柱可与复三方偏三角面体、菱面体、六方双锥、复六方柱、平行双面相聚。

4. ABCDEF

【答案解析】晶体的异向性是指晶体的性质随方向的不同而有所差异的现象。

A 选项折射率：在非均质体宝石中，除光轴方向外，自然光沿其他方向进入晶体时会发生双折射现象，分解为振动方向相互垂直、传播速度不等的两束平面偏振光，是异向性的表现。

B 选项硬度：晶体在不同方向上的硬度具有一定的差异，例如，钻石八面体方向＞菱形十二面体方向＞立方体方向的硬度，是异向性的表现。

C 选项解理：晶体在不同方向上的解理存在差异，例如，钻石发育八面体方向解理，但不发育立方体方向解理，是异向性的表现。

D 选项晶体形态：晶面在不同方向上具有不同的形态特征，另外，在不同方向上的发育程度不同，例如，绿柱石具有明显的延长方向，若晶体在不同方向上发育程度相同，其晶体形态应为球形，因此是异向性的表现。

E 选项多色性：晶体对不同振动方向上的光的选择性吸收不同，导致晶体沿不同方向上观察可得到不同的颜色，是异向性的表现。

5. ABCDEF

【答案解析】晶体的对称性是指晶体的形态或性质在不同方向和部位有规律地重复出现。

A 选项折射率，符合晶体的对称规律，例如，在四方晶系中，振动方向平行于 X 轴的光和平行于 Y 轴的光的折射率相同。

B 选项硬度，同一单形方向上具有相同的硬度，例如，钻石的八面体中八个面上的硬度具有相同的性质。

C 选项解理，例如，钻石在（111）面和（$\overline{111}$）面上具有相同性质的解理。

D 选项晶体形态，晶体的形态是晶体对称性最直观的表现之一，晶面、晶棱和角顶在不同方向上是有规律地重复的。

E 选项多色性，同样符合晶体的对称性，其原因与折射率（选项 A）相同。

6. ABD

【答案解析】详见填空题 18 题。

7. ABCE

【答案解析】（1）绿柱石属于晶体，其化学式为 $Be_3Al_2Si_6O_{18}$；晶体结构特点为 Si-O 四面体组成六方环，环面垂直 Z 轴平行排列，上下两个错动 25°，由 Al^{3+} 以八面体、Be^{2+} 以四面体的形式连接，形成平行 Z 轴的长六方柱状的空道。空道内可容纳大半径阳离子，如 Na^+、K^+、Cs^+、Rb^+ 等及 H_2O 分子等。

（2）绿柱石的对称型为 L^66L^27PC，为六方晶系，常见单形包括六方柱、六方双锥、平行双面，属于复六方双锥晶类。

（3）绿柱石发育平行 Z 轴的纵纹，其明显程度与碱金属的含量成正比。

8. ABCD

【答案解析】（1）红宝石属于三方晶系，常见单形包括六方柱，菱面体，六方双锥，平行双面，复三方偏三角面体。

（2）红宝石的对称型为 L^33L^23PC，属于复三方偏三角面体晶类。

（3）红宝石常见的双晶类型包括聚片双晶和简单双晶，此外，助熔剂法合成红宝石可见天然红宝石中缺失的贯穿双晶。

9. ABCE

【答案解析】斜方晶系的晶轴是选择三个相互垂直的 L^2 为晶轴，在 $L^2 2P$ 对称型中，以 L^2 为 C 轴，以 P 的法线为 X 轴和 Y 轴，因此斜方柱可以有不同的取向：

（1）在 $3L^2$ 对称型和 $3L^2 3PC$ 中，其单形符号包括 $\{0kl\}$、$\{h0l\}$、$\{hk0\}$。

（2）在 $L^2 2P$ 对称型中，其单形符号为 $\{hk0\}$。

注：h、k、l 可相等，也可不相等。

10. BCD

【答案解析】在等轴晶系、四方晶系和斜方晶系中，$α=β=γ=90°$：

（1）刚玉为三方晶系，$α=β=90°$，$γ=120°$；

（2）托帕石和橄榄石为斜方晶系，钻石为等轴晶系，$α=β=γ=90°$；

（3）绿松石为三斜晶系 $α≠β≠γ≠90°$。

11. ACDE

【答案解析】在晶体中，以"[ ]"表示晶棱符号，在实际使用过程中，也常代表晶体中的"线性要素"，因此可表示对称轴、晶棱、晶带和双晶轴等；此外，对称面的法线也可用该方式进行表示。

12. ABCDE

【答案解析】在晶体中，"{ }"表示单形符号，在实际使用过程中，也常代表晶体中的具有一定对称规律的"面"要素，因此可以用来表示解理方向、裂理方向、双晶方向、面网方向等。

13. AC

【答案解析】斜方柱可出现在单斜晶系的 $L^2 PC$ 对称型，以及斜方晶系的所有对称型中。

14. CDE

【答案解析】在 47 种几何单形中，所有的单面类、双面类、柱类、单锥类等单形均为开形，其余单形均为闭形。

15. ABCDE

【答案解析】略。

16. B

【答案解析】等轴晶系的对称型包括 $3L^2 4L^3$、$3L^2 4L^3 3PC$、$3L_i^4 4L^3 6P$、$3L^4 4L^3 6L^2$ 和 $3L^4 4L^3 6L^2 9PC$，对于等轴晶系，一定具有 $4L^3$，其他的对称要素不一定存在。

17. ACDE

【答案解析】A 选项，所有的晶体都是对称的，因此一定存在对称要素，宏观对称中必定存在 L^1，在微观对称中，存在滑移面等对称要素。

B 选项，晶体具有自限性，但需要在一定的条件才可发育成规则几何多面体。

C 选项，晶体均具有固定的熔点。由于晶体内部质点已达到平衡，每个质点脱离平衡位置所需能量都是相等的，因此每种晶体都有自己固定的熔点。

D 选项，晶体与非晶体均为固体。

E 选项，异向性是晶体的基本性质之一。

18. BDE

【答案解析】欧泊的主要成分为蛋白石，因此属于非晶体，且符合天然玉石的定义，因此为天然玉石。

19. AE

【答案解析】B 选项，水晶的对称型为 L^3L^2。

C 选项，碧玺的对称型为 L^3P。

D 选项，透视石的对称型为 L^3C。

20. ABE

【答案解析】详见是非题 7 题。

21. BCE

【答案解析】详见例题 6。

22. ABCDE

【答案解析】（1）刚玉宝石的原生矿床主要有两种成因：

①形成于地幔的高温高压条件下，随岩浆喷出地表。

②区域变质作用或接触变质作用条件下，由一水硬铝石等变质而来。

（2）红宝石的矿床类型包括：

①产于玄武岩中（岩浆岩型）。

②产于含钙长石、蛭石和奥长伟晶岩中（伟晶岩型）。

③产于强变质层状斜长岩杂岩体中（变质岩型）。

④产于片麻岩、变粒岩、云母片岩中（变质岩型）。

⑤产于深变质岩系的大理岩中（变质岩型）。

⑥产于斜长杂岩体中（岩浆-变质过渡类型）。

⑦产于橄榄岩交代岩黑云母、金云母和蛭石蚀变带中（热液型）。

（3）蓝宝石的矿床类型包括：

①产于玄武岩特别是碱性橄榄玄武岩中（岩浆岩型）。

②产于碱性-基性煌斑岩中（岩浆岩型）。

③产于花岗伟晶岩同白云母岩石内外接触带中（伟晶岩型）。

④产于正长岩与大理岩内接触带中（矽卡岩型）。

⑤产于花岗伟晶岩与白云质岩石内接触带（矽卡岩型）。

⑥产于片麻岩、变粒岩、云母片岩中（变质岩型）。

⑦产于奥长伟晶岩中（伟晶岩型）。

⑧产于超基性岩交代岩-云母岩中（热液型）。

⑨产于蚀变超基性岩岩体内（热液型）。

⑩产于蚀变超基性岩体或其边缘接触带上（热液型）。

（4）由于刚玉具有很好的物理化学性质，原生矿床经风化后，可形成次生矿床。

23. ABCDE

【答案解析】根据组成集合体的形态，石英可形成粒状集合体（如石英岩）、柱状集合体（如石英晶簇）。

石英质玉石可形成不同类型的集合体，例如，玛瑙常以晶腺状形成于火山岩孔洞中，或以肾状、钟乳状、葡萄状和皮壳状等隐晶块体形成于风化壳及岩石裂隙中；木变石中的石英矿物继承了青石棉的纤维状形态，而呈现纤维状集合体。

24. ABCED

【答案解析】晶面条纹、生长丘、晶面台阶以及蚀象均属于晶面花纹，均是在晶体生长和溶解过程产生的，其形态及分布受晶体本身固有的对称性所制约，因此晶面花纹的特征，可作为鉴定宝石矿物的标志之一，也可用于识别单形、确定晶体的真实对称等。

25. ABCD

【答案解析】A选项，实际晶体在生长时受到外界环境的影响常发育成歪晶，同一单形的晶面不再同形等大，甚至缺失部分晶面，但是对应晶面夹角不变，因此可通过测量晶面间的夹角，确定晶体的对称规律。

B选项与C选项，由于单形是由对称要素联系起来的一组晶面的组合，因此单形各晶面的性质是相同的，表现为物理性质、晶面花纹和蚀象相同，因此可通过晶面花纹和蚀象研究晶体的对称规律。

D选项，生长丘是指晶体生长过程中形成的，略凸出于晶面之上的丘状体，生长丘的坡面实际上也是由晶面台阶组成的。同一晶面上的生长丘具有相同的规则外形，生长丘是由原子或离子沿晶面上局部晶格缺陷堆积生长而成的，也可用于判断晶体的对称规律。例如，钻石八面体晶面上常见三角形生长丘。

26. ACE

【答案解析】根据布拉维法则，晶体上的实际晶面平行于面网密度大的面网。由于面网密度与面网间距成正比，因此面网密度大的面网等同于面网间距较大的面网；此外，由于面网间距较大，生长速度较慢，因此实际晶面通常是生长速度慢的面网。

27. ABCDE

【答案解析】根据岩石学中对岩石的定义：岩石是由矿物或类似矿物的物质（如有机质、玻璃、非晶质等）组成的固体集合体。例如，花岗岩主要为晶体组成，组成矿物主要为石英、长石等；喷出岩可包括一些非晶体或玻璃，如玄武岩；有机质也可是岩石的重要组成部分，如油页岩。

28. ABCDE

【答案解析】生长丘是指晶体生长过程中在晶面上形成的具一定几何形态的小突起。同一晶面上的生长丘具有相同的规则外形。生长丘系由原子（或离子）沿晶面上局部晶格缺陷堆积生长而成，其坡面也是由晶面台阶组成的。

29. ABE

【答案解析】（1）偏方面体类的单形包括三方偏方面体、四方偏方面体、六方偏方面体。

（2）偏方面体类与面体类单形都呈上下面错开状分布，但偏方面体类单形上部晶面与下部晶面错开的角度左右不等，故不存在包含高次轴的直立对称面，同时也不存在垂直于高次轴的对称面，也使之有左、右形之分。

30. ACE

【答案解析】详见例题5。

31. ACD

【答案解析】详见例题2。

六、问答题

1. 关于晶体的定义与性质,请回答如下问题:

(1)如何理解晶体与非晶体?

答:(1)晶体是指内部质点(原子、离子)在三维空间周期性地重复排列构成的固体物质。这种质点在三维空间周期性地重复排列也称格子构造,所以晶体是具有格子构造的固体。晶体具有自限性、均一性、异向性、对称性、最小内能性、稳定性六大性质,并且具有固定的熔点。

(2)非晶体是指内部质点不作规则排列(可短程有序),即不具格子构造的物质,因此非晶体没有规则的几何外形,且不具有晶体的自限性、异向性、对称性、最小内能性和稳定性等晶体性质,同时不具有固定的熔点。

(3)非晶体也具有均一性,但非晶质体的这种均一性是统计意义上的、平均近似的均一性,称为统计均一性,它与晶体由内部格子构造决定的严格的结晶均一性有着本质的区别,而与液体和气体的统计均一性相似。

(2)从格子构造观点出发,说明晶体的基本性质。

答:详见例题1。

(3)晶体的对称性和异向性是否属于两个相互矛盾的性质?为什么?

答:晶体的对称性和异向性不是两个相互矛盾的性质,两个性质均与晶体的格子构造密切相关,两者的定义以及成因有本质的区别,是对晶体性质不同角度的描述。

①晶体的对称性是指晶体的外形、物理化学性质等在不同方向或位置上有规律地重复,而晶体的格子构造本身就是质点重复规律的体现,因此所有的晶体都是对称的。

②晶体的异向性是指晶体的性质随方向的不同而有所差异的性质,例如不同方向上硬度的差异,其成因是因为在同一格子构造中,不同方向上质点的排列规则不同造成的。

(4)晶体为什么具有最小内能性和稳定性?两者有何关系?

答:详见例题1。

(5)什么叫晶体?晶体有哪些基本特征?如何对晶体进行分类?

答:(1)晶体是内部质点(原子、离子或分子)在三维空间周期性地重复排列构成的固体物质,即晶体是指具有格子构造的固体。

(2)受格子构造的制约,晶体具有自限性、均一性、对称性、异向性、最小内能性和稳定性六大性质(各性质的描述详见例题1)。

(3)根据晶体对称性的特点,首先根据高次轴的数量,将晶体分为高级晶族(高次轴数量多于1个)、中级晶族(高次轴数量有且只有1个)和低级晶族(无高次轴);在各晶族中,再根据对称特点共划分7个晶系,低级晶族包括三斜晶系(无L^2、无P)、单斜晶系(L^2或P不多于1个)、斜方晶系(L^2或P多于1个);中级晶族包括三方晶系(有1个L^3或

L_i^3)、四方晶系（有 1 个 L^4 或 L_i^4）、六方晶系（有 1 个 L^6 或 L_i^6）；高级晶族包括等轴晶系（有 4 个 L^3）。

（6）什么是晶体的定向？各晶系是如何进行定向的？其对应的晶体常数特点是什么？

答：（1）晶体定向就是在晶体中以晶体中心为原点建立一个坐标系，这个坐标系一般由 3 根晶轴 X、Y、Z 轴组成，其中 X 轴在前后方向，正端朝前；Y 轴在左右方向，正端朝右；Z 轴在上下方向，正端朝上。坐标轴的单位长度称之为轴长，用 a_0、b_0、c_0，它们之间的比率 $a_0:b_0:c_0$ 称为轴率。3 根晶轴正端之间的夹角分别表示为 $\alpha(Y \wedge Z)$，$\beta(X \wedge Z)$，$\gamma(X \wedge Y)$，轴率与轴角统称为晶体常数。对于三方晶系和六方晶系的晶体，通常要用四轴定向法，即要选出 4 根晶轴，分别为 X、Y、U、Z 轴。

（2）各晶系选择晶轴的具体方法及晶体常数特点见表 1-2（详见例题 2）。

（7）宝石具有哪些方向性的物理性质？举例说明在宝石加工中应该如何利用或避免这些性质。

答：宝石具有方向性的物理性质包括折射率、多色性、色带、硬度、解理、光泽、多色性、吸收性、导电性等。在宝石加工中，主要应用的性质包括宝石的折射率、多色性、硬度、解理、多色性、吸收性等。

（1）折射率的使用。

双折射率较高的宝石可见刻面棱重影，影响宝石的净度特征，在宝石加工过程中，其台面可垂直光轴方向，避免从台面观察到刻面棱重影。

（2）多色性的应用与避免。

由于多色性的存在，宝石在不同方向上观察所得到的颜色具有一定的差异，通常需要将宝石的台面呈现最好的颜色，例如红宝石的台面一般垂直于光轴方向。此外，对于具有明显多色性的宝石，应避免台面观察到多色性，从而产生领结效应。

（3）色带的应用。

宝石在切工时，宝石的台面或正面应尽可能保持颜色均匀，在切磨时尽可能将颜色均匀的位置留在宝石的台面上。

（4）吸收性的应用与避免。

宝石在不同方向上导致颜色深浅的变化，宝石的台面或者弧面应呈现颜色深度适中的颜色，例如碧玺，平行于光轴方向观察颜色深于垂直于光轴方向，因此当碧玺颜色较深时，其台面应平行于光轴方向，颜色较浅时，台面应垂直于光轴方向。另外，类似于多色性，应避免宝石的台面出现领结效应。

（5）硬度的应用。

差异硬度的应用主要在钻石上，由于钻石的硬度最高，只有钻石才能够切磨钻石。由于钻石具有差异硬度，八面体方向 > 菱形十二面体方向 > 立方体方向，因此磨盘上的钻石粉末排列不规则，总会存在硬度大于待切磨钻石的硬度，从而达到切磨钻石的目的。

（6）解理的应用与避免。

利用宝石的解理可以对宝石进行加工，例如钻石中的劈钻应用的就是钻石的解理，另外，由于解理面难于抛光，因此抛光面与解理面应有一定的夹角，例如托帕石的抛光面应与解理面具有 5°~10°的夹角。

2. 关于晶体的对称，请回答如下问题：

（1）什么是对称？晶体的对称有哪些特点？

答：对称是物体相同部分有规律地重复，这种相同部分可以是物体相同形状的部分，也可以是物体相同物理性质的部分。晶体的对称具有如下几个特点（详见例题1）：

（2）简述如何寻找晶体的对称要素，请画图解释。

答：（1）晶体上的对称面可能出露于垂直平分晶面、垂直晶棱并通过晶棱中点及包含晶棱等三种位置。例如四方柱，在 L^44L^25PC 对称型（图 1-2）中，图（a）中的对称面为垂直晶棱，且经过晶棱中点的对称面；图（b）中的对称面为垂直平分晶面的对称面；图（c）中的对称面为包含晶棱的对称面。

（2）对称轴在晶体上可能出露于晶面中心、晶棱中心或晶体角顶。例如立方体，在 $3L^44L^36L^29PC$ 对称型中（图 1-3），L^4 出露于晶面的中心，即相对晶面中心的连线即为 L^4 的方向；L^3 存在于立方体的角顶处，相对角顶出露的位置即为 L^3 方向；L^2 位于晶棱中心，即相对晶棱中心的连线为 L^2 方向。

（3）具有对称中心的晶体，晶面必然成对分布，两两平行，同形等大且方向相反。例如八面体，存在四组两两平行的晶面，且晶面反向平行；三方双锥则不存在两两平行的晶面，因此不存在对称中心（图 1-4）。

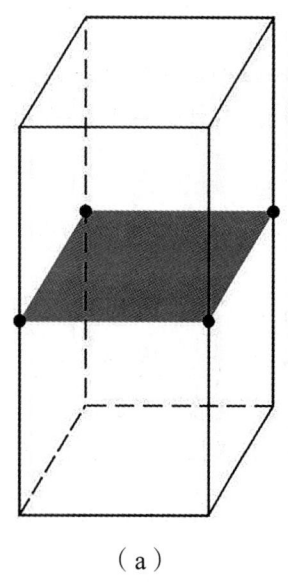　　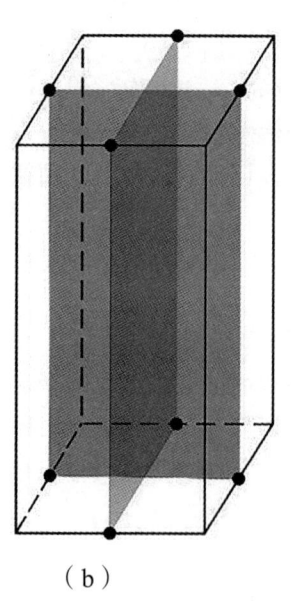　　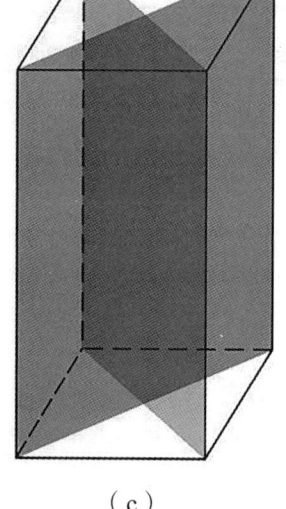

（a）　　　　　　　　（b）　　　　　　　　（c）

图 1-2　晶体上的对称面

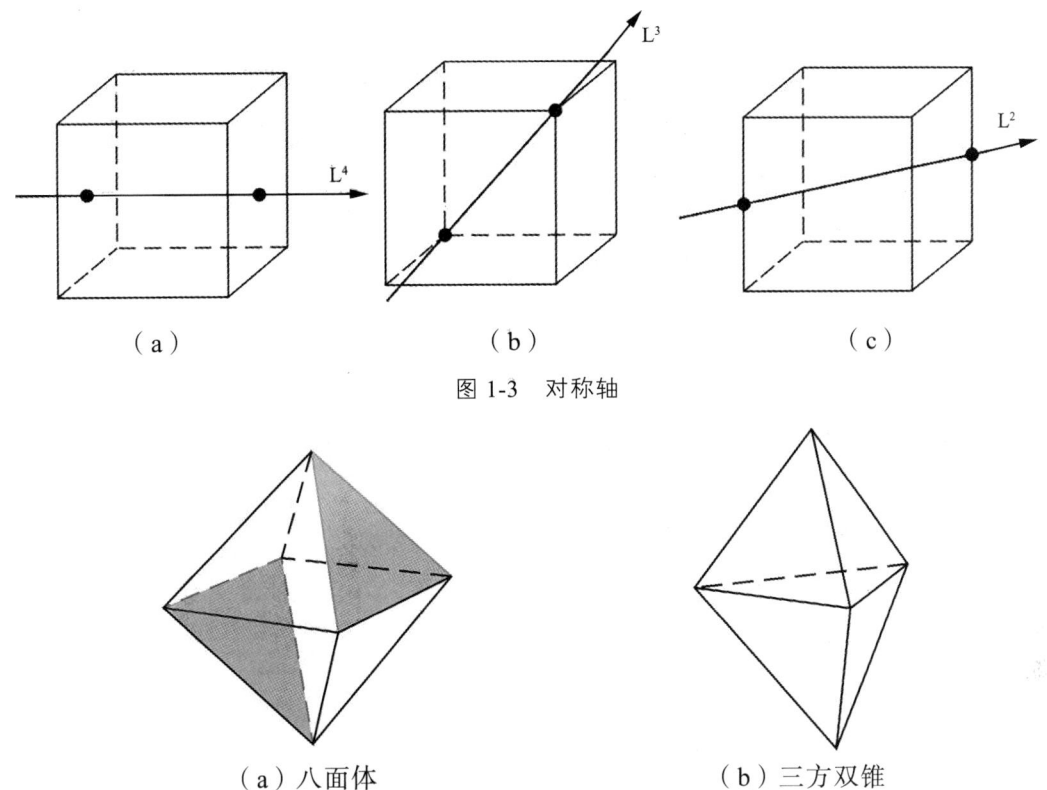

图 1-3 对称轴

（a）八面体　　　　　　（b）三方双锥

图 1-4 具有对称中心的晶体

（3）什么是晶体对称定律？请用两种方法进行证明。

答：（1）晶体对称定律是指晶体中可能出现的对称轴、旋转反伸轴和旋转反映轴的轴次只能是一次、二次、三次、四次和六次，不可能存在五次及高于六次的对称轴、旋转反伸轴和旋转反映轴。

（2）图形方法证明。

在晶体结构中，垂直对称轴一定有面网存在，在垂直对称轴的面网上，结点分布所形成的网孔需符合对称轴的对称规律，围绕 L^2、L^3、L^4、L^6 所形成的网孔应分别为长方形、等边三角形、正方形和六边形，这些多边形网孔可以毫无间隙地布满整个平面，从能量上看是稳定的。且这些多边形网孔也符合面网上结点所围成的网孔，即形成平行四边形状（图1-5）。

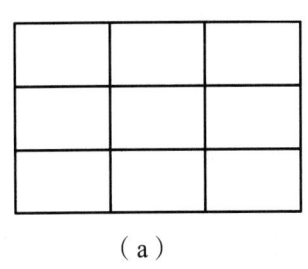　　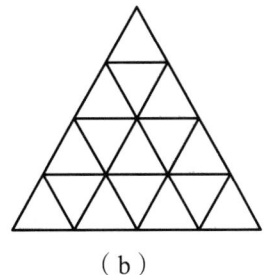

（a）　　　　　　　　　（b）

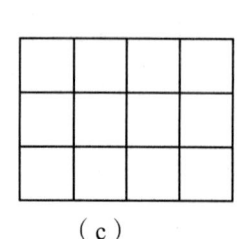 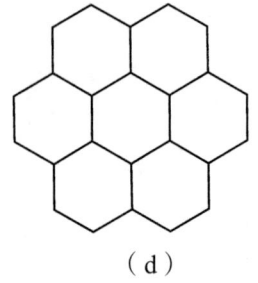

(c)   (d)

图 1-5 L^2、L^3、L^4、L^6 晶体的对称

若存在 L^5 或高于六次的对称轴，则围绕 L^5 应形成正五边形网孔，围绕高于六次轴形成相应的正多边形网孔，如正七边形、正八边形等，这些网孔均不能毫无间隙地布满整个面网；且这些多边形网孔大多数不符合面网上结点所围成的网孔，从能量上看是不稳定的（图 1-6）。

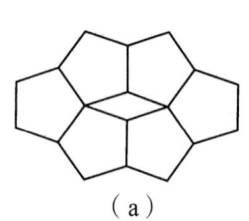 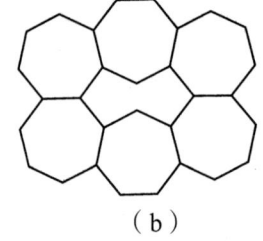 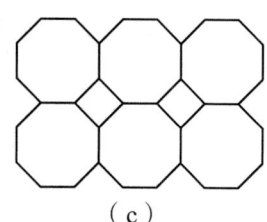

(a)   (b)   (c)

图 1-6 L^5 及高于六次的对称轴

对于旋转反伸轴和旋转反映轴也有类似的情况。因此，晶体中不可能出现五次及高于六次的对称轴、旋转反伸轴和旋转反映轴。

（3）数学方法证明。

如图 1-7，对两个间距为平移单位 t 的结点 A 和 A' 进行旋转操作 R 和相应的逆操作 R^{-1}，使 AA' 旋转 α 角得到两个新的结点 B 和 B'，BB' 平行于 AA'，BB' 之间的距离 t' 必定是平移单位 t 的整数倍，即 $t'=mt$，m 为整数。根据几何关系可得：

$t'=2t\sin(\alpha-90°)+t$，即 $t'=-2t\cos\alpha+t$

将 $t'=mt$ 代入方程中得：

$$\cos\alpha=(1-m)/2$$
$$-2 \leq (1-m) \leq 2$$

由于 m 为整数，因此 $m=-1$、0、1、2、3，相应的 α 值为：$\alpha=0$ 或 $\pi/6$、$\pi/3$、$\pi/2$、$2\pi/3$、π，对应的轴次分别为 1、2、3、4、6。

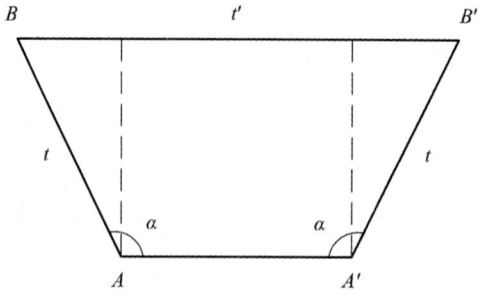

图 1-7   数学方法证明晶体的对称定律

3. 关于晶体的规则连生，请回答如下问题：

（1）什么是晶体的规则连生？可分为哪几种类型？每个类型请举一实例。

答：详见例题6。

（2）什么是浮生？什么是交生？它们是如何形成的？

答：（1）浮生又称外延生长，是指一种晶体以一定的结晶学取向关系浮生于另一种晶体表面，或同种晶体以不同的面网附生在一起。

（2）交生又称互生，是指两种不同的晶体彼此间以一定的结晶学取向关系交互连生，或一种晶体嵌生于另一种晶体之中的现象。

（3）浮生和交生的成因，主要取决于相互浮生或交生的晶体之间具有相似的面网。其成因类型可分为原生、离溶和次生3种。

① 原生浮生或交生，是指两种晶体同时结晶，相互结合而成的浮生或交生，也可以是一种晶体先形成，而后另一种晶体按一定规律浮生或交生。

② 离溶浮生或交生，是指由高温形成的固溶体，当温度降低发生离溶时形成

③ 次生浮生或交生，是指一种物质的晶体被另一种物质交代时形成的。

（3）什么是双晶？有哪些类型？双晶是如何形成的？如何识别宝石中的双晶？

答：详见例题5。

（4）在宝石学中，研究双晶的意义何在？

答：双晶是两个或两个以上的同种晶体按一定的对称规律形成的规则连生。相邻的两个个体相应的面棱并非平行，但它们可以借助对称操作——反映、旋转或反伸，使两个个体彼此重合或平行。研究宝石双晶的意义如下：

（1）指导宝石的保养：宝石双晶是产生裂理的重要原因之一，可降低宝石的耐久性，因此，对于具有双晶的宝石，应避免磕碰等外力作用的撞击。

（2）指导宝石的加工：首先，双晶接合面容易发生裂开，可用于劈钻；第二，宝石的双晶可产生特殊光学效果，例如，拉长的变彩与聚片双晶薄层对光的干涉等光学作用有关，在切磨时需切磨为弧面型；第三，指导宝石琢型的选择，例如，钻石的三角形薄片双晶原石最适宜做心形钻。

（3）研究宝石的成因：双晶的成因类型包括生长双晶、转变双晶、机械双晶等，因此详细地研究双晶可为宝石矿物的成因提供证据。

（5）请简要说明双晶面绝不可能平行于单晶体中的对称面；双晶轴绝不可能平行于单晶体中的偶次对称轴；双晶中心则绝不可能与单晶体的对称中心并存。

答：双晶面、双晶轴及双晶中心的作用分别相当于对称面、对称轴及对称中心的作用，但后三者是专门对于同一单晶体中的两个相同部分而言的，双晶面、双晶轴及双晶中心则是专门对于构成双晶的两个单体之间而言的。

由对称面联系起来的两个相同部分，因为它们是属于同一个单晶体的，所以它们必然具

有平行一致的晶体取向，而由双晶面联系起来的两个相同部分两个单体之间，它们的晶体取向却必须是不平行一致的。因此，双晶面绝不可能平行于单晶体中的对称面。基于完全类似的理由，双晶轴绝不可能平行于单晶体中的偶次对称轴；双晶中心则绝不可能与单晶体的对称中心并存。

4. 对比布拉格方程、布拉维格子和布拉维法则三个概念。

答：布拉格方程描述的是光产生衍射时的条件；布拉维格子描述的是晶体的空间格子类型；而布拉维法则描述的是晶体形态与面网之间的关系。

（1）布拉格方程：当光程差等于波长的整数倍时，晶面的散射线将加强，此时满足的条件为 $2d\sin\theta=n\lambda$，其中，d 为晶面间距，θ 为入射线、反射线与反射晶面之间的夹角，λ 为波长，n 为反射级数。

（2）布拉维格子：根据晶体中平行六面体选择原则选出的平行六面体中，结点（相当点）的分布只能有 4 种可能的情况，与其对应可分为 4 种格子类型：原始格子、底心格子、面心格子和体心格子，综合考虑平行六面体的形状及结点的分布情况，在晶体结构中只可能出现 14 种不同形式的空间格子，称为 14 种布拉维格子。

（3）布拉维法则：是指晶体上的实际晶面平行于面网密度大的面网。由于面网密度大的面网，而网间距也大，对外的质点吸引力就小，质点就不易生长上去，生长速度较慢，因此，面网密度小的晶面优先生长，面网密度大的则落后，即生长速度与面网密度成反比。生长速度快的晶面往往被歼灭掉，保留下的实际晶面为生长速度慢的面网，即面网密度大的晶面。

5. 关于理想晶体与实际晶体，请回答如下问题：

（1）什么是理想晶体？理想晶体有何特点？

答：理想晶体是指在理想条件下，晶体围绕一个生长中心，严格地按照其空间格子，在三维空间均匀地生长出的晶体，它在外形上应表现为规则的几何多面体，具有面平棱直的特性，同时在一个晶体上属于同一单形的各个晶面均应同等程度地发育，具有相同的形状和大小。

（2）简述同种矿物的实际晶体与理想晶体有何差异。

答：由于实际晶体的生长条件复杂程度较高，任何一个晶体在其生长过程中总会受到不同程度外界因素的干扰，因此实际晶体与理想晶体的差异主要表现在如下两个方面：

（1）微观上的差异：主要表现为晶格缺陷。

理想晶体中，格子构造是连续的，质点在三维空间周期重复排列，不存在晶格缺陷。

实际晶体中，由于内部质点的热振动以及受到辐射、应力作用等原因，形成质点排列偏离格子构造规律的现象，即晶格缺陷，按其在晶体结构中分布的几何特点，可将晶格缺陷分为点缺陷、线缺陷、面缺陷、体缺陷 4 种类型。

（2）宏观上的差异：主要表现为晶体的形态。

理想晶体中，同一单形的各个晶面均应同等程度地发育，且同形等大。

晶体在实际生长过程中，其宏观形态偏离理想晶体，可能表现为同一单形的晶面各晶面发育不等，部分晶面甚至缺失，形成歪晶；也可表现为晶面不再平直，形成凸晶和弯晶。

晶体的规则连生也是晶体偏离理想晶体的表现之一，理想晶体中不存在双晶，而实际晶体中可出现的规则连生包括平行连生、双晶、浮生和交生。

【答案解析】 理想晶体是一种"假想"的状态，在实际情况中并不存在。在理想晶体中，格子构造是连续的，宏观形态上表现为规则的几何多面体形态，且为凸多面体，同一单形的各晶面同形等大。由于晶体的生长受到温度、压力、杂质、生长顺序与生长空间、涡流及生长介质的流动方向、黏度、结晶速度等各因素的影响，实际晶体会偏离理想晶体，两者之间的差异可从微观与宏观角度进行描述。

（1）微观上的差异主要表现为晶格缺陷，晶格缺陷是指在晶体结构中的局部范围内，质点排列偏离了格子构造规律的现象。按其在晶体结构中分布的几何特点可分为点缺陷、线缺陷、面缺陷、体缺陷4种类型。

①点缺陷：是发生在一个或若干个质点范围内所形成的晶格缺陷，包括空位、填隙、替位三种类型。

a. 空位：晶格中应有质点占据的位置因缺失质点而造成空位。

b. 填隙：在晶体结构中正常排列的质点之间，存在多余的质点填充晶格空隙的现象，填隙的质点既可以是晶体自身固有成分中的质点，也可为其他杂质成分的质点。当填隙质点为晶体本身固有成分中的质点时，它可具与其正常的晶格位置不相符的配位数。

c. 替位：杂质成分的质点代替了晶体本身固有成分的质点，并占据了被替代质点的晶格位置的现象。由于替位与被替位质点间的半径、电价等方面存在差异，因而可造成不同形式和程度不等的晶格畸变。

②线缺陷：是指在晶体内部结构中沿某条线（行列）方向上的周围局部范围内所产生的晶格缺陷，它的表现形式主要是位错。

位错是指在晶体中的某些区域内，一列或数列质点发生有规律的错乱排列现象。可视为在应力作用下晶格中的一部分沿一定的面网相对于另一部分的局部滑动而造成的结果。滑动面的终止线，即滑动部分和未滑动部分的分界线称位错线。位错存在着多种复杂的形式，但最简单的位错线为直线。

③面缺陷：是指有二维空间的缺陷称面缺陷，它们是指沿晶格内或晶粒间某些面的两侧局部范围内所出现的晶格缺陷。面缺陷包括平移界面、堆垛层错、晶界、亚晶界等。

a. 平移界面：晶格中的一部分沿某一面网相对于另一部分滑动。以滑动面为界，格子构造规律被破坏。

b. 堆垛层错：晶体结构中互相平行的堆积层有其固有的重复排列顺序，如果堆垛层偏离了原来固有的顺序，则视为产生了堆垛层错。

c. 晶界：指同种晶体内部结晶方位不同的两晶格间的界面。按结晶方位差异的大小，可将晶界分为小角晶界和大角晶界。小角晶界是指两晶格间结晶方位之差小于15°的晶界，大角晶界是指两晶格间结晶方位之差大于15°的晶界。

d. 亚晶界：在实际晶体中，其晶格可视为由许多相互间取向并非严格一致，其结晶方位有很小的差异（通常为0.5°~2°）呈镶嵌状的小块晶格所组成。这些小块晶体称为亚晶（亦称亚结构或镶嵌块）。

④体缺陷：主要是指晶体中的细微包裹体，矿物中的包裹体是矿物生长过程中或形成之

后被捕获包裹于矿物晶体缺陷中的、至今尚完好封存在主矿物中并与主矿物有着相界线的那一部分物质。

（2）宏观上的差异主要体现在晶体的外形上，主要包括歪晶、凸晶、弯晶三种类型，另外，晶体的规则连生也是与理想晶体存在差异的一种宏观表现（详见例题5）。

①歪晶：歪晶是指在非理想环境下生长的偏离本身理想晶形的晶体，通常表现为同一单形的各晶面发育不等，部分晶面甚至可能缺失，但它们的晶面夹角与理想晶体的相应晶面夹角保持相同，即面角守恒定律。

②凸晶：各晶面中心均相对凸起而呈曲面、晶棱弯曲而呈弧线的晶体称为凸晶，凸晶是由几何多面体趋向于球形体的过渡形式，是由于晶体形成后又遭溶解而形成的。

③弯晶：整个晶体呈弯曲形态的晶体，其中一侧晶面向外凸出，相反一侧的晶面向内凹进。

（3）何为歪晶？它是如何形成的？它在矿物成因研究中有何意义？

答：（1）歪晶是指在非理想环境下生长的偏离本身理想晶形的晶体。由于晶体在生长过程中不可避免地受到外界环境因素的影响，如生长介质的流动方向、温度、压力、杂质与酸碱度、黏度、结晶速度、生长顺序与生长空间、应力作用等，同一晶体的不同个体上，本应出现的一些晶面却没有出现，有时即便是不同个体对应晶面数目相同，但这些对应晶面的形状和大小也完全不同。

（2）为了研究晶体的歪晶，发展出了面角守恒定律，该定律为研究复杂多样的晶体形态，提供了一条可行的途径。以此定律为依据，通过对不同形态的晶体进行晶面的测量，将测量结果按照一定的方法投影在平面上，便可绘制出理想的晶体形态图，依此探讨其固有的对称性，从而为几何结晶学的一系列规律的研究奠定了基础。同时，它也为我们通过晶体的测量来研究晶体的种别提供了可能。

（4）从晶体的格子构造及晶体的生长过程，分析同种晶体相应晶面夹角守恒的必然性。

答：对于同种物质的晶体，其格子构造形式是相同的，晶体上对应晶面就是晶体格子构造中的对应面网，在晶体的生长过程中，面网是平移向外推移的，因此无论晶体形态长得如何，对应晶面之间的夹角总是始终保持恒定不变的。

6. 什么是结晶习性？如何理解宝石矿物的结晶习性？

答：详见填空题33题。

7. 什么是晶体的微形貌特征？包括哪些类型？各类型的微形貌特征及成因是什么？

答：（1）在实际晶体中，其晶形常呈歪晶，晶面常见各种条纹、台阶、突起或凹坑等，矿物晶体表面的这些微观形态统称为矿物的微形貌。是矿物在形成过程中介质条件发生变化，而使不同单形交替生长，或应力变化而使之发生位错，或形成后溶解的产物。其形态和分布受晶体本身固有的结晶规律和不同阶段环境变化的影响，是矿物鉴定标志，可用于识别单形、规则连生、真实对称，以及研究矿物发生史中介质和环境条件的变化。

（2）矿物表面的微形貌特征主要包括晶面条纹、晶面台阶、螺旋纹、生长丘和蚀象等集中类型。

（3）各种类型的微形貌的特征及成因如下：

①晶面条纹：包括聚形纹和双晶纹，其中聚形纹指晶体中不同单形交替生长，而使其晶面上形成一系列直线状平行条纹，例如碧玺柱面上的纵纹由三方柱与六方柱反复相聚而形成，聚形纹仅出现在晶面上，不同单形的内部结构连续一致；双晶纹是指双晶接合面的痕迹，其形态取决于双晶面的形态，例如刚玉常发育聚片双晶，可见由聚片双晶接合面所形成的双晶纹。双晶纹贯穿整个晶体，不同单体的结构方位不一致。

②晶面台阶和螺旋纹：分别指晶体按层生长和螺旋生长机制发育时晶面上保留的一些阶梯状和螺旋状微形貌，两种微形貌特征均可产生阶梯，阶梯的高度和宽窄与生长条件密切相关。

③生长丘：是指晶体生长过程中在晶面上形成的具有一定几何形态的小突起，同一晶面上的生长丘具有相同的规则外形。例如钻石八面体晶面上常见三角形生长丘。生长丘是由原子或离子沿晶面上局部晶格缺陷堆积生长而成，其坡面由晶面台阶组成。

④蚀象：是指晶体受到溶蚀而在晶面上生长的具有一定几何形态的凹坑。蚀象受晶面附近质点排列方式和环境条件的制约，不同矿物晶体和同一晶体不同单形晶面上蚀象的形状和取向一般不同，同一晶体且同一单形晶面上的蚀象一般相同，例如，钻石八面体晶面上可见倒三角形凹坑，立方体晶面上可见四边形凹坑，菱形十二面体晶面上可见线理或显微圆盘状花纹。

8. 什么是单形？单形具有哪些性质？单形是如何进行分类的？

答：详见例题5。

9. 关于宝石的晶格缺陷，请回答如下问题：

（1）什么是晶格缺陷，晶格缺陷分为哪些类型？

答：详见问答题5题。

（2）简述宝石中的晶格缺陷对宝石的宝石学性质有哪些影响？请举例说明。

答：宝石中的晶格缺陷对宝石的物理性质有如下影响：

（1）对颜色的影响。宝石的颜色与杂质离子、色心、包裹体等有关，例如，紫水晶与宝石中的$[FeO_4]^{4-}$空穴色心有关，烟晶与宝石中$[AlO_4]^{4-}$的空穴色心有关。

（2）产生特殊光学效应。例如，猫眼效应与星光效应与宝石中定向排列的针状、管状包裹体有关；砂金效应与宝石中片状包裹体有关。

（3）产生裂理：包体的分布面也是裂理产生的重要方向之一，可降低宝石的耐久性，增加脆性，例如，刚玉中$\{10\bar{1}1\}$裂理与水铝矿沿双晶方向出溶导致层间结合力变弱有关；底面$\{0001\}$裂理与赤铁矿、针铁矿包体沿底面平行分布使层间结合力减弱有关。

（4）降低宝石的净度特征：宝石的净度特征与内含物存在的数量、位置、对比度等因素有关，大量内含物出现时，可降低宝石的净度特征。

（5）降低宝石的透明度：当宝石中存在大量的包裹体时，会降低宝石的透明度，例如，当钻石中出现大量云雾状包体时，其透明度下降。

（6）影响宝石的相对密度：寄主宝石与宝石的内含物之间的相对密度存在一定的差异，因此可导致宝石的相对密度在一定范围内发生变化，例如，钻石中常见橄榄石、铬铁矿等包体，从而影响钻石的相对密度。

（7）影响宝石的硬度：例如，纯净的Ⅱa型钻石的硬度大于含N的Ⅰa型钻石的硬度。

（8）影响宝石的磁性：例如，钻石本身不具有磁性，合成钻石中含有镍铁触媒包体时，可使钻石具有一定的磁性。

第二章　宝石矿物的化学成分

> **内容概述**
>
> 　　宝石矿物的化学成分是影响宝石性质最为重要的因素之一，详细地了解宝石的化学成分能够更好地理解宝石学性质的变化、特殊光学效应的产生等。本章内容需要理解宝石矿物的分类体系，化学成分变化的因素、对宝石学性质的影响以及相关的研究意义（图2-1）。
>
> 　　1. 根据不同的分类体系，宝石矿物的分类包括按成因分类、晶体化学分类以及根据组成元素种类及其间的关系分类。宝石的成因分类在绪论中已经重点介绍，本章需重点理解晶体化学分类体系。
>
> 　　2. 理解影响宝石化学成分变化的因素，宝石中的化学成分并不是固定不变的，引起宝石化学成分变化的两个重要的原因包括类质同象和外来物质的机械混入（即包体），类质同象以及包体的形成均与形成环境密切相关，并对宝石学性质有重要的影响，因此对于类质同象和包体的概念，需重点理解定义、分类、对宝石性质的影响、成因以及研究意义等。
>
> 　　3. 理解水在宝石矿物中的存在性质，明确其定义、分类以及对宝石学性质的影响。
>
> 　　4. 本章内容的引申概念还包括同质多象、固溶体、负晶、化学计量性等，需理解相关的定义及其内涵。

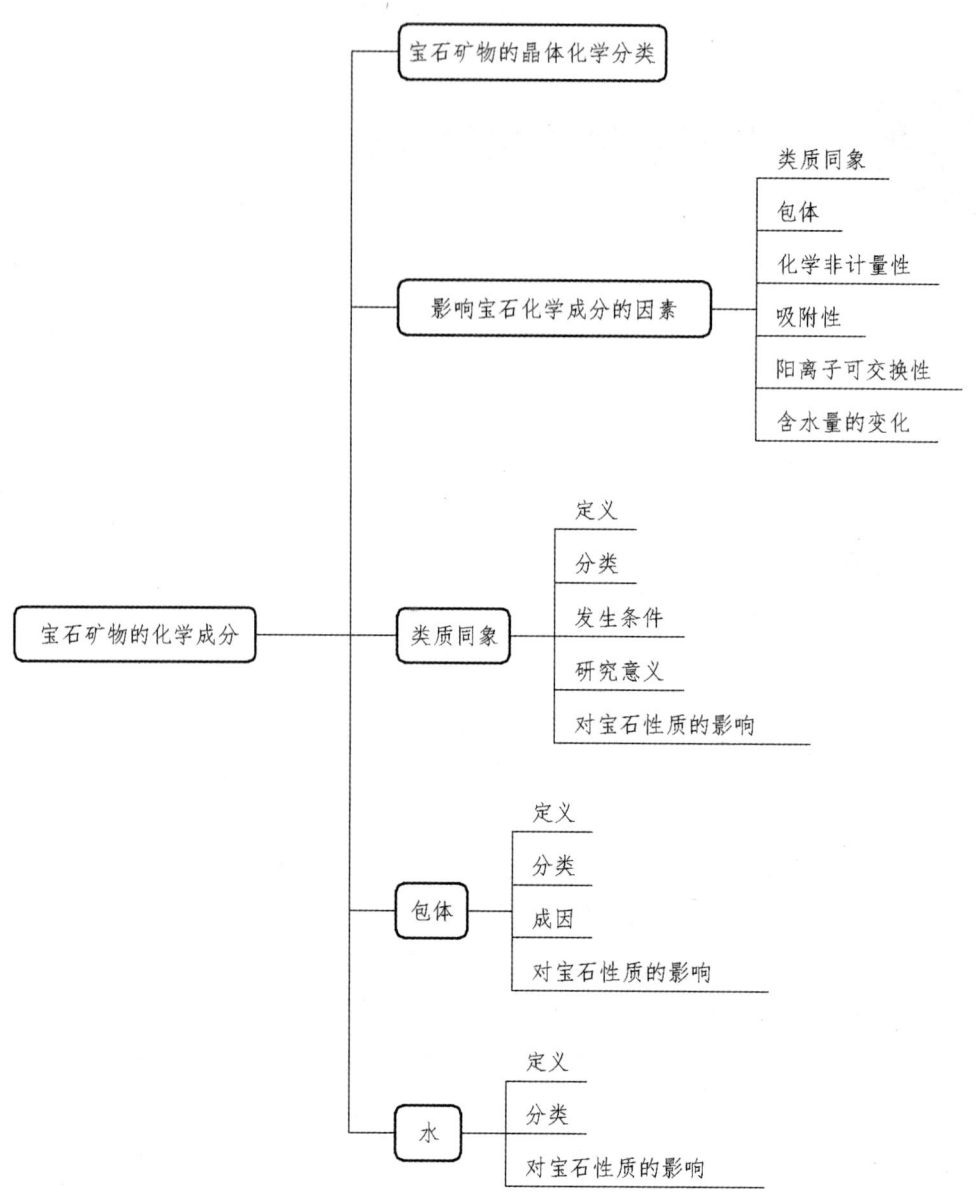

图 2-1　第二章内容概述

第一节　重点例题讲解

【例题 1】填空题　宝石矿物的晶体化学分类体系包括_____、_____、_____和_____ 4 个基本层次。

【参考答案】 大类　类　族　种

【例题讲解】 宝石矿物根据不同的分类标准有不同的分类体系，主要包括以下几种：

（1）按成因分类

可分为天然珠宝玉石和人工宝石，其中，天然珠宝玉石分为天然宝石、天然玉石和天然有机宝石三类；人工宝石分为合成宝石、人造宝石、拼合宝石和再造宝石四类。该内容在绪论中已有详细的介绍。

（2）根据组成元素种类及其间的关系分类

宝石矿物分为单质和化合物两大类，其中化合物分为简单化合物、复杂化合物、单盐和复盐四类。多数宝石均属于化合物。

① 单质：即组成元素只有一种，如金刚石由单一的碳（C）元素组成。

② 化合物：由两种或两种以上元素按一定比例组成，进一步分为以下 4 种类型。

a. 简单化合物：成分中阳离子或阴离子分别为一种元素，如石英（SiO_2）、刚玉（Al_2O_3），前者阳离子为 Si^{4+}，后者阳离子为 Al^{3+}，两者阴离子皆为 O^{2-}。

b. 复杂化合物：化学组成中阳离子有两种或两种以上，如尖晶石（$MgAl_2O_4$），阳离子为 Mg^{2+} 和 Al^{3+}，阴离子为 O^{2-}。

c. 单盐：阳离子为一种元素，阴离子不是单一的元素，而是由阴离子与阳离子组合而成的阴离子团，或称络阴离子、酸根，如方解石 $Ca[CO_3]$，方括号内为阴离子团，由碳（C^{4+}）与氧（O^{2-}）组合而成；类似的还包括锆石 $Zr[SiO_4]$。

d. 复盐：阳离子具有两种或两种以上，其阴离子与单盐性质相同，如白云石 $CaMg[CO_3]$，阳离子就有 Ca^{2+} 和 Mg^{2+} 两种，阴离子为碳（C^{4+}）与氧（O^{2-}）组合而成的碳酸根；类似的宝石还包括绿柱石族、石榴石族、辉石族、长石族等宝石矿物。

（3）按晶体化学分类

宝石矿物的晶体化学分类引自于矿物学，由于矿物的化学成分和晶体结构是确定一个矿物中最基本的两个因素，决定了矿物本身的性质，或者说，矿物是成分和结构的统一，因此，以矿物的化学成分和晶体结构为依据对宝石矿物进行分类，在一定程度上反映了自然界化学元素结合的规律性，得到了广泛的应用。

根据宝石矿物的晶体化学特征，可将宝石矿物分为大类、类、族和种 4 个基本层次，同时，依据各类别中矿物种的多少和晶体化学变化情况，分出亚类、亚族、亚种及变种或异种等亚层次（表 2-1）。

① 大类：主要根据化合物的类型，分为单质和化合物两大类，其中单质为自然元素矿物大类，化合物则根据阴离子的类型进行分类，包括硫化物及其类似化合物矿物大类（阴离子以 S 为主）、氧化物和氢氧化物矿物大类（阴离子主要为 O 或者为 OH）、含氧盐矿物大类（阴离子为含氧盐酸根）、卤化物矿物大类（阴离子为卤素）。

② 类：以阴离子或者络阴离子的种类来进行分类，以含氧盐矿物大类举例，根据络阴

子的类型，可将含氧盐大类分为硅酸盐矿物类（阴离子为硅酸根）、硼酸盐矿物类（阴离子为硼酸根）、碳酸盐矿物类（阴离子为碳酸根）、硫酸盐矿物类（阴离子为硫酸根）等。

表 2-1　矿物的晶体化学分类体系

级序	划分依据	举例	
大类	单质和化合物类型	含氧盐矿物大类	氧化物和氢氧化物大类
类	阴离子或络阴离子种类	硅酸盐类	氧化物类
亚类	强键分布和络阴离子结构	架状硅酸盐亚类	
族	晶体结构型和阳离子类型	长石族	刚玉族
亚族	阳离子种类和结构对称型	碱性长石亚族	
种	一定的晶体结构和化学成分	微斜长石种	刚玉种
亚种	完全类质同象系列中的端元组分比例		
亚种或异种	形态、物性、成分微小差异	天河石	红宝石

③亚类：以强键分布和络阴离子结构来进行分类，以硅酸盐类为例，根据硅氧四面体的具体形式，可以分为岛状硅酸盐（硅氧四面体呈岛状）、链状硅酸盐（硅氧四面体相互连接呈链状）、环状硅酸盐（硅氧四面体相互连接成环状）、层状硅酸盐（硅氧四面体相互连接呈层状）和架状硅酸盐（硅氧四面体整体上在空间中呈架状）五个亚类。

④族：根据具体的晶体结构类型和阳离子的性质来进行分类，同一个族内的晶体结构基本一致，如刚玉族、绿柱石族、长石族、石榴石族等。

注：同一族内的宝石矿物虽具有相似的晶体结构，但其对称特征可能完全不同，例如堇青石与绿柱石均属于绿柱石族，但堇青石为斜方晶系，绿柱石为六方晶系；辉石族可分为单斜辉石亚族和斜方辉石亚族，分别属于单斜晶系和斜方晶系；角闪石族可分为单斜辉石亚族和斜方辉石亚族，分别属于单斜晶系和斜方晶系。

⑤亚族：根据阳离子的种类以及结构的对称性进行分类，以辉石族为例，其化学通式为 $XY[T_2O_6]$，其中 T 通常为 Si，当 X 为 Ca、Na、Li 等大半径的阳离子时，晶体结构为单斜晶系，若 X 为 Fe、Mg 等小半径阳离子的时候，一般为斜方晶系。因此辉石族可分为单斜辉石亚族和斜方辉石亚族。类似的现象还包括角闪石族可分为斜方角闪石亚族和单斜角闪石亚族，长石族可分为碱性长石亚族和斜长石亚族。

注 1：并不一定所有的矿物都会有亚族的分类。

注 2：同一亚族内的矿物可具有不同的对称型，例如碱性长石亚族，除透长石和正长石属于单斜晶系外，其余均属于三斜晶系。

⑥种："种"是矿物学和宝石学中重要的概念之一，是指具有一定的晶体结构和化学成分的物质，晶体结构和化学组成是决定一个宝石矿物种的两个基本因素，例如，刚玉种、绿柱石种。

⑦亚种：根据完全类质同象系列中的端元组的比例进行分类，完全类质同象之下的中间过渡产物，称为亚种。但是在实际的应用过程中，通常将"亚种"不正确地使用为"种"，例如斜长石，根据钠长石与钙长石的比例，可分为钠长石、奥长石、中长石、拉长石、培长石、钙长石；类似的还包括橄榄石、方柱石等。

⑧变种或者异种：根据矿物具体的形态、物性、成分微小的差异来进行分类，例如，刚

玉种宝石矿物可包括红（蓝）宝石、星光红（蓝）宝石、达碧兹红宝石、变色蓝宝石等；绿柱石种宝石矿物可包括祖母绿、星光祖母绿、祖母绿猫眼、海蓝宝石、海蓝宝石猫眼、摩根石等。

【例题 2】填空题 根据硅氧骨干的连接方式，可将硅酸类矿物分为_____、_____、_____、_____和_____硅酸盐五个亚类。

【参考答案】 岛状　环状　层状　链状　架状

【例题讲解】（1）根据宝石矿物的晶体化学分类，含氧盐大类矿物分布最为广泛，包括硅酸盐、碳酸盐、硫酸盐、磷酸盐、砷酸盐、钒酸盐、钨酸盐、钼酸盐、铬酸盐、硼酸盐及硝酸盐等矿物类，其中硅酸盐类矿物最为重要，是岩石（岩浆岩、沉积岩和变质岩）的重要造岩矿物。

（2）在硅酸盐矿物结构中，每个 Si 为四个 O 所包围，构成[SiO$_4$]四面体，是硅酸盐的基本构造单位。在不同的硅酸盐中，[SiO$_4$]四面体基本保持不变。

由于 Si^{4+}的化合价为 4 价，配位数为 4，所赋予每一个 O^{2-}的电价为 1，O 的另外一个电价可用来联结其他阳离子，也可以与另一个 Si^{4+}相联。因此在硅酸盐结构中，[SiO$_4$]四面体既可以孤立地被其他阳离子包围起来，也可以彼此以共用角顶的方式相互连接形成各种形式的硅氧骨干，如链状硅氧骨干、环状硅氧骨干、层状硅氧骨干、架状硅氧骨干等，因此，根据硅氧骨干的类型，可将硅酸盐类分为五个对应的亚类，即岛状硅酸盐亚类、链状硅酸盐亚类、环状硅酸盐亚类、层状硅酸盐亚类和架状硅酸盐亚类。具体分类见表 2-2。

注：硅氧四面体只能通过共角顶相连接，不能共棱和共面，主要因为硅氧四面体体积过小，且 Si^{4+}电价高，若共棱或共面，会引起 Si—Si 强烈的排斥而不稳定。

表 2-2　硅氧骨干基本类型

硅氧骨干类型	硅氧骨干形式		硅氧四面体共用 O 数	化学式	举例	
岛状硅氧骨干	单个四面体		0	[SiO$_4$]	锆石	橄榄石
	双四面体		1	[Si$_2$O$_7$]	异极矿	硅钙石
	单四面体与双四面体共存		1	[SiO$_4$][Si$_2$O$_7$]	绿帘石	黝帘石
环状硅氧骨干	三方环状		3	[Si$_3$O$_9$]	蓝锥矿	
	复三方环状		6	[Si$_6$O$_{18}$]	碧玺	
	四方环状		4	[Si$_4$O$_{12}$]	包头矿	
	六方环状		6	[Si$_6$O$_{18}$]	堇青石	绿柱石
	六方双环		12	[Si$_{12}$O$_{30}$]	鳌柱石	
链状硅氧骨干	单链	二重单链辉石单链	2	[Si$_2$O$_6$]	斜方辉石 顽火辉石	单斜辉石 锂辉石、硬玉
		三重单链硅灰石单链		[Si$_3$O$_9$]	硅灰石	
		五重单链蔷薇辉石单链		[Si$_5$O$_{15}$]	蔷薇辉石	
	双链	二重双链角闪石双链	2，3	[Si$_4$O$_{11}$]	单斜角闪石 透闪石、阳起石	斜方角闪石 直闪石

续表

硅氧骨干类型	硅氧骨干形式	硅氧四面体共用O数	化学式	举例	
	三重双链 硬硅钙石双链		$[Si_6O_{17}]$	硬硅钙石	
	星叶石双链		$[Si_4O_{12}]$	星叶石	
	矽线石双链		$[AlSiO_5]$	矽线石	
层状硅氧骨干	平面层	3	$[Si_4O_{10}]$	蛇纹石	青田石
架状硅氧骨干	骨架	4	$[AlSi_3O_8]$-$[Al_2Si_2O_8]$	斜长石 日光石、拉长石	碱性长石 月光石、天河石

【例题3】填空题 宝石矿物的_____和_____是决定一个宝石矿物种的两个最基本的因素。

【参考答案】化学成分 晶体结构

【例题讲解】宝石矿物的化学成分和晶体结构是决定一个宝石矿物种的两个最基本的因素。只考虑其化学成分，不考虑结构不能确定一个宝石种，同样，只考虑其结构而不考虑化学成分也不能确定一个宝石种，二者相互依存，离开一方，另一方也就不再存在，其中化学成分是宝石矿物存在的物质基础，晶体结构是其存在的表现形式，因此矿物的化学成分和晶体结构是决定宝石矿物一切性质的最基本因素。以钻石和石墨，萤石和石盐为例进行说明：

（1）钻石和石墨均为化学成分为碳（C）的固体，若C以立方对称排列时，可确定其为钻石；若C以六方对称排列时，只能确定为石墨。这种具有相同化学成分，不同晶体结构的现象称之为同质多象，类似的例子还包括同为Al_2SiO_5的红柱石、蓝晶石和矽线石；同为SiO_2但晶体结构不同的石英；同为TiO_2的金红石、锐钛矿、板钛矿等，因此化学成分相同，晶体结构不同的物质之间，仍属于不同的矿物种，不同的宝石学性质与其晶体结构密切相关。

（2）萤石和石盐的格子类型均为立方面心格子，化学成分为NaCl时，为石盐，化学成分为CaF_2时，确定其为萤石。此外，同为NaCl晶体结构的矿物包括黄铁矿、方铅矿、钾盐、方镁石等，因此晶体结构相同，化学成分不同的物质仍属于不同的矿物种。

【例题4】填空题 宝石矿物中的水对宝石性质的影响包括_____、_____、_____和_____等。

【参考答案】颜色 晶体结构 硬度 折射率 相对密度 透明度 特殊光学效应（选择其中4个填空即可）

【例题讲解】宝石矿物中的水是宝石重要的组分之一，包括吸附水、结构水、结晶水、层间水和沸石水等类型，对宝石矿物的性质有着较为重要的影响，包括颜色、晶体结构、硬度、折射率、相对密度、透明度、特殊光学效应（主要为变彩效应）等。

（1）吸附水：以中性水分子的形式存在于矿物颗粒间或裂隙表面，整体上对宝石的物理性质的影响不大，但是，吸附水中的特殊类型——胶体水对宝石的物理性质有较大的影响。以欧泊为例，其化学成分为是$SiO_2·nH_2O$，水的组成影响二氧化硅小球的尺寸，从而影响小球之间的空隙，进而影响光在欧泊内部的传播、干涉、衍射等物理作用，最终影响欧泊的变彩效应，变彩效应随着胶体水的逸出逐渐消失，部分欧泊会产生裂隙。

（2）结晶水与结构水是宝石矿物的重要组分，其中结晶水以中性水分子的形式存在，结

构水以 H^+、OH^-、H_3O^+ 的形式存在，结晶水与结构水在晶体结构中占有重要的位置，且逸出温度较高，逸出后晶体结构发生变化，形成新的矿物相。以绿松石为例，失水后导致绿松石结构完善程度降低，颜色由为蓝色变成灰绿色以致灰白色，且折射率降低、硬度降低。

注：绿柱石、堇青石在其结构通道中可存在一定量的水，以中性水分子的形式存在，属于特殊的结构水。

（3）层间水：特指存在于层状硅酸盐结构单元中的水分子，其性质介于吸附水和结晶水之间，不是矿物的固定组成成分，在晶体结构中不占据配位位置，逸出后晶体结构不发生变化，但是结构层间的距离缩短，导致宝石矿物的相对密度和折射率增大。

（4）沸石水：是指主要存在于沸石族矿物晶格中宽大的空腔和通道中的中性水分子，与其中的阳离子结合成水合离子。沸石水在晶格中占据一定的配位位置，其上限值与矿物其他组分的含量有简单的比例关系，但失去后不引起晶格的破坏，只是某些物理性质发生变化，如透明度、折射率和相对密度等。

【例题5】填空题 宝石矿物化学成分在一定范围内发生变化的原因包括_____、_____和_____等。

【参考答案】类质同象 外来物质机械混入 非化学计量性 阳离子的可交换性 胶体的吸附作用 含水量的变化（选择其中3个填空即可）

【例题讲解】在自然界中，只有少数矿物的化学组成是相当固定的，各组分之间具有严格的化合比。由于矿物的生长受地质环境、地球化学环境、温度、压力等因素的影响，多数矿物的化学组成在一定范围内发生变化，主要原因包括类质同象、外来物质机械混入、非化学计量性、阳离子的可交换性、胶体的吸附作用、含水量的变化等。

（1）类质同象：是指宝石矿物的晶体结构中某种质点（原子、离子或分子）为它种类似的质点所替代，仅使晶格常数发生不大的变化，而晶体结构不发生改变的现象。这是宝石矿物化学组成发生变化最重要的原因之一，也是宝石矿物出现多种变化的重要因素。例如石榴石和碧玺，由于类质同象的广泛发育，可具有不同的颜色，其中石榴石可呈现无色、红色、橙色、紫色、绿色等；碧玺可呈现无色、红色、蓝色、绿色等。影响类质同象替代的因素包括化学性质相近、半径相近、电价平衡、热力学条件以及组分浓度等。

（2）外来物质的机械混入：多以物质型包裹体（或称内含物、包体等）的形式出现，在宝石学中属于狭义包裹体的概念。虽然物质型包裹体与寄主宝石有明显的相界线，但是包裹体存在于宝石矿物的晶格缺陷中，属于体缺陷，一般情况下将宝石矿物作为整体看待，属于宝石矿物的化学组成。包裹体的变化较多，可呈固相、液相和气相，可独立出现，也可多相共存，如祖母绿，其中可见固-液-气三相包裹体，也可见黄铁矿、氟碳钙铈矿等固相单相包裹体。

（3）非化学计量性：部分矿物由于含有变价元素，因此其形成过程中受到氧化还原条件的变化，从而发生价态的变化。由于受矿物电中性的制约，矿物晶体必然存在某种缺陷（如空位、填隙离子等点缺陷），导致化学组成偏离理想化合比，不再遵循定比定律，例如磁黄铁矿，由于有部分 Fe^{3+} 的存在，铁原子数少于硫原子数，晶格中产生阳离子空位，其化学式书写成 $Fe_{1-x}S$，其中的 x 大小取决于结构中 Fe^{3+} 的多少。

（4）阳离子可交换性：层状硅酸盐的结构单元层之间存在的层间域，若结构单元层内部电荷未达到平衡，会导致在层间域中存在一定的阳离子，如 Na^+、K^+、Ca^{2+} 等充填，还可吸收一定量的水分子或有机分子，如云母、蒙脱石等。由于层间域中的阳离子在晶格中并不占据固定的配位位置，仅起到平衡电荷的作用，因此并不稳定，容易发生离子交换，从而影响矿物的化学组成。

（5）吸附作用：部分矿物具有一定的吸附能力，可吸附水、阳离子以及其他类型的粒子，从而造成矿物的化学组成发生变化。

①胶体矿物由于颗粒表面存在大量的断键，表面电荷不平衡，比表面积较大，具有较强的吸附能力。

②层状硅酸盐由于具有特征的层间域具有一定的吸附性。

③黏土矿物由于颗粒细微、比表面积巨大，因此具有相对更强的吸附能力。

（6）含水量的变化：宝石矿物中水的存在形式包括吸附水、结晶水、结构水等，受晶体结构、类质同象以及外部环境等因素发生变化，是影响宝石矿物化学成分变化的原因。

【例题6】是非题　由于Ca^{2+}与Hg^{2+}的离子半径相近，并且电价相同，因此可发生广泛的类质同象替代，但是Al^{3+}与Si^{4+}不仅半径相差较大，而且电价不同，因此两者之间不能出现类质同象替代。（　　）

【参考答案】N

【例题讲解】影响类质同象替代发生的因素有很多，除了离子半径、电价平衡以外，还需考虑化学键性相同、热力学条件和组分浓度等因素。

（1）质点大小相近：从几何角度，相互替代的原子或离子须有相近的半径，半径相差越小，相互替代的能力越强，替代强度越大；反之则越弱（表2-3）。

表2-3　质量大小对类质同象替代的影响

半径变化量	类质同象类型
10%～15%	完全类质同象替代
10%～(20%～25%)	高温下形成完全类质同象 低温时固溶体发生离溶
25%～40%	高温下形成不完全类质同象 低温下不形成类质同象

对于异价类质同象，质点替代的能力主要取决于电荷的平衡，质点的大小退为次要地位，例如，在斜长石中同时存在Na^+与Ca^{2+}和Al^{3+}与Si^{4+}之间的异价类质同象，其中Al^{3+}与Si^{4+}的半径变化比高达50%。在元素周期表中，从左上方到右下方对角线方向的离子半径相近，一般右下方的高价离子易替代左上方的低价离子，称为类质同象的对角线法则。

（2）总电价平衡：受到矿物电中性条件的制约，类质同象替代前后的离子电价总和应保持平衡，否则将引起晶体结构的破坏。对于异价类质同象替代，可通过以下4种方式完成：

①电价较高的阳离子被数量较多的低价阳离子替代，或者相反，如云母中$3Mg^{2+}\rightarrow2Al^{3+}$。

②成对替代，高价阳离子替代数量较多的低价阳离子的同时，伴有其他低价阳离子替代高价阳离子，如斜长石中的$Na^++Si^{4+}\rightarrow Ca^{2+}+Al^{3+}$，蓝宝石中$Fe^{2+}+Ti^{4+}\rightarrow2Al^{3+}$等。

③高价阳离子替代低价阳离子的同时，伴随高价阴离子替代低价阴离子，或者相反，如磷灰石中$Ce^{3+}+O^{2-}\rightarrow Ca^{2+}+F^-$。

④低价阳离子替代高价阳离子，所亏损的电价由附加阳离子平衡，如绿松石中的$Li^+\rightarrow$

Be^{2+}、$Fe^{2+} \to Al^{3+}$，所亏损的正电荷由半径较大的 Cs^+ 和 Na^+ 进入绿松石结构通道中平衡。

（3）离子类型和化学键：元素的原子或离子外层电子构型对其结构中的化学键有明显的影响，若原子或离子外层电子构型及所形成的化学键越接近，相应的类质同象越容易实现。离子类型不同，反之则不易实现。

①金属晶格中的原子只能被大小和性质相近的其他原子替代，如自然金中的 Au 原子只能被 Ag、Cu、Pt 等原子代换，若由某种离子代换，则造成总电价失衡，从而不能形成类质同象。

②惰性气体型离子在化合物中一般以离子键结合，它们常见于卤化物，氧化物和含氧盐中。

③铜型离子在化合物中以共价键结合为主，常见于硫化物中。

题目中所举的例子，Ca^{2+} 与 Hg^{2+} 电价相同，均为正二价，半径相近，分别为 0.100 nm 和 0.102 nm，配位数相同，均为六次配位，但是，Ca^{2+} 属于惰性气体型离子，Hg^{2+} 属于铜型离子，两者的离子类型不同，形成的化学键存在较大的差异，因此一般不产生类质同象替代。

Al^{3+} 与 Si^{4+} 均属于惰性气体型离子，半径的差值比为 50%，在硅酸盐中，两者的状态相似，均与 O^{2-} 结合，形成半离子键半共价键，不成对电子与 O^{2-} 中的不成对电子配对形成共价键，正电荷与 O^{2-} 中的负电荷相互吸引形成离子键，且 Si—O 与 Al—O 间距接近，分别为 0.161 nm 和 0.176 nm，因此可形成较为广泛的类质同象替代。

（4）温度：温度是影响类质同象最主要的外因，一般情况下，高温时类质同象易于发生，而低温时类质同象的范围将受到限制，对于高温时形成的类质同象混晶会随着温度的降低发生固溶体离溶作用，例如钠长石和钾长石，在高温下 K^+ 与 Na^+ 可相互替代，温度降低时发生固溶体离溶，形成条纹长石。

（5）压力：一般而言，高压下类质同象不易发生，并可能促使相对低压下形成的类质同象混晶发生离溶。

（6）组分浓度：晶体的化学组成具有一定的量比关系，当结晶时介质中各组分若不能与它应有的量比相适应，即当某种组分不足时，将由与之类似的组分进入晶格予以补偿。如磷灰石，若其形成环境中 P_2O_5 的浓度很大，Ca 含量不足时，Sr 和 Ce 族等元素进入晶格占据 Ca 的位置，从而使磷灰石中聚集相当大量的稀有或分散元素。

【例题 7】填空题　类质同象对宝石矿物物理性质的影响包括_____、_____、_____ 和_____等。

【参考答案】　颜色　折射率　相对密度　硬度　发光性　吸收性　多色性　光谱特征　光性特征（任选 4 个填入即可）

【例题讲解】类质同象是矿物中一个极为普遍的现象，是引起矿物化学成分变化的主要原因之一，它所引起的矿物化学成分规律的变化必然会导致矿物的一系列物理性质的规律变化，对宝石学性质而言，主要包括颜色、折射率、相对密度、硬度、发光性、吸收性、多色性、光谱特征、光性特征、特殊光学效应等。

（1）以石榴石为例描述类质同象对宝石颜色、折射率、相对密度、光谱特征、特殊光学效应的影响。

①对颜色的影响：例如镁铝榴石-铁铝榴石，理论上，纯净的镁铝榴石为无色，铁铝榴石为褐红色，随 Fe 含量的增加，颜色从无色变化至红色，且颜色逐渐加深。

②对折射率的影响：例如镁铝榴石-铁铝榴石，镁铝榴石的折射率为 1.714～1.742，铁铝榴石的折射率为 1.790±0.030，随 Fe 含量的增多，折射率逐渐增高。

③对相对密度的影响：例如镁铝榴石-铁铝榴石，镁铝榴石的相对密度为 3.78（+0.09，−0.16），铁铝榴石的相对密度为 3.61（+0.12，−0.04），随 Fe 含量的增多，相对密度逐渐升高。

④对硬度的影响：例如钙铝榴石-水钙铝榴石，石榴石硬度整体在 7 左右，如羟基替代部分 $[SiO_4]$，形成水钙铝榴石，随替代程度的增加，其硬度降低为 6.5，硬度低于钙铝榴石。

⑤色散的影响：例如钙铝榴石-钙铁榴石，钙铝榴石的色散值为 0.028，钙铁榴石的色散值为 0.058，随 Fe 含量的增高，色散值逐渐增大。

⑥吸收光谱的影响：类质同象影响石榴石的颜色，随致色元素的不同可形成不同的吸收光谱，例如镁铝榴石-铁铝榴石，随 Fe 含量的逐渐增多，铁谱逐渐清晰，形成铁铝榴石窗，即 573、520、505 nm 强吸收带。

⑦特殊光学效应的影响：石榴石中可形成变色效应的石榴石包括镁铝榴石、镁铝-锰铝榴石、翠榴石等，其中镁铝榴石、镁铝-锰铝榴石的变色效应与其中的 V 元素有关。

（2）以橄榄石为例描述对光性特征的影响。

当铁橄榄石分子小于 12% 时，为二轴晶正光性；当铁橄榄石分子大于 12% 时，为二轴晶负光性。

（3）绿柱石为例描述类质同象对吸收性的影响

海蓝宝石的致色因素为 Fe^{2+}-Fe^{3+}，深色是在 N_o 方向，浅色在 N_e 方向，而马西谢（Maxixe）绿柱石由色心（包括 CO_3 或 NO_3 色心）或铁、锰致色，其吸收性与海蓝宝石相反，蓝色在 N_e 方向，N_o 方向多呈无色。

（4）以刚玉为例描述类质同象对多色性和发光性的影响

①对多色性的影响：例如红宝石的多色性随 Cr 含量的升高逐渐增强；此外，由于类质同象的元素不同，可形成不同颜色的宝石，从而多色性不同，例如红宝石的多色性为深红色-浅红色、红色-橙红色等，蓝宝石的二色性为深紫蓝色-蓝色、蓝色-浅蓝色等。

②对荧光的影响：红宝石的致色离子为 Cr^{3+}，可含有少量的 Fe^{3+}，在刚玉中以类质同象替代的方式进入刚玉晶格中，当 Cr^{3+}/Fe^{3+} 较高时，红宝石具有较强的荧光，反之，当 Fe^{3+} 含量相对较高时，红宝石的荧光相对较弱。

【例题8】是非题　宝石中的包裹体不仅仅包括包裹于晶格缺陷中且与寄主宝石有相界线的物质，同样包括颜色分带等现象特征以及宝石的表面特征。（　　）

【参考答案】Y

【例题讲解】宝石包裹体的概念来源于矿物学中对包裹体的定义，即包裹于晶格缺陷中且与寄主宝石有相界线的物质，但是对其有明显的延伸，除上述内容外，还包括宝石的结构特征和物理特性的差异，如带状结构、色带、双晶、断口和解理，另外需要注意的是，宝石的包裹体不仅仅指其内部特征，还包括与内部结构有关的表面特征等，如双晶纹、解理等。。

【例题9】填空题　宝石包体的分类方案包括_____、_____、_____和_____。

【参考答案】　依据包体与宝石形成的相对时间分类　依据包体的相态分类　依据包体成分分类　依据包体存在形式分类。

【例题讲解】根据不同的分类标准，宝石包体可具有不同的分类方案：

（1）依据包体与宝石形成的相对时间分类，可将包体分为原生包体、同生包体和次生包体。

①原生包体：指比宝石形成更早，在宝石形成之前就已结晶或存在的一些物质，在宝石晶体形成过程中被包裹到宝石内部。其成因主要与介质环境（如成矿溶液成分和浓度的变化）及晶体的快速生长有关。

注：所有的原生包体均为固态。

②同生包体：指在宝石生成的同时所形成的包体，其成因主要与晶体的差异性生长、晶体的不规则生长结构、晶体的生长间断、溶液过饱和度的变化、外来杂质的出现、体系温度或压力的突然变化等因素有关。

注：在不同的教材中，对出溶作用产生的包体有不同的归类，例如《系统宝石学》（第二版）、《珠宝玉石学》（第二版）等将其归类为原生包体；但《宝石学教程》（第三版）将其归类为后生包体或次生包体。

③次生包体：指宝石形成后产生的包体，它是宝石晶体形成后由于环境的变化，如受应力作用产生裂隙，外来物质沿其渗入及裂隙充填所形成的包体，甚至可能是由放射性元素的破坏作用所形成的包体。

（2）根据包体的相态特征，可将包体分为固相包体、液相包体、气相包体。

①固相包体主要指在宝石中呈固相存在的包体，如红宝石中的金红石、祖母绿中的黄铁矿和方解石等。

②液相包体指单相或两相的流体为主的包体，最常见的液体为水、溶解盐（石盐水、含碳酸的水），有机液体也偶有出现（萤石中的石油液态包体）。例如蓝宝石中的指纹状包体、萤石和黄玉中的两相不混溶的液态包体等。

③气相包体指主要由气体组成的包体，如琥珀中的气泡、祖母绿中的 CO_2 气态包体、合成红蓝宝石和玻璃中的气泡等。

注：包裹体可独立出现，也可呈多相包体，例如祖母绿中常见固-液-气三相包体。

（3）根据包体成分特点可将包体分为有机包体和无机包体两大类。

①有机包体：是指主要由有机物质组成的包体，如琥珀中的动植物包体、萤石中的石油包体等。

②无机包体：是指各种晶体、熔体及气液流体包体，它由无机物质组成。绝大部分的宝石中的包体均为无机包体。

（4）根据包体的存在形式，可将包体分为物质型包体和非物质型包体两大类。

①物质型包体是指以实际物质形态存在的包体，如固态、液态和气态包体。

②非物质型包体是指由晶体缺陷及后期应力作用形成的内部缺陷所构成的包体，它们不是以实际的物质形式存在，而多呈一种现象出现，如空晶、双晶面、解理纹、色带、色晕等。

【例题10】填空题　宝石中的物质型包体对宝石物理性质的影响包括_____、_____、_____、_____等。

【参考答案】颜色　透明度　特殊光学效应　相对密度　磁性　耐久性（选择其中4个填空即可）

【例题讲解】宝石的物质型包体是指以实际物质形态存在的包体,如固态、液态和气态包体等,属于宝石中狭义包体的概念,存在于宝石的晶格缺陷中,与寄主矿物有相界线。对宝石物理性质的影响主要包括颜色、透明度、净度、特殊光学效应、相对密度、磁性、耐久性等。

(1)颜色:当宝石中含有大量的有色包体时,可使宝石呈现一定的颜色。其颜色的深浅与包体本身的颜色和分布特征等因素有关,例如日光石的颜色与内部存在的赤铁矿、针铁矿等包体有关,绿色东陵石的颜色与内部存在的铬云母有关。

(2)透明度:宝石中的透明度随着包体数量的增加而逐渐降低,例如石英属于无色透明的矿物,但是当其中含有丰富的细小气液包体时,这些包体对入射光产生折射、散射等,使石英呈现半透明的乳白色。

(3)特殊光学效应:当宝石中的包裹体分布呈现一定规律时,可使宝石呈现特殊光学效应,如星光效应、猫眼效应、砂金效应等,其中星光效应和猫眼效应主要与宝石中定向排列的针状、管状包体密切相关,或与定向排列的结构特征有关,例如星光红宝石与三组定向排列的金红石针有关,海蓝宝石猫眼与定向排列的管状包体有关;砂金效应与宝石中定向排列的片状包体有关,例如日光石和血滴堇青石与定向排列的赤铁矿、针铁矿等包体有关,绿色东陵石与铬云母有关。

(4)相对密度:由于物质型包体与寄主宝石的相对密度存在差异,因此对宝石的相对密度存在一定的影响,使得宝石的相对密度在一定范围内发生变化。

(5)磁性:多数宝石不具有磁性,但是当宝石中存在具有磁性包体时,可使宝石带有磁性,例如高温高压法合成的钻石由于含有铁镍触媒包体而带有磁性,可借此与天然宝石相区分。

(6)耐久性:首先,宝石中的内含物破坏了宝石格子构造的连续性,另外,当宝石中的包裹体定向出溶时,可导致宝石产生裂理,增加宝石的脆性,降低耐久性。例如泰国产出的黑色星光蓝宝石具有{0001}裂理,与其内部大量出现赤铁矿和针铁矿包体沿底面平行分布有关,而菱面体{10$\bar{1}$1}方向的裂理与水铝矿大量沿着双晶方向出溶有关。

【例题11】填空题 研究宝石包体的意义包括_____、_____、_____、_____等。

【参考答案】 辅助鉴定宝石种属 区分天然宝石与合成宝石 鉴定宝石的优化处理 研究宝石的成因

【例题讲解】包裹体和其他内部特征的观察研究在宝石学中具有重要意义。其重要性体现在许多方面。研究宝石的包体具有如下意义:

(1)鉴定宝石种属。部分宝石具有非常典型的包体特征,因此可通过宝石的包体辅助鉴定宝石的种属。常见的具有典型包体的宝石包括橄榄石中的睡莲叶状包体、月光石中的蜈蚣状包体、翠榴石中的马尾丝状包体、钙铝榴石中的热浪效应、尖晶石中彗星状八面体负晶、海蓝宝石中的雨丝状包体等。

(2)区分天然与合成宝石及相似的人工宝石,并确定其生长方法。由于天然珠宝玉石与合成宝石的生长环境存在较大的差异,因此必然在各自的生长过程中留下生长痕迹,通常情况下,天然宝石由于其生长环境的复杂性,其内含物也更加多变,主要为固相矿物包体、多相包体、愈合裂隙等。

人工宝石由于不同的生长方法可具有不同的内含物特征,因此可利用宝石的包体特征区分天然与合成宝石，并确定宝石的合成方法：

①焰熔法生长宝石：可具有弯曲生长纹、未熔粉末、串珠状气泡等包体特征。

②水热法生长宝石：可具有铂金片、籽晶残留、锯齿状纹理、面包渣状包裹体[合成水晶为锥辉石、未溶粉末、石英雏晶等，合成红宝石为 $Al(OH)_3$]、硅铍石（合成绿柱石）、钉状包体（合成绿柱石）等包体。

③助熔剂法生长宝石：可具有铂金片、籽晶残留、助熔剂残余、气固两相等包体。

④提拉法生长宝石：可具有弯曲生长纹、未熔粉末、铂金片等金属包体、籽晶残余、拉长状的气泡或气泡群。

⑤区域熔炼法生长的晶体：可含气泡、未熔粉末和不规则的颜色旋涡等包体。

⑥冷坩埚熔壳法合成的宝石是合成立方氧化锆。其特征是可含气泡和未熔粉末等包体。

⑦高温高压合成钻石：可见与生长区相对应的色带或色块，有时呈"沙漏状"或"马耳他十字"形，内部常见金属熔剂包裹体。

⑧CVD 法合成钻石：可见不规则的深色包裹体、棉球状包裹体、点状包裹体及具锯齿形表面的羽状包裹体，并可有平行的生长纹带。

⑨CVD 法合成碳硅石：具有特征的白色长线状包裹体及刻面棱重影。

⑩玻璃：典型特征是含气泡和旋涡纹，玻璃猫眼的典型包体特征为蜂窝状构造。

⑪塑料：典型特征是气泡和旋涡纹，有时也见尘粒状颗粒组成的面纱（云翳）状包裹体。某些仿琥珀塑料中含人为加入的昆虫等动物遗体。

⑫再造宝石：通常可见拉长的气泡、流动痕及不同碎块之间的清晰边界。

⑬拼合宝石：不同组成部分有各自的包裹体和其他内部特征，这些包裹体和其他特征在拼合界面处会突然中断。拼合石的拼合层内有气泡、尘埃等包裹体，也可看到由胶结物的变质或不完全黏结造成的有色圆状物或看上去不自然的羽状物。

注：人工宝石的包体特征详见"人工宝石"章节。

（3）区分天然宝石与仿宝石。由于天然宝石与仿宝石具有本质上的区别，宝石学性质明显不同，是两种截然不同的物质，因此必然存在包体不同的情况，可根据宝石包体的性质区分天然宝石与仿宝石，或区分相似宝石，例如钻石的仿制品可包括合成立方氧化锆、合成碳硅石、玻璃等，但是钻石中的包体以固体包体（如钻石、橄榄石、石榴石等）、云雾状包体为主，可见双晶等非物质型包体；合成立方氧化锆中可见未熔粉末、气泡等包体；合成碳硅石的包体为白色线状细长的管状物；玻璃中的包体主要包括流动状构造、气泡等包体，这些仿钻石的宝石与钻石的内含物明显不同，因此可以利用包体特征进行区分。

（4）检测某些优化处理宝石，并确定优化处理的方法。部分天然珠宝玉石经过优化处理后可明显地改善外观、耐久性、可加工性等特点，但是，宝石在进行优化处理的同时，会改变宝石原有的包体特征，或产生新的包体特征，可为宝石的鉴定提供依据，并确定宝石所经历的优化处理方法，常见的优化处理方法包括热处理、充填处理、染色处理、扩散处理、辐照、漂白、覆膜、高温高压等。下面仅以红、蓝宝石的热处理为例进行分析，其余处理方法的内含物特征详见"宝石优化处理"章节。

经热处理的红、蓝宝石的包体特征在高温作用下发生如下变化：

①包裹体的熔融现象。

低熔点包体，如长石、方解石、磷灰石等在长时间的高温作用下发生部分熔融，原柱状晶体边缘变得圆滑。

一些针状、丝状固态包体，如金红石，随着溶解程度的不断加强转变成断续的丝状、微小的点状等形态，有时高温处理的红、蓝宝石表面可见到白色丝斑，是金红石在高温破坏后的产物。

原生流体包体在高温作用下会发生膨胀，流体浸入新膨胀的裂隙中。

②非物质型包裹体的变化，主要为颜色的变化。

热处理后的红、蓝宝石可有颜色不均匀现象，如出现特征的格子状色块、不均匀的扩散晕，处理前后原色带的颜色的清晰度变弱。

斯里兰卡乳白色的Geudas刚玉经热处理后，蓝色常集中在一些不规则的色带和色斑里，放大检查可看到这些色带或色斑的颜色是由一些边缘模糊的蓝色质点聚集而成的雾状包体；

山东蓝宝石在热处理后原本蓝色的色带可转变成无色透明的色带；棕褐色色带可转变成蓝色色带原本不显示色带的样品热处理后可显示出黄色色带。

（5）确定宝石优化处理的可行性。一些影响宝石价值的包裹体或者杂质矿物可通过某些方法去除，如激光打孔处理钻石可处理掉钻石中的暗色包裹体、漂白处理可去掉翡翠中的暗色矿物。

当宝石存在裂隙时或质地相对疏松时，可对宝石进行充填处理、染色处理等，如红宝石的玻璃充填处理、绿松石充填处理、岫玉的染色处理等。

（6）宝石质量评价。宝石中的内含物对宝石的质量既有负面的影响，也有正面的影响。

①负面的影响：主要为对宝石净度的影响，根据内含物的大小、位置、数量、颜色、性质及对稳定性的负面作用等影响，评估宝石的净度级别，整体上讲，内含物特征越明显，净度级别越低，宝石价值越低。例如钻石的净度根据国家标准分为5个大级、11个小级。

②正面的影响：主要包括可形成特殊的宝石品种

当水晶中含有纤维状包裹体时可形成发晶,当含有尺寸较大的气液包裹体时为水胆水晶；

宝石中一些定向排列的包裹体可形成特殊光学效应，例如定向排列的针状包裹体可形成猫眼效应或星光效应，定向排列的片状包裹体可形成砂金效应等，如星光红宝石、祖母绿猫眼、日光石等。

（7）评价宝石的耐久性。有些宝石因出现解理和裂隙存在进一步损伤的可能性，进而影响其耐久性，因此需要对这些特征的影响程度进行评估，尤其是接收宝石做镶嵌或修理时，或销售因耐久性差而易受损的宝石时特别重要。

（8）了解宝石形成的环境。宝石包体的形成与环境密切相关，因此包体中往往含有丰富的成因信息，对其详细的研究可以获得宝石形成的温度、压力、组分浓度、氧逸度、成矿年代等数据，进而确定宝石的成因，例如成矿温度可通过气液包体的均一温度获得、组分浓度可通过气液包体的冰点温度获得流体的组分浓度（盐度），某些矿物包裹体可指示氧化还原环境，如赤铁矿往往指示氧化环境，对宝石中含有放射性元素的包体（如锆石包体）测试可获得宝石的成矿年代。这些数据的获得，是推测宝石矿床的成因、成矿模式，进而指导宝石矿床的勘探及人工宝石的合成。

（9）判断宝石的产地。对于一些传统的贵重宝石（如红宝石、蓝宝石、祖母绿、帕拉伊巴碧玺等），产地已经成为宝石价值评价中较为重要的一项，由于同种宝石的不同矿床所处的地质环境、地球化学环境存在一定的差异，因此包体特征往往具有不同的特征。利用具有产地鉴定意义的特征包体或包体组合可用于区分宝石的产地。下面以缅甸红宝石的产地鉴定特征为例进行说明,其他类型宝石的产地鉴定特征详见"宝石各论"章节。

①特征的"蜜糖状"构造。

②呈"团块状"或"补丁状"聚集且定向排列的短针状金红石包裹体,在金红石周围,方解石等粒状微晶呈回旋状环绕分布。

③方解石、白云石呈无色透明的菱面体或不透明的乳白色团块状。

④尖晶石呈低突起浑圆状或八面体形;榍石为黄色板状、柱状;磁铁矿多呈褐色至黑色的圆粒状。

⑤橄榄石呈黄绿色柱状;磷灰石呈无色-浅黄色,边缘呈明显被溶蚀的浑圆状。

⑥金云母呈不透明的深棕红色片状;可见一组双晶,可表现出"百叶窗"式图案。

⑦负晶发育,个体粗大的负晶分散或成串出现,其内常充填液体或气液两相包体,部分为空晶。

(10)指导加工。宝石的加工需考虑包体的位置、数量、大小、分布状态等特点,以保证产出的宝石能产生最大的经济价值。

①可利用宝石的双晶面、包体出溶面、内裂隙、解理等对宝石进行切割。

②去除掉外观明显的包体,或将包体设计在不显眼的位置,以获得高净度的宝石。

③结合宝石的颜色分布特征,使得宝石的正面(或台面)可获得颜色最佳的位置。

④含有定向排列的针管状包体,或定向排列的片状包体时,需将宝石设计成弧面型,且底面平行于包体所在的平面,以形成星光效应、猫眼效应和砂金效应。

【例题12】填空题　宝石包体的分析测试技术包括_____、_____、_____等。

【参考答案】　肉眼观察　放大观察　激光拉曼光谱分析　电子探针成分分析　离子探针及质谱分析　激光显微发射光谱分析　包裹体测温测压(选择其中3个填空即可)

【例题讲解】为了详细地研究宝石的包体,可通过不同的手段对其进行详细的研究

(1)肉眼与放大检查:肉眼观察和放大检查往往是宝石鉴定或宝石研究所做的第一步,通过肉眼或放大观察,可获得宝石内含物的整体特征,如颜色的分布特征、包体的分布与形态特征、解理、裂理、充填裂隙等。

①颜色分布特征:颜色的分布特征往往最为直观,如红宝石的平直的角状色带、玛瑙和孔雀石的同心环状色带、碧玺的三角形色带等。

②特征的包体:部分宝石透明度相对较高,且内含物尺寸相对较大,可通过肉眼观察包体的形态特征、光泽等确定内含物的种类,如水晶中的黄铁矿、碧玺、金红石、水胆等;东陵石中的铬云母;日光石中的赤铁矿;玛瑙中的水胆;琥珀中的昆虫或植物等均属于宝石的特征包体。

③解理、裂理、断口:解理和裂理发育的宝石,断口往往呈现阶梯状和平整的破裂面,可用于区分宝石,例如,红宝石与蓝宝石常发育裂理,而助熔剂法合成的红、蓝宝石没有裂理,可用于模仿红、蓝宝石的玻璃常呈现贝壳状断口。

④包体的放大检查可借助10倍放大镜和显微镜,并配合不同的照明方式观察肉眼无法清晰观察的细节,如尺寸过小的内含物、充填裂隙中的闪光效应,进而确定包体的颜色、大小、分布状态、类型和种类,为宝石的鉴定提供有用的信息。

（2）现代测试技术。由于包体的尺寸过小，肉眼观察以及放大观察获得的信息有限，借助现代分析测试技术可更加精细地研究包体的特征，如化学成分、晶体结构、物相性质等。

①激光拉曼光谱分析：激光拉曼显微镜可以把激光聚焦到千分之几毫米的光斑，测试微小样品的拉曼光谱，确定样品的分子类型，是一种微区微量的无损分析技术，可以分析出露到表面及近表面的包裹体。

②成分分析：对于露出宝石表面的包裹体，可对其进行化学元素组成分析，常用的仪器包括电子探针、离子探针、激光显微发射光谱仪、激光剥蚀电感耦合等离子体质谱仪等；除微量元素组成外，还可测定包裹体中的同位素组成，可用于研究宝石的成矿年代、成矿流体以及宝石的成因环境等。

③包裹体测温：同生的多相包裹体通常也称地质温度计，使用的主要仪器为冷热台。其基本的原理是，多相包裹体形成时是均一的流体相，所以把多相包裹体加热使之成为均一相的温度，就相当于包裹体形成的最低温度；此外，还可测试包裹体的冰点，测定其盐度，进而推断宝石的形成环境。

第二节　课后练习

一、名词解释

硅酸盐类　岛状硅酸盐　环状硅酸盐　链状硅酸盐　层状硅酸盐　架状硅酸盐　磷酸盐类　吸附水　胶体水　结晶水　结构水　沸石水　层间水　主要化学成分　类质同象　同质多象　完全类质同象　不完全类质同象　类质同象混入物　等价类质同象　异价类质同象　成对类质同象　不成对类质同象　固溶体　固溶体离溶　原生包体　同生包体　次生包体　固相包体　液相包体　气相包体　物质型包体　非物质型包体　包体分带　颜色分带　结构分带　负晶　化学计量性　简单化合物　复杂化合物　单盐　复盐　实验式　结构式　离子晶格　原子晶格　金属晶格　分子晶格

二、填空题

1. 矿物的晶体化学分类体系包括_____、_____、_____和_____四个基本层次。

2. 从晶体化学的角度，大类的划分依据是_____的类型，可将宝石矿物划分为_____大类、_____大类、_____大类、_____大类和_____大类五大类。

3. 矿物类的分类依据是_____，亚类的划分依据是_____，矿物族的分类依据是_____，亚族的划分依据是_____，矿物种的分类依据是一定的_____，亚种的分类依据是_____，变种的分类依据是_____。

4. 根据矿物的晶体化学分类体系，红宝石应属于_____大类、_____类、_____族、_____种、红宝石_____。

5. 根据宝石矿物的晶体化学分类原则，黄铁矿属于_____类，萤石属于_____大类，孔雀石属于_____类，绿松石属于_____类，钻石属于_____大类。

6. 含氧盐大类以_____种类为依据，可将含氧盐矿物分为_____、_____、_____等矿物类。

7. 属于岛状硅酸盐的宝石矿物包括_____、_____、_____等；属于环状硅酸盐的宝石矿物包括_____、_____、_____等；属于层状硅酸盐的宝石矿物包括_____、_____、_____等；属于链状硅酸盐的珠宝玉石包括_____、_____、_____等；属于架状硅酸盐的宝石矿物包括_____、_____、_____等。

8. 属于磷酸盐类的宝石包括_____、_____等；属于碳酸盐的珠宝玉石包括_____、_____；属于硫酸盐宝石矿物包括_____、_____等。

9. 属于氧化物类的宝石包括_____、_____等；属于氢氧化物类的宝石包括_____；属于卤化物大类的宝石包括_____等；属于自然元素大类的宝石包括_____、_____等；属于硫化物及其类似化合物大类的宝石包括_____、_____等。

10. 宝石矿物的_____和_____是决定一个宝石矿物种的两个最基本的因素，化学成分相同，但晶体结构不同的晶体称为该成分的_____。

11. 根据宝石矿物中水的存在形式以及它们在晶体结构中的作用，可以把水分成_____、_____和_____。

12. 结构水在晶格中占有位置，在组成上具有确定的比例，以_____、_____和_____等形式出现，含有结构水的宝石有_____、_____和_____等。

13. 结晶水以_____的形式存在于矿物中，在晶格中占有固定的位置，起着_____的作用，是矿物化学组成的一部分；含有结晶水的宝石有_____、_____和_____等。

14. 影响类质同象替代的条件有_____、_____、_____、_____和_____等。

15. 若类质同象相互替代的质点可以任意比例替代，即替代是无限的，则称为_____。若质点替代只局限于一个有限的范围内，则称为_____。

16. 依据包体与宝石形成的相对时间，可将包体分为_____、_____和_____；根据包体的相态特征，可将包体分为_____、_____和_____。根据包体成分特点可将包体分为_____和_____两大类；根据包体的存在形式可将包体分为_____和_____包体两大类。

17. 固溶体离溶作用是形成同生固相包体的重要作用之一，例如刚玉中的_____包裹体、日光石中的_____包裹体等。

18. 非物质型包体多呈一种现象出现，例如_____、_____、_____等，同生非物质型包裹体常见的分带现象包括_____、_____和_____。

19. 狭义的包体是指矿物在_____过程中被捕获的与寄主宝石之间_____的物质。

20. 人工宝石中常见的内含物包括_____、_____、_____等。

21. 使矿物中基本成分的比例关系偏离其计量特性的主要原因包括_____和_____。

三、是非题

1. 大部分宝石矿物属于含氧盐类，如橄榄石、翡翠、和田玉等。（　　）

2. 红柱石、蓝晶石和矽线石的化学组成相同，并且同属于岛状硅酸盐。（　　）

3. 硅氧四面体可以通过共用角顶、共棱和共面等多种形式相互连接。（　　）

4. 根据宝石的晶体化学分类，蔷薇辉石应属于含氧盐大类、硅酸盐类、辉石族。（　　）

5. 自然元素大类的宝石矿物只包括钻石，绝大多数宝石均属于化合物。（　　）

6. 杂质组分的加入对于宝石均属于缺陷，影响宝石的美观度和耐久性，使宝石的价值降低。（　　）

7. 只要写入化学式中的中性水分子，均属于宝石矿物的固有成分，且在晶格中占据一定的配位位置，逸出后晶体结构发生变化，形成新的矿物相。（　　）

8. 在祖母绿和堇青石的平行 Z 轴的结构通道中存在一定量的中性水分子，但由于其含量不固定，不属于祖母绿和堇青石固有组分，因此属于吸附水的一种。（　　）

9. 吸附水只能以液态的形式存在于宝石的裂隙及表面。（　　）

10. 类质同象替代不会引起晶体结构的变化，但晶体常数发生变化，同时也会影响宝石矿物的物理性质。（　　）

11. 同质多象各变体之间具有不同的晶体结构，因此相互之间无法发生转变。（   ）
12. 吸附水由于是以中性水分子的形式存在于宝石的表面、裂隙或矿物颗粒间，因此吸附水对宝石的物理性质没有影响。（   ）
13. 一般来说，温度升高时类质同象替代的程度增大，温度下降则类质同象替代减弱。（   ）
14. 吸附水不属于矿物的化学成分，不写入化学式。（   ）
15. 异价的离子之间不会发生类质同象替代作用，否则会导致宝石矿物电价不平衡。（   ）
16. 同一种化学组分的晶体只能有一种晶体结构。（   ）
17. 由于方解石与菱镁矿可形成完全类质同象替代，因此白云石就是当 Mg 与 Ca 的粒子数相等时得到的矿物。（   ）
18. 宝石矿物的原生包体与同生包体类似，可以是固相、液相或气相包裹体，也可以是多相包裹体。（   ）
19. 由于包裹体并未进入宝石矿物的晶格当中，因此包裹体的组成并不会影响宝石矿物的化学组成。（   ）
20. 宝石中的矿物包裹体与寄主矿物一定不属于同种矿物。（   ）
21. 经固溶体离溶作用形成的内含物往往与寄主晶体的某个结构方向平行。（   ）
22. 宝石矿物中的金红石包体均经溶离作用形成的，如红宝石和水晶中的针状或纤维状金红石包体。（   ）
23. 宝石中的包体必须存在于宝石的内部，属于宝石的内部特征。（   ）
24. 宝石经优化处理产生的包体为次生包体。（   ）
25. 颜色分布特征作为宝石非物质型包体之一，是鉴定宝石的重要依据，例如天然宝石的颜色分布都是平直的，而合成宝石均是弯曲的。（   ）
26. 由于人工宝石中没有双晶，因此双晶纹的存在可作为天然宝石的特征之一。（   ）
27. 天然珠宝玉石与人工宝石中都有可能同时含有原生包体、同生包体和次生包体。（   ）

四、单项选择题

1. 祖母绿中含有水，它们是（   ）
   A. 结构水   B. 吸附水   C. 结晶水   D. 层间水
2. 下列选项中，与绿柱石为同一"族"的宝石矿物是（   ）
   A. 红柱石   B. 蓝柱石   C. 堇青石   D. 方柱石
3. 在硅酸盐矿物中，硅氧四面体可通过（   ）方式相互连接
   A. 共棱   B. 共面   C. 共角顶   D. 以上方式均可
4. 下列宝石中，属于简单化合物的是（   ）
   A. 红宝石   B. 金绿宝石   C. 海蓝宝石   D. 碧玺
5. 下列一组属于氧化物的宝石矿物是（   ）
   A. 钠长石、尖晶石   B. 金红石、红柱石   C. 芙蓉石、锡石   D. 赤铁矿、锆石

6. 焰熔法合成尖晶石中的气泡属于（　　）
   A. 原生包裹体　　　B. 同生包裹体　　　C. 次生包裹体　　　D. 假次生包裹体
7. 合成宝石中的籽晶属于（　　）
   A. 原生包裹体　　　B. 同生包裹体　　　C. 次生包裹体　　　D. 假次生包裹体
8. 宝石中的原生包裹体属于（　　）
   A. 固相包裹体　　　B. 气液包裹体　　　C. 非物质型包裹体　　D. 以上均有可能
9. 下列选项中属于原生包裹体的是（　　）
   A. 合成祖母绿中的籽晶　　　　　　B. 星光红宝石中的金红石针
   C. 祖母绿中的气液固三相包裹体　　D. 碧玺中的色带

五、多项选择题

1. 下列宝石矿物可含结构水的有（　　）
   A. 水钙铝榴石　　B. 托帕石　　　C. 绿帘石　　　D. 蛋白石
   E. 绿松石　　　　F. 磷灰石
2. 绿松石含有水，它们是（　　）
   A. 结构水　　　B. 吸附水　　　C. 结晶水　　　D. 层间水　　　E. 沸石水
3. 下列选项中，既含有结晶水，又含有结构水的宝石是（　　）
   A. 绿松石　　　B. 孔雀石　　　C. 透闪石　　　D. 查罗石　　　E. 水钙铝榴石
4. 下列宝石矿物中属于岛状结构硅酸盐的是（　　）
   A. 石榴石　　　B. 托帕石　　　C. 榍石　　　D. 绿帘石　　　E. 矽线石
5. 下列宝石矿物中属于环状硅酸盐的是（　　）
   A. 祖母绿　　　　　　　　　B. 堇青石
   C. 发育轮式双晶的金绿宝石　D. 蓝锥矿
   E. 电气石
6. 下列宝石矿物中，属于链状硅酸盐的是（　　）
   A. 硬玉　　　B. 透闪石　　　C. 蔷薇辉石　　　D. 顽火辉石　　　E. 锂辉石
7. 下列天然玉石中，其主要成分为层状硅酸盐的是（　　）
   A. 岫玉　　　B. 独山玉　　　C. 和田玉　　　D. 青田石　　　E. 蓝田玉
8. 下列宝石中，属于架状硅酸盐的是（　　）
   A. 日光石　　　B. 月光石　　　C. 方柱石　　　D. 红柱石　　　E. 蓝柱石
9. 下列宝石中属于碳酸盐的宝石是（　　）
   A. 菱锰矿　　　B. 方钠石　　　C. 蔷薇辉石　　　D. 硅孔雀石　　　E. 孔雀石
10. 下列选项中，属于磷酸盐的宝石是（　　）
    A. 绿松石　　　B. 磷灰石　　　C. 黝帘石　　　D. 锆石　　　E. 独居石
11. 下列选项中，属于同质多象变体宝石矿物是（　　）
    A. 矽线石与蓝晶石　　　B. 钻石与石墨　　　C. 红柱石与蓝柱石
    D. 祖母绿与海蓝宝石　　E. 水晶与玻璃　　　F. 孔雀石与硅孔雀石
12. 下列包体中，其成因与出溶作用有关的是（　　）；与附着生长作用有关的是（　　）

A. 红宝石中的金红石包裹体　　　　B. 水晶中的金红石包裹体

C. 堇青石和日光石中的赤铁矿包裹体　D. 拉长石中的针铁矿包裹体

E. 月光石中的钠长石包裹体　　　　F. 翠榴石中的马尾丝状包裹体

G. 祖母绿中的纤维状透闪石包裹体　H. 刚玉中的水铝矿包裹体

13. 下列包裹体中属于同生包裹体的是（　　）

A. 红宝石中的指纹状包裹体　　　　B. 海蓝宝石中的雨丝状包裹体

C. 红宝石中金红石针状包裹体　　　D. 助熔剂残余

E. 颜色分带

14. 类质同象除造成宝石化学成分变化外，还会引起以下哪些性质的变化（　　）

A. 折射率　　　B. 相对密度　　　C. 发光性　　　D. 内含物　　　E. 吸收性

15. 宝石的包裹体（　　）

A. 晶格缺陷的一种　　　　　　　B. 能够使宝石呈现颜色

C. 能够产生特殊光学效应　　　　D. 能够辅助鉴定宝石的品种

E. 检测仪器常用拉曼光谱仪

16. 环状硅酸盐可形成的环状硅酸盐包括（　　）

A. 三环　　　B. 四环　　　C. 五环　　　D. 六环　　　E. 任意环状

17. 下列选项中，与尖晶石属于同一"族"的矿物为（　　）

A. 金绿宝石　　B. 塔菲石　　C. 钙钛矿　　D. 磁铁矿　　E. 铬铁矿

18. 下列选项中，属于非物质型包裹体的是（　　）

A. 色带　　　B. 双晶纹　　　C. 刻面棱重影　　D. 蛛网状纹理　　E. 解理

19. 下列元素之间可发生类质同象替代关系的是（　　）

A. Si 与 Al　　B. Ca 与 Hg　　C. Na 与 K　　D. Fe 与 Mg　　E. Zr 与 Hf

20. 下列选项中，主要成分含有 Be 的是（　　）

A. 绿柱石　　B. 红柱石　　C. 蓝柱石　　D. 金绿宝石　　E. 碧玺

21. 将以下宝玉石放入水中颜色可能发生变化的是（　　）

A. 欧泊　　　B. 碧玺　　　C. 托帕石　　D. 绿松石　　　E. 软玉

22. 下列宝石中，可见刻面棱重影的是（　　）

A. 合成碳硅石　　　　　　　　B. 锆石

C. 合成立方氧化锆　　　　　　D. 合成金红石

E. 闪锌矿

六、问答题

1. 决定一个宝石矿物种为刚玉的因素有哪些？

2. 硅氧骨干的形式有哪些？惰性氧与活性氧如何变化？各举一例矿物并写出矿物的晶体化学式。

3. 关于类质同象，请回答如下问题：

（1）什么是类质同象？类质同象可以划分有哪些类型？请举例说明。

（2）类质同象替代的发生并不是任意的，需满足哪些条件？

（3）类质同象对宝石矿物物理性质有哪些影响？请举例说明。

（4）在异价类质同象替代中可通过哪些方式保持总电价平衡？请举例说明。

（5）类质同象是宝石矿物化学成分变化的主要原因之一，研究类质同象有何意义？

4. 关于宝石的包裹体，请回答如下问题：

（1）宝石包体的概念引申于矿物学，但具有明显的不同，请进行区分。

（2）钛化合物为何是宝石中最常见的出溶矿物？

（3）什么是宝石中的包体？有何种分类方案？

（4）同生包体是如何形成的？请详细说明其成因，并举例说明。

（5）次生包裹体的成因都有哪些？请举例说明。

（6）何为非物质型包体？举例说明研究非物质型包体的意义。

（7）优化处理过程对包裹体及其他内部特征有哪些影响？举例说明。

（8）请列举三个可用于研究宝石包裹体的大型仪器，并选择其中一个说明其工作原理。

（9）举例说明研究宝石包体的意义。

（10）详细论述宝石的包裹体对宝石的宝石学性质有何影响。

5. 关于同质多象，请回答如下问题：

（1）什么是类质同象和同质多象现象，这两个概念有何区别？请举例说明。

（2）碳元素常见的 2 种同质多象变体是什么？描述二者在形态、物理性质方面的主要特征，并解释原因。

（3）Al_2SiO_5 常见的 3 种同质多象变体是什么？描述 3 类宝石之间的宝石学性质的差异，并从晶体结构特征的角度解释其原因。

（4）详细论述矿物的同质多象，请举例说明。

6. 举例说明矿物化学成分可以分为哪些类型。

7. 关于宝石矿物中的水，请回答如下问题：

（1）宝石矿物中的水可以分为哪些类型？对宝石的物理性质有哪些影响？举出各类型中宝石的实例。

（2）请列出 2 种可用于检测宝石矿物中水的存在的现代测试技术，并阐述其原理。

8. 斜长石在矿物的晶体化学分类体系中属于哪个大类？哪个类？哪个亚类？硅酸盐矿物中，亚类的划分依据和各亚类晶体结构的主要特点是什么？每个亚类至少举出 1 种矿物。

第三节 参考答案

一、名词解释

1. 硅酸盐类

答：硅酸盐类是指以硅氧络阴离子配位的四面体构成基本构造单元的矿物，硅氧四面体在结构中可以孤立地存在，也可以以其角顶相互连接而形成环状硅氧骨干、链状硅氧骨干、层状硅氧骨干和架状硅氧骨干，阳离子主要为惰性气体型离子、部分过渡型离子和少数铜型离子。属于硅酸盐类的宝石包括橄榄石、石榴石、托帕石等。

2. 岛状硅酸盐

答：岛状硅酸盐是指以岛状硅氧骨干为阴离子的硅酸盐矿物，硅氧骨干之间靠其他阳离子相连接，硅氧骨干包括孤立的单四面体（SiO_4）及由硅氧四面体通过共角顶的方式形成的双四面体（Si_2O_7）两种类型，前者无惰性氧，如橄榄石$(Mg,Fe)_2[SiO_4]$，后者存在一个惰性氧，如异极矿 $Zn_4[Si_2O_7](OH)_2$，有时孤立的硅氧四面体和双四面体可共存，如绿帘石 $Ca_2FeAl_2[SiO_4][Si_2O_7]O(OH)$。

3. 环状硅酸盐

答：环状硅酸盐是指以环状硅氧骨干为阴离子形成的硅酸盐类矿物，硅氧四面体以角顶联结的方式形成封闭的环，根据硅氧四面体的数量可分为三环$[Si_3O_9]$、四环$[Si_4O_{12}]$和六环$[Si_6O_{18}]$，环可以重叠形成双环，如六方双环$[Si_{12}O_{30}]$，环与环之间靠其他金属阳离子联结。属于环状硅酸盐的宝石矿物包括绿柱石、堇青石、蓝锥矿等。

4. 链状硅酸盐

答：链状硅酸盐是指以链状硅氧骨干为阴离子形成的硅酸盐类矿物，硅氧四面体以两个角顶分别与相邻的两个硅氧四面体连成一条无限延伸的链，链与链之间通过其他金属阳离子连接，常见的类型包括单链和双链，其中单链根据重复周期和联结方式可出现辉石单链$[Si_2O_6]$、硅灰石单链$[Si_3O_9]$、蔷薇辉石单链$[Si_5O_{15}]$等多种形式；双链犹如两个单链相互连接而成，如两个辉石单链相联形成角闪石双链$[Si_4O_{11}]$，两个硅灰石单链相联形成硬硅钙石双链$[Si_6O_{17}]$。属于链状硅酸盐宝石矿物的包括翡翠、软玉、透辉石、蔷薇辉石等。

5. 层状硅酸盐

答：层状硅酸盐是指以层状硅氧骨干为阴离子形成硅酸盐类矿物，硅氧四面体以角顶相连，形成在两度空间上无限延伸的层，层内每个硅氧四面体以三个角顶与相邻的硅氧四面体相连接，活性氧可指向一方，也可以指向相反的方向，层与层之间靠其他金属阳离子相联结。属于层状硅酸盐的宝石矿物包括鱼眼石、蛇纹石、高岭石等。

6. 架状硅酸盐

答：架状硅酸盐是指以架状硅氧骨干为阴离子的硅酸盐，每个硅氧四面体均以全部的四个角顶与相邻的四面体连接，组成在三维空间中无限扩展的骨架，其中需有部分 Si^{4+} 被 Al^{3+} 替代，从而使 O^{2-} 带有部分剩余电荷，与骨干外的其他阳离子结合，形成铝硅酸盐。属于架状硅酸盐的宝石矿物包括月光石、日光石、拉长石等。

7. 磷酸盐类

答：磷酸盐类是指含有磷酸根阴离子的矿物，磷酸根半径较大，需与半径较大的阳离子（如 Ca^{2+}、Pb^{2+} 等）与之结合才能形成稳定的磷酸盐，同时该类矿物成分复杂，多含有附加阴离子，属于磷酸盐类的宝石矿物包括磷灰石、绿松石等。

8. 吸附水

答：吸附水是指以中性水分子的形式存在，不参加矿物晶格，渗入在矿物集合体中，为矿物颗粒间隙或裂隙表面机械吸附的中性水分子。不属于矿物的化学成分，不写入化学式，在矿物中的含量不定，随温度和湿度变化而不同。常压下温度达到 100～110 ℃时，吸附水就基本上从矿物中逸出，而不破坏晶格。吸附水可以呈气态、液态或固态。

9. 胶体水

答：胶体水为一种特殊类型的吸附水，它被微弱的连接力固着在微粒的表面，通常计入矿物的化学组分，但其含量变化较大。如蛋白石的分子式为 $SiO_2 \cdot nH_2O$，其中 n 为 H_2O 分子数，其数量不固定。胶体水的逸出温度在 250 ℃左右。

10. 结晶水

答：结晶水以中性水分子存在于矿物中，在晶格中占有固定的位置，起着构造单位的作用，是矿物化学组成的一部分。水分子的数量与矿物其他成分之间有固定的比例。其逸出的温度通常为 100～200 ℃，一般不超过 600 ℃。当结晶水失去时，晶体的结构破坏并形成新的结构。含有结晶水的宝石矿物包括绿松石、查罗石、鱼眼石等。

注：含有结晶水的宝石矿物包括查罗石、绿松石、鱼眼石、异极矿、钠硼解石、斜钠钙石、蓝铁矿、水磷铝钠石、磷铝石、绿磷锰矿、银星石、板磷铁矿、红磷锰矿、羟砷锌矿、臭葱石等。

11. 结构水

答：结构水也称化合水，是以 OH^-、H^+、H_3O^+ 等离子形式参与矿物晶格中的"水"，其中 OH^- 形式最为常见。结构水在晶格中占有固定的位置，在组成上具有确定的比例。结构水与其他质点有较强的键力联系，逸出温度在 600～1000 ℃，逸出后晶体结构完全破坏。含有结构水的宝石矿物包括碧玺、托帕石、磷灰石等。

注：（1）含有结构水的宝石还包括碧玺、托帕石、磷灰石、十字石、符山石、硅硼钙石、

鱼眼石、透视石、斧石、蓝柱石、绿帘石、硅孔雀石、葡萄石、透闪石、阳起石、滑石、柱晶石、异极矿、硼铍石、钠硼解石、多水硼镁石、硼铝石、羟硅硼钙石、蓝铜矿、天蓝石、光彩石、磷铍钙石、磷铝锰矿、水磷铝钠石、磷铝钠石、磷铝锂石、银星石、红磷锰矿、羟砷锌矿、乳砷铅铜矿等。

（2）在董青石和绿柱石平行 Z 轴的结构通道中存在一定数量的水，含量在一定范围内变化，属于一种特殊的结构水，逸出温度较高。

12. 沸石水

答：沸石水是指主要存在于沸石族矿物晶格中宽大的空腔和通道中的中性水分子，与其中的阳离子结合成水合离子，在晶格中占据一定的配位位置。水的含量随温度和湿度而变化，其上限值与矿物其他组分的含量有简单的比例关系。逸出温度在 80～400 ℃，失去后不引起晶格的破坏，只是某些物理性质发生变化，如透明度、折射率、相对密度随失水量的增加而降低。

13. 层间水

答：层间水特指存在于层状硅酸盐结构单元层间的分子水，与层间阳离子结合成水合离子。层间水的含量随所吸附的阳离子的种类及环境的温度和湿度而异，其数量可在相当大的范围内变化。层间水的逸出温度在 110 ℃左右，移除后晶体结构不发生变化，仅结构层层间距离缩短、相对密度和折射率增大。层间水不是矿物的固定组成成分，但其存在与否对矿物结构有一定影响，故也可写入晶体化学式。

14. 主要化学成分

答：宝石矿物的主要化学成分是指能保持其结构的化学成分，若缺失某个成分，其结构便不能存在或保持。但在保持其结构和物化性质基本不变的条件下，主要化学成分是可以有一定的变化。例如刚玉的化学式为 Al_2O_3，缺失 Al 或 O 后，其结构不能存在或保持，但 Al^{3+} 可被其他元素替代，形成红宝石、蓝宝石等刚玉的变种。

15. 类质同象

答：类质同象是指在晶体结构中部分质点被其他性质类似的质点所替代，仅使晶格常数和物理化学性质发生不大的变化，而晶体结构保持不变的现象。例如在橄榄石中，Mg^{2+} 与 Fe^{2+} 性质相近，可形成完全类质同象替代，橄榄石的晶格结构保持不变，晶格常数、颜色、相对密度等发生一定程度的变化，如颜色随 Fe 含量的增加逐渐加深，相对密度随 Fe 含量的增加逐渐增加。

16. 同质多象

答：同质多象是指同种化学成分的物质，在不同的物理化学条件（温度、压力、介质）下，形成不同结构的晶体的现象。这些不同结构的晶体，称为该成分的同质多象变体。例如钻石与石墨，其化学组成均为 C，但晶体结构不同。

注：（1）为了区别同质多象各变体，习惯上按形成温度从低到高在其名称或成分前冠以 α、β、γ 等希腊字母。如 α-石英和 β-石英分别代表低温和高温石英。

（2）宝石学中同质多象转变的例子包括钻石与石墨，方解石与文石，红柱石、蓝晶石与矽线石，金红石、锐钛矿与板钛矿，不同结构的石英等。

17. 完全类质同象

答：在类质同象替代过程中，若相互替代的质点可以任意比例替代，即替代是无限的，则称为完全类质同象，此时它们可以形成一个成分连续变化的类质同象系列，能够形成完全类质同象替代的宝石矿物包括橄榄石（Mg^{2+} 与 Fe^{2+} 之间）、斜长石（Na^+ 与 Ca^{2+} 之间，Si^{4+} 与 Al^{3+} 之间）等。

18. 不完全类质同象

答：在类质同象替代过程中，若质点间的替代只局限于一个有限的范围内，则称为不完全类质同象，例如闪锌矿（ZnS）中的 Zn^{2+} 可部分地（最多 26%）被 Fe^{3+} 所替代。

19. 类质同象混入物

答：在不完全类质同象中，若某种元素以类质同象的形式进入矿物晶体中时，该元素称为类质同象混入物，例如闪锌矿（ZnS）中的 Zn^{2+} 可部分地（最多 26%）被 Fe^{3+} 所替代，Fe^{3+} 被称为类质同象混入物。

20. 等价类质同象

答：在类质同象替代过程中，若替代的质点间电价相同，则称为等价类质同象替代，例如橄榄石中 Fe^{2+} 与 Mg^{2+} 之间的代换。

21. 异价类质同象

答：在类质同象替代过程中，若替代的质点间电价不同，则称为不完全类质同象替代。如，在斜长石中，Na^+ 和 Ca^{2+} 之间的代替以及 Si^{4+} 和 Al^{3+} 之间的代替都是异价的，但由于这两种代替同时进行，代替前后总电价是平衡的。

22. 成对类质同象

答：在类质同象替代过程中，代换和被代换质点数目相同的类质同象，称为成对类质同象。各种等价类质同象都是成对的，例如，橄榄石中的 Mg^{2+} 与 Fe^{2+} 之间的代换；某些异价类质同象也是成对的，如斜长石中 Na^+ 与 Ca^{2+} 和 Si^{4+} 与 Al^{3+} 的同时替代，替换前后质点数保持不变。

23. 不成对类质同象

答：在类质同象替代过程中，若代换和被代换质点数目不同，则称之为不成对类质同象。某些不等价类质同象属于不成对类质同象，例如，石英 SiO_2 中的 Si^{4+} 被 Al^{3+} 替代，同时 K^+

或 Li⁺侵入结构空隙中，该类类质同象便属于不成对类质同象。

24. 固溶体

答：固溶体是指在固态条件下，一种组分溶入另一种组分之中而形成的均匀的固体，它既可通过质点的代替而形成"代替固溶体"或"替位固溶体"，也可通过某种质点侵入它种质点的晶格空隙而形成"侵入固溶体"或"填隙固溶体"。

25. 固溶体离溶

答：固溶体离溶是指原来成类质同象代替的多种组分，由于温度压力等条件的变化，发生分解，形成不同组分的多个物相，被分离出来的晶体常受主晶体结构的控制，而在主晶体中呈定向排列，如月光石、拉长石等宝石的形成与固溶体离溶作用有关。

26. 原生包体

答：原生包体是指比宝石形成更早，在宝石形成之前就已结晶或存在的一些物质，在宝石晶体形成过程中被包裹到宝石内部，其形成主要与介质环境（如成矿溶液成分和浓度的变化）及晶体的快速生长有关。原生包裹体均为固体，如合成宝石中的籽晶，红宝石中的磷灰石包裹体等。

27. 同生包体

答：同生包体是指在宝石生成的同时所形成的包体，其形成主要与晶体的差异性生长、晶体的不规则生长结构、晶体的生长间断、溶液过饱和的变化、外来杂质的出现、体系温度或压力的突然变化等因素有关，可以是固态、液态、气态，或各种组合关系构成多相包体，如，祖母绿中气-液-固三相包裹体，也可以是导致分带性的化学组分变化所形成的色带、幻晶等。

28. 次生包体

答：次生包体是指宝石形成后产生的包体，是宝石晶体形成后由于环境的变化，如受应力作用产生裂隙，外来物质沿其渗入及裂隙充填所形成的包体，如玛瑙中的黑色树枝状包体；可以是由放射性元素的破坏作用所形成的包体，如刚玉中锆石包裹体由变生作用形成的盘状裂隙；可以是宝石的优化处理导致包裹体的变化而形成，如经充填处理红宝石中的树脂、铅玻璃等。

29. 固相包体

答：固相包体是指在宝石矿物中呈固相存在的包体，如红宝石中的金红石、祖母绿中的黄铁矿和方解石等。

30. 液相包体

答：液相包体指单相、两相的流体为主的包体，最常见的液体为水、溶解盐（石盐水、含碳酸的水），如蓝宝石中的指纹状包体；偶见有机液体，如萤石和黄玉中的两相不混溶的液态包体等。

31. 气相包体

答：气相包体指主要由气体组成的包体，如琥珀中的气泡、祖母绿中的二氧化碳气态包体、合成红蓝宝石和玻璃中的气泡等。

32. 物质型包体

答：物质型包裹体是指以实际物质形态存在的包体，可呈固态、液态和气态包体，如钻石中的橄榄石包裹体，祖母绿中的气-液-固三相包体等。

33. 非物质型包体

答：非物质型包体是指由晶体缺陷及后期应力作用形成的内部缺陷所构成的包体，不是以实际的物质形式存在，多呈一种现象出现，如空晶、双晶面、解理纹等，其形成多是由晶体成分的变化、晶体缺陷、放射性蜕变所导致的与主体宝石颜色有明显差异的色带、色团、色晕等组成的包体，以及由宝石的物理性质引起的特征现象。

34. 包体分带

答：包体分带是指宝石晶体生长的暂时停顿使外来的晶体集结在寄主晶体的表面，若寄主晶体重新生长，形成或多或少的呈面状分布的薄层包体，即"幻晶"。

35. 颜色分带

答：颜色分带是指由宝石的颜色变化而引起的分带特征，通常取决于宝石中化学成分的变化，反映了宝石生长环境和流体化学成分的变化，如红宝石、蓝宝石中的平直或角状色带。

36. 结构分带

答：结构分带是指由宝石的结构特征引起的分带现象，通常与宝石中的双晶有关，如钻石、长石和红蓝宝石中的生长纹和双晶纹。

37. 负晶

答：负晶是指因晶格位错等缺陷产生的空穴被高温溶液充填后又继续按原晶格方向生长，形成与宿主晶体相似的体腔，常见负晶的宝石矿物包括水晶、尖晶石、刚玉等。

38. 化学计量性

答：化学计量性是指在理想的物理化学环境中，矿物的化学成分间满足定比或倍比定律的性质，如刚玉的化学式为 Al_2O_3，满足 $n(Al):n(O)=2:3$ 的关系。

39. 简单化合物

答：简单化合物是指成分中阳离子或阴离子分别为一种元素的化合物，如石英（SiO_2）、刚玉（Al_2O_3），阳离子前者为 Si^{4+}，后者为 Al^{3+}，两者阴离子皆为 O^{2-}。

40. 复杂化合物

答：复杂化合物是指组成中阳离子有两种或两种以上的化合物，如尖晶石（$MgAl_2O_4$），具有两种阳离子，分别为 Mg^{2+} 和 Al^{3+}，阴离子为 O^{2-}。

41. 单盐

答：单盐是指阳离子为一种元素，且阴离子是由阴离子与阳离子组合成的阴离子团（或称络阴离子、酸根）的化合物，如方解石 $Ca[CO_3]$，方括号中为阴离子团，由碳（C^{4+}）与氧（O^{2-}）组合而成碳酸根；锆石的化学式为 $Zr[SiO_4]$，阴离子为 Si^{4+} 与 O^{2-} 组合而成的阴离子团。

42. 复盐

答：复盐是指成分中有两种或两种以上的阳离子，且阴离子是由阴离子与阳离子组合成的阴离子团（或称络阴离子、酸根）的化合物，例如白云石，其化学式为 $CaMg[CO_3]$，具有两种阳离子，分别为 Ca^{2+} 和 Mg^{2+}，阴离子为碳（C^{4+}）与氧（O^{2-}）组合而成的碳酸根。

43. 实验式

答：实验式是表示矿物化学成分的一种方式，在表示矿物的化学成分时，只顺序表示组成矿物的元素种类和数量比。例如白云母的实验式可写作 $K_2O \cdot 3Al_2O_3 \cdot 6SiO_2 \cdot 2H_2O$，或写作 $H_2KAl_3Si_3O_{12}$。

44. 结构式

答：结构式是表示矿物化学成分的一种方式，在表示矿物的化学成分时，不但表示组成矿物的元素种类和数量比，还以一定的规则表示元素在晶体结构中的配位关系，称为结构式或晶体化学式，如白云母的晶体化学式写作 $K\{Al_2[AlSi_3O_{10}](OH)_2\}$，通过化学式可判断出第一个 Al 以金属阳离子的形式存在于晶格中，第二个 Al 代替 Si 进入硅氧四面体。

45. 离子晶格

答：离子晶格是指以丢失了价电子的阳离子和获得外层电子的阴离子组成的晶格类型，离子之间以静电作用力而相互维系，离子间没有方向性和饱和性，一个离子可同时与若干个异号离子相结合，且无论在哪个方向都有可能相互吸引。离子晶格的矿物一般具有透明-半透明、溶化后导电的性质。属于离子晶格的宝石矿物包括萤石、石盐等。

46. 原子晶格

答：原子晶格是指其组成的质点彼此间以共价键相结合的原子而形成的晶格类型。由于共价键具有方向性和饱和性，因此晶格中原子间的排列方式主要受键的取向所控制，一般不能形成最紧密堆积结构，通常具有晶体强度高、熔点高、不导电、透明-半透明、玻璃-金刚光泽的性质。属于原子晶格的宝石矿物包括钻石、石英、刚玉等。

47. 金属晶格

答：金属晶格是指由丢失了价电子的金属阳离子组成的晶格类型，金属阳离子彼此间借助在整个晶格内运动的"自由电子"相互维系。每个原子的结合力呈球形对称分布，无方向性和饱和性，且各原子具有相同或近于相同的半径，通常形成等大球最紧密堆积，具有导电性、不透明、反射率高、金属光泽、高密度、高延展性、低硬度等特点。属于金属晶格的宝石矿物包括自然金、自然银等。

48. 分子晶格

答：分子晶格是指由真实的分子组成的晶格类型，分子间由范德华力维系，它们相互间的空间配置方式则主要取决于分子本身的几何特征。分子内部的原子之间，一般均以共价键相结合。分子的形状不一定是球形，但可形成趋于最紧密堆积结构。属于分子晶格的宝石矿物包括自然硫等。

二、填空题

1. 大类　类　族　种
【答案解析】详见例题1和《绪论》章节。
2. 单质和化合物　含氧盐　氧化物和氢氧化物　硫化物及其类似化合物矿物　自然元素　卤化物
【答案解析】宝石矿物"大类"划分与矿物学的划分方式相同，所依据的均是单质与化合物类型。详见例题1。
3. 阴离子或络阴离子种类　强键分布和络阴离子结构　晶体结构型和阳离子性质　阳离子种类和结构对称性　晶体结构和化学成分　完全类质同象系列中的端员组分比例　形态、物性、成分微小差异
【答案解析】详见例题1。
4. 氧化物及氢氧化物　氧化物　刚玉　刚玉　变种
【答案解析】详见例题1。
5. 复硫化物　卤化物　碳酸盐　磷酸盐　自然元素
【答案解析】宝石矿物的晶体化学分类详见例题1，需清楚填写的具体层次。
（1）黄铁矿属于硫化物及其类似化合物矿物大类，复硫化物类，黄铁矿-白铁矿族，黄铁矿种。
（2）萤石属于卤化物大类，氟化物矿物类，配位型氟化物矿物亚类，萤石族，萤石种。
（3）孔雀石属于含氧盐大类，碳酸盐矿物类，孔雀石族，孔雀石种。
（4）绿松石属于含氧盐大类，磷酸盐矿物类，绿松石族，绿松石种。

（5）钻石属于自然元素大类，自然非金属元素矿物类，金刚石族，金刚石种。

6. 络阴离子　硅酸盐　碳酸盐　硼酸盐

【答案解析】含氧盐是金属阳离子与各种形式的含氧酸根络阴离子结合而成的化合物。其分类的依据是络阴离子的种类，包括硅酸盐、碳酸盐、硫酸盐、磷酸盐、砷酸盐、钒酸盐、钨酸盐、钼酸盐、铬酸盐、硼酸盐及硝酸盐等矿物类。其中，硅酸盐是整个矿物系统中种类最多、分布最广的一类矿物。

7. 石榴石　橄榄石　托帕石　绿柱石　堇青石　电气石　蛇纹石　云母　高岭石　翡翠　和田玉　透辉石　月光石　日光石　方柱石

【答案解析】（1）属于岛状硅酸盐的宝石矿物包括石榴石、橄榄石、托帕石、红柱石、蓝晶石、十字石、榍石、符山石、黝帘石、绿帘石等。

（2）属于环状硅酸盐的宝石矿物包括绿柱石、堇青石和电气石，其中绿柱石为六方环状结构；堇青石为绿柱石型结构的衍生结构，环外 Al 和 Mg 相当于绿柱石的 Be 和 Al，环内 Al 代换 Si 使对称性降低，电气石为硅氧四面体形成的复三方环。

注：部分书籍和文献中将堇青石归类为绿柱石族，也有将其单独归类为堇青石族。

（3）在天然的珠宝玉石中，层状硅酸盐矿物多以集合体的形式出现，如以蛇纹石矿物为主要成分的岫玉、以锂云母为主要矿物的"丁香紫玉"等。层状硅酸盐矿物主要包括高岭石族、蛇纹石族、云母族、滑石族、蒙脱石-皂石族、绿泥石族等。单晶类宝石包括鱼眼石等。

（4）链状硅氧骨干的种类和形式相对复杂，常见的矿物中包括单链硅氧骨干的辉石族、硅灰石族等和双链硅氧骨干的角闪石族和矽线石族。辉石族中包含的宝石矿物包括斜方辉石亚族（如顽火辉石和紫苏辉石）和单斜辉石亚族（透辉石、普通辉石、硬玉、锂辉石、霓石），其中，硬玉是翡翠的主要组成矿物；角闪石族中包含的宝石矿物包括斜方角闪石亚族和单斜角闪石亚族，其中斜方角闪石亚族主要为直闪石，较少作为宝石；单斜角闪石亚族包括镁铁闪石、透闪石-阳起石、普通角闪石和蓝闪石，其中透闪石和阳起石是和田玉的主要组成矿物。

（5）架状硅酸盐矿物主要包括长石族、似长石族、白榴石族、霞石族和沸石族，其中，主要作为珠宝玉石的为长石族和似长石族。长石族矿物包括斜长石亚族和碱性长石亚族，其中，斜长石亚族中的宝石品种包括日光石、拉长石、培长石等；碱性长石亚族中的宝石矿物包括月光石、正长石、冰长石、透长石和天河石等；似长石族宝石矿物主要为方柱石；沸石族矿物多为放射性集合体，多作为观赏石使用。

8. 绿松石　磷灰石　蓝田玉　孔雀石　重晶石　石膏

【答案解析】（1）属于磷酸盐宝石主要包括绿松石、磷灰石、磷铝锂石、磷铝钠石、水磷铝钠石、磷铝石、磷锰石、绿磷锰矿、银星石、板磷铁矿、红磷锰矿、天蓝石、磷钠铍石、光彩石、独居石、磷铍钙石、蓝铁矿、磷铝锰矿。

（2）属于碳酸盐的宝石主要包括大理石（矿物成分为方解石）、方解石、文石、白云石、孔雀石、蓝铜矿、白铅矿、碳酸钡矿、角铅矿、斜钠钙石、菱锰矿、菱锌矿等；此外，部分有机宝石的主要无机成分为碳酸盐类矿物，如贝壳、珊瑚、珍珠等。

（3）属于硫酸盐类的宝石相对较少，包括天青石、重晶石、石膏、硬石膏、无水钾矾石、铅矾等。

9. 水晶　刚玉　水铝石　萤石　冰晶石　钻石　自然金　黄铁矿　闪锌矿

【答案解析】（1）属于氧化物类的宝石包括石英（包括水晶及石英石质玉石）、刚玉、金绿宝石、尖晶石、金红石、锐钛矿、板钛矿、方镁石、钽铋矿、红锌矿、赤铜矿、赤铁矿、锡石、塔菲石等。

（2）氢氧化物类宝石相对较少，主要为水铝石。

（3）卤化物大类宝石矿物主要为萤石，结晶程度较好的石盐可做观赏石使用；其余卤化物宝石还包括冰晶石、锥冰晶石等。

（4）自然元素大类宝石主要为钻石，其他类型的矿物，如自然硫、自然金、自然银等多作为观赏石使用。

（5）硫化物及其类似化合物大类的宝石包括黄铁矿、闪锌矿、雄黄、辰砂、淡红银矿。

10. 化学成分　晶体结构　同质多象变体

【答案解析】详见例题 3。

11. 吸附水　结晶水　结构水

【答案解析】详见例题 4。

12. 固定的配位　OH^-　H^+　H_3O^+　碧玺　托帕石　磷灰石

【答案解析】详见名词解释 11 题。

13. 中性水分子　构造单位　查罗石　绿松石　鱼眼石

【答案解析】详见名词解释 10 题。

14. 相似的质点半径　相同的离子键类型　电价平衡　热力学条件　组分浓度

【答案解析】详见例题 6。

15. 完全类质同象　不完全类质同象

【答案解析】根据不同的分类依据，类质同象具有不同的分类方案。

（1）按质点替代的程度可划分为完全类质同象和不完全类质同象。例如橄榄石中的 Fe^{2+} 与 Mg^{2+} 之间可任意比例替代，形成完全类质同象系列，但是闪锌矿中的 Zn 只能被部分 Fe 所替代，形成不完全类质同象系列。

（2）按质点的电价是否相等可划分为等价类质同象和异价类质同象。例如，橄榄石中的 Fe^{2+} 与 Mg^{2+} 之间的替换，二者电价相同，为等价类质同象；而斜长石中 Na^+ 与 Ca^{2+} 之间以及 Si^{4+} 与 Al^{3+} 之间的替换由于电价不同为异价类质同象替代。

（3）按质点相互替代的数量可划分为成对类质同象和不成对类质同象。例如，斜长石中 Na^+ 与 Ca^{2+} 之间以及 Si^{4+} 与 Al^{3+} 之间的同时替代，替代前后的数量不变，属于成对类质同象；如云母中 $3Mg^{2+}$ 替代 $2Al^{3+}$，属于不成对类质同象。

16. 原生包体　同生包体　次生包体　固相包体　液相包体　气相包体　有机包体　无机包体　物质型包体　非物质型

【答案解析】详见例题 9。

17. 金红石　赤铁矿

【答案解析】钛化合物如金红石、榍石和钛铁矿是宝石中最常见的出溶矿物。由于 Ti 元素地壳丰度较大，易被寄主宝石矿物在高温容纳，并在低温时发生固溶体出溶。大量的出溶针状物可形成猫眼效应和星光效应，如红宝石、蓝宝石、尖晶石、石榴石的星光效应以及金绿宝石的猫眼效应等与出溶作用形成的金红石有关。

此外，堇青石、日光石中的赤铁矿、针铁矿等矿物包体，月光石中的钠长石的形成均与出溶作用有关。

18. 颜色分带　双晶　表面特征　包体分带　颜色分带　结构分带

【答案解析】非物质型包裹体的定义详见例题 9。

19. 生长　有相分界

【答案解析】宝石中包裹体的定义详见例题 9。

20. 弯曲生长纹　铂金片　未熔粉末

【答案解析】宝石的包体特征与其形成的环境有关，不同宝石以及不同的合成方法由于生长环境的不同，形成不同类型的包体特征。人工宝石的常见包体详见例题 11。

21. 类质同象　变价元素

【答案解析】详见例题 5。

三、是非题

1. Y

【答案解析】大部分天然珠宝玉石矿物属于含氧盐类，其中又以硅酸盐类矿物居多。据统计，宝石矿物中硅酸盐类矿物约占一半，部分宝石矿物属磷酸盐类、硼酸盐、钨酸盐等。

2. N

【答案解析】Al_2SiO_5 包括三个同质多象变体，分别为红柱石、蓝晶石和矽线石，其中红柱石和蓝晶石属于岛状硅酸盐，且同属于红柱石族，矽线石属于链状硅酸盐，为矽线石族。

3. N

【答案解析】由于硅氧四面体体积过小，且 Si^{4+} 电价高，若共棱或共面，会引起 Si—Si 强烈的排斥而不稳定。因此硅氧四面体只能以共角顶的方式相互连接。

4. N

【答案解析】蔷薇辉石并不属于辉石族，而是属于蔷薇辉石族，辉石与蔷薇辉石在晶体结构上具有较大的差异：

（1）辉石族矿物中的硅氧四面体各以两个角顶与相邻的硅氧四面体共用形成沿 c 轴方向无限延伸的单链，每两个硅氧四面体为一重复周期，根据对称特点分为单斜辉石亚族和斜方辉石亚族。

（2）蔷薇辉石族矿物的硅氧骨干是 5 个硅氧四面体为一重复单位的 $[Si_5O_{15}]$ 五重单链。硅氧骨干外阳离子的两种配位多面体共棱沿 c 轴成链，与 $[Si_5O_{15}]$ 链的匹配变形明显，具三斜对称。

5. N

【答案解析】在《系统宝石学》《珠宝玉石学》等相关书籍，以及《珠宝玉石　命名》(GB/T 16552—2017) 和《珠宝玉石　鉴定》(GB/T 16553—2017) 等相关国家标准中，收录的自然元素类宝石只包括钻石，但这并不代表自然元素大类的宝石仅包括钻石。

根据宝石的定义，自然硫、自然金、自然银等自然元素大类矿物均可作为工艺品使用，因此，这些自然元素大类矿物符合宝石的定义。

6. N

【答案解析】宝石中的内含物对宝石的价值既有正面的影响，也有负面的影响，详见例题 11。

7. N

【答案解析】宝石矿物中的水包括吸附水、结晶水、结构水、层间水、沸石水等。其中结晶水和结构水属于宝石矿物的固有成分，在晶格中占据固定的位置，逸出后晶体结构发生破坏，形成新的晶体结构。不同类型水的性质详见例题4。

8. N

【答案解析】在堇青石和绿柱石平行Z轴的结构通道中的水属于特殊的结构水。根据水的性质可分为Ⅰ型水和Ⅱ型水两种类型：

（1）Ⅰ型水：当通道内无碱金属离子时，水的二次对称轴垂直于绿柱石的六次对称轴，H—H连线平行于六次轴。

（2）Ⅱ型水：当通道内有碱金属离子时，受碱金属离子的影响，水的二次对称轴平行于绿柱石的六次对称轴，H—H连线垂直于六次轴。

9. N

【答案解析】吸附水可以呈气态、液态或固态。

10. Y

【答案解析】详见例题7。

11. N

【答案解析】同质多象变体之间可以发生转变，例如石英，常压下，当温度高于573 ℃时，α-石英即转化为β-石英；而温度低于573 ℃时，β-石英又可转变成α-石英。另外，类质同象之间的转变也常应用在宝石的合成技术当中，例如高温高压法合成的钻石就是利用石墨与钻石之间的转变。

12. N

【答案解析】胶体水是一种特殊类型的吸附水，对宝石的物理性质具有一定的影响，例如欧泊失水后，变彩的颜色发生变化。

13. Y

【答案解析】影响类质同象替代发生的条件详见例题6。

14. N

【答案解析】多数情况下，吸附水并不是宝石矿物的固有成分，胶体水除外，属于宝石矿物的化学成分，是一种特殊的吸附水。

注：严格来讲，欧泊等宝石并不是真正意义上的矿物，它不是单一相体系而是多相体系，其固相的分散质可以为晶质也可为非晶质。若分散质为晶质时，可将胶体矿物看成纳米矿物与不定量的吸附水构成的混合体系。蛋白石（$SiO_2 \cdot nH_2O$）是典型的胶体矿物，褐铁矿、硬锰矿、铝土矿、胶磷矿、表生菱锌矿等都属胶体矿物或胶体矿物老化的产物。

15. N

【答案解析】详见例题6。

16. N

【答案解析】同种化学组成，晶体结构不同的现象称为同质多象。

17. N

【答案解析】白云石 $CaMg[CO_3]_2$ 与方解石 $CaCO_3$ 晶体结构型相同，但在白云石中，其Ca、Mg的原子数之比必须是1∶1，不能在一定的范围内连续变化，故白云石并不是 Mg^{2+}

替代方解石中半数的 Ca^{2+} 所形成的类质同象混晶,而是不同阳离子间有固定含量比的复盐。

在白云石中,Mg 可被 Fe、Mn、Co、Zn 等替代,其中 $CaMg[CO_3]_2$-$CaFe[CO_3]_2$ 可形成完全类质同象系列。

18. N

【答案解析】宝石的原生包裹体形成于宝石之前,所有的原生包体均是固相包裹体,如红宝石中的磷灰石包裹体、人工宝石中的籽晶等。

19. N

【答案解析】宝石中的物质型包体虽然没有真正地进入宝石矿物的晶格当中,并且与主矿物存在相界线,但是,由于包体的存在影响了宝石矿物格子构造的连续性,因此一般将包体认为是晶格缺陷的一种(属于体缺陷),相应的物质包裹在宝石的晶格缺陷当中,仍然将具有包体的宝石作为一个整体看待,是宝石矿物化学组成的一部分,同时是影响宝石矿物化学组成在一定范围内发生变化的原因之一。

20. N

【答案解析】宝石中的矿物包裹体可以与寄主矿物相同,也可以与寄主矿物不同,例如,钻石中的固相矿物包裹体包括钻石、石榴石、橄榄石等。

21. Y

【答案解析】固溶体离溶作用可使宝石晶体中含有片状或针状的矿物晶体,并且往往与寄主晶体的某个结构方向平行,如从刚玉中出溶的金红石结晶成三组晶体,相互的交角为 120°,均平行于刚玉的底面。

22. N

【答案解析】钛化合物(金红石、榍石和钛铁矿等)是宝石中最常见的出溶矿物,红蓝宝石中的金红石针状包裹体等,但并不是所有的钛化合物均是出溶矿物,例如水晶中的金红石包裹体是由于金红石生长速度快于水晶而被包裹形成的同生包体。

23. N

【答案解析】宝石学中的内含物包含的范围相对较广,除了宝石内部的特征外,同样也包括宝石的一些表面特征,但是这种表面特征通常与寄主矿物的内部结构有关,如宝石表面的双晶纹,处理的翡翠表面可显示"沟渠状"或"蛛网状"的现象等。

另外,宝石的表面特征同样是评价宝石净度特征的重要因素之一。

24. Y

【答案解析】经优化处理产生的内含物特征形成于宝石形成之后,因此应归类为次生包裹体,如热处理宝石形成的盘状裂隙,充填处理宝石中的树脂、玻璃等物质。

25. N

【答案解析】颜色分布特征是宝石鉴定的重要依据,例如天然红宝石的色带是平直的角状,而焰熔法合成的红宝石则具有弯曲的生长纹,但是水热法和助熔剂法合成的红宝石也同样具有平直的色带,因此颜色的分布特征有时不能作为鉴定宝石的诊断性证据。

26. N

【答案解析】人工宝石中可存在双晶,例如,助熔剂法合成红宝石可出现穿插双晶。但由于人工宝石与天然宝石的双晶存在一定的差异,因此可作为鉴定宝石的证据之一,同样以红宝石为例,天然红宝石中发育的双晶包括聚片双晶、简单接触双晶等,不存在穿插双晶,而助熔剂法合成红宝石则不发育聚片双晶和简单接触双晶，出现天然红宝石缺失的穿插双晶。

27. Y

【答案解析】依据包体与宝石形成的相对时间可将包体分为原生包体、同生包体和次生包体。在宝石不同的生长阶段均形成不同类型的包体。对于人工宝石来讲，籽晶常常被认为是原生包体的一种；色带分布特征、气泡、未熔粉末、助熔剂残余、水波纹状纹理等可认为是同生包体；而宝石形成之后形成包体，如裂隙，或经过优化处理产生的包体，均可认为是次生包体。

四、单项选择题

1. A

【答案解析】祖母绿为六方环状硅酸盐，结构中含有由$[Si_6O_{18}]$组成的六方柱空管，可含有水分子和碱性离子（如Na^+、K^+、Cs^+等），其中水有两种存在形式，当空管中没有碱性金属离子时，水分子H—H连线平行于六次轴，称为Ⅰ型水。当空管中有碱性金属离子出现时，水分子中O^{2-}被碱性金属离子吸引，H—H连线垂直于六次轴，称为Ⅱ型水。

祖母绿中的水虽然以中性水分子的形式存在，并且在晶格中不占据固定的配位位置，但属于结构水，属于一种特殊的结构水。

2. C

【答案解析】绿柱石属于绿柱石族矿物，为环状硅酸盐，选项中堇青石为绿柱石族矿物。

A选项，红柱石化学式为Al_2SiO_5，为红柱石族矿物，属于岛状硅酸盐。

B选项，蓝柱石化学式为$BeAl[SiO_4](OH)$，为黄玉族矿物，属于岛状硅酸盐。

D选项，方柱石化学式为$(Na,Ca)_4[Al_2Si_2O_8]_3(SO_4,CO_3)_2$，为似长石族，方柱石亚族矿物，属于架状硅酸盐。

3. C

【答案解析】详见例题2。

4. A

【答案解析】化合物是指由两种或两种以上元素按一定比例组成，进一步分为简单化合物、复杂化合物、单盐和复盐，相关定义详见例题1，根据定义即可判断选项中化合物的类型。

A选项，红宝石的化学式为Al_2O_3，阳离子为Al^{3+}，阴离子为O^{2-}，属于简单化合物。

B选项，金绿宝石化学式为$BeAl_2O_4$，阳离子包括Be^{2+}和Al^{3+}，阴离子为O^{2-}，属于复杂化合物。

C选项，海蓝宝石的化学式为$Be_3Al_2Si_6O_{18}$，阳离子包括Be^{2+}和Al^{3+}，阴离子为$[Si_6O_{18}]^{12-}$，为复盐。

D选项，碧玺化学式为$XY_3Z_6[Si_6O_{18}](BO_3)_3(OH,F)_4$，包括多种阳离子，阴离子包括$[Si_6O_{18}]^{12-}$、$(BO_3)^{3-}$和$(OH,F)^-$多种类型，属于复盐。

5. C

【答案解析】A选项，钠长石化学式为$Na[AlSi_3O_8]$，属于架状硅酸盐，尖晶石为$MgAl_2O_4$，为氧化物。

B 选项，金红石化学式为 TiO$_2$，属于氧化物，红柱石化学式为 Al$_2$SiO$_5$，属于架状硅酸盐。

C 选项，芙蓉石化学式为 SiO$_2$，锡石化学式为 SnO$_2$，均属于氧化物。

D 选项，赤铁矿化学式为 Fe$_2$O$_3$，属于氧化物，锆石化学式为 ZrSiO$_4$，属于岛状硅酸盐。

6. B

【答案解析】由于焰熔法合成尖晶石中的气泡与尖晶石同时形成，应属于同生包裹体。

7. A

【答案解析】合成宝石中的籽晶主要目的是促进晶体的成核作用及宝石的生长，并能够降低宝石中的晶格缺陷。籽晶在寄主宝石结晶之前就已经存在，因此一般认为籽晶为原生包裹体。

8. A

【答案解析】宝石中的原生包裹体均为固相包裹体，例如红宝石中的磷灰石包裹体。

同生包裹体与次生包裹体既可以是固相包裹体，也可以是气相或液相包裹体，也可能为多相包裹体。

9. A

【答案解析】A 选项，合成宝石中的籽晶一般认为是原生包裹体。

B 选项，星光红宝石中的金红石针的成因与出溶作用有关，一般认为是同生包裹体。

注：部分教材将出溶作用形成的包裹体归类为次生或后生包裹体。

C 选项，多相包裹体一般为同生包裹体。

D 选项，宝石中的色带与寄主宝石同时形成，属于同生包裹体，且属于非物质型包裹体。

注：非物质型包裹体中，包体分带、颜色分带以及结构分带均属于同生包裹体。

五、多项选择题

1. ABCEF

【答案解析】一般情况下，可根据矿物的化学式进行判断，判断结构水的重要标志是水的存在形式，以及是否在晶格中占有固定的配位位置。具有结构水的宝石矿物详见名词解释 11 题。

A 选项，水钙铝榴石的化学式为 Ca$_3$Al$_2$(SiO$_4$)$_{3-x}$(OH)$_{4x}$，OH$^-$替代硅氧四面体进入矿物晶格中，属于结构水。

B 选项，托帕石的化学式为 Al$_2$SiO$_4$(F,OH)$_2$，F$^-$与 OH$^-$形成类质同象，以附加阴离子的形式存在，占据晶格固定的配位位置，OH$^-$属于结构水。

C 选项，绿帘石的化学式为 Ca$_2$(Al,Fe)$_3$(SiO$_4$)$_3$(OH)，OH$^-$以附加阴离子的形式存在，占据晶格固定的配位位置，属于结构水。

D 选项，蛋白石的化学式为 SiO$_2 \cdot n$H$_2$O，其水的存在形式是以中性水分子的形式存在，并且蛋白石为胶体矿物，水并不占据晶格中固定的配位位置，是一种特殊的吸附水。

E 选项，绿松石的化学是为 CuAl$_6$(PO$_4$)$_4$(OH)$_8 \cdot$4H$_2$O，绿松石中含有两种水，一种是以中性水分子的形式存在，与其他成分之间有固定的比例关系，在晶体结构中起着构造单元的作用，属于结晶水；OH$^-$以附加阴离子的形式存在，占据晶格固定的配位位置，属于结构水。

F 选项，磷灰石的化学式为 Ca$_5$(PO$_4$)$_3$(F,OH,Cl)，OH$^-$以附加阴离子的形式存在，占据晶格固定的配位位置，属于结构水，可与 F^-、Cl^- 形成类质同象。

2. ABC

【答案解析】 根据绿松石的化学式 $CuAl_6(PO_4)_4(OH)_8·4H_2O$ 可知，绿松石中含有结晶水与结构水。

注：吸附水的逸出温度在 100~110 ℃，并且其含量与环境的温度和湿度有关，并且存在于宝石矿物表面、裂隙表面、矿物颗粒间，由于日常环境并不是湿度为 0 的环境，因此可认为所有的宝石均含有一定程度的吸附水。

3. AD

【答案解析】 根据结晶水的定义，结晶水以中性水分子的形式存在，与矿物的其他组分有固定的比例关系，且在晶格中占据固定的位置，起着构造单位的作用。

A 选项，详见多项选择题第 1 题，既含有结晶水，又含有结构水。

B 选项，孔雀石的化学式为 $Cu_2CO_3(OH)_2$，只含有结构水。

C 选项，透闪石的化学式为 $Ca_2(Mg,Fe)_5Si_8O_{12}(OH)_2$，只含有结构水。

D 选项，查罗石的化学式为 $(K,Na)_5(Ca,Ba,Sr)_8(Si_6O_{15})_2Si_4O_9(OH,F)·11H_2O$，含有结晶水，又含有结构水。

E 选项，详见多项选择题第 1 题，只含有结构水。

4. ABCD

5. ABDE

6. ABCDE

7. ADE

8. ABC

【答案解析】 4~6 题详见填空题 7 题。

9. AE

10. ABE

【答案解析】 9~10 题详见填空题 8 题。

11. AB

【答案解析】 A 选项，矽线石与蓝晶石的化学成分均为 Al_2SiO_5，属于同质多象变体。

B 选项，钻石与石墨的化学成分均为 C，晶体结构不同，属于同质多象变体。

C 选项，红柱石的化学式为 Al_2SiO_5，蓝柱石的化学式为 $BeAlSiO_4(OH)$，化学成分不同，不属于同质多象变体，因此该选项错误。

D 选项，祖母绿与海蓝宝石的化学式均为 $Be_3Al_2Si_6O_{18}$，同属于绿柱石族，是绿柱石种的不同变种，其中，祖母绿的绿色与 Cr 元素有关，海蓝宝石的蓝色与 Fe 元素有关，因此该选项错误。

E 选项，水晶与玻璃的主要成分均是 SiO_2，其中水晶为晶体，玻璃为非晶体，而同质多象变体所研究的对象均为晶体，因此玻璃不在同质多象相关概念的研究范围内，因此该选项错误。

F 选项，孔雀石的化学式为 $Cu_2(OH)_2CO_3$，硅孔雀石的化学式为 $(Cu,Al)_2H_2Si_2O_5(OH)_4·nH_2O$，两者的化学成分不同，不属于同质多象变体，因此该选项错误。

注：名字相似的宝石还包括蓝宝石与假蓝宝石、黄晶与赛黄晶等。

12. ACDEH　　BFG

【答案解析】 出溶作用是同生固态包体重要的成因之一，在高温下结晶均匀的固溶体矿物，当温度缓慢下降时，固溶体的溶解度减小达到过饱和状态，而出溶成两个彼此不同的矿物，可使宝石晶体中含有片状或针状矿物晶体，例如红宝石、蓝宝石、石榴石、尖晶石等宝石的星光效应，金绿宝石的猫眼效应等与出溶作用产生的针状金红石包裹体有关，日光石、血滴堇青石、拉长石等宝石中引起砂金效应的赤铁矿、针铁矿等与出溶作用有关；月光石为正长石和钠长石互层，同样与出溶作用有关。

水晶中的金红石包体与红宝石等宝石矿物中的金红石包体成因不同，在水晶中，金红石多呈纤维状，其主要的成因与附着生长作用有关，纤维状晶体附着在寄主晶体的表面，与宿主矿物同时生长，形成晶体中的针状、线状或者纤维状包裹体，类似成因的包体还包括翠榴石中的石棉纤维状包裹体、津巴布韦祖母绿的纤维状透闪石包裹体等。

13. ABCDE

【答案解析】A选项，属于同生包裹体。宝石在生长过程中可能破裂，成矿溶液进入裂隙，裂隙在适当部位愈合，形成的包体即为愈合裂隙，形态多呈扁平状或弯曲状。在矿物学中，该类包裹体归类到假次生包裹体。

B选项，属于同生包裹体。宝石晶体在生长过程中生长阻断或生长速度过快可形成管状的孔道或有规则形状的空洞，在生长过程中，孔道或空洞的形状可能发生改变会愈合，包裹成矿流体形成包体，最典型的为海蓝宝石中的雨丝状包裹体。出现管状包裹体的宝石通常具有柱状的生长习性，并且其延伸方向与柱面延伸方向一致。

C选项，属于同生包体。其形成与出溶作用有关。在高温时刚玉和金红石可形成固溶体，随着温度的下降发生固溶体离溶作用，分别形成刚玉和金红石两个独立矿物，形成时间相同，因此归类为同生包体。

注：部分教材中将出溶作用形成的包裹体归类至"后生包裹体"。

D选项，属于同生包体。人工宝石中的包体多为同生包体，其形成时间与寄主宝石相同，例如助熔剂残余、锯齿状纹理、弯曲生长纹、气泡等；另外，人工宝石也可具有原生包体，如籽晶残余。

E选项，属于同生包体。宝石的颜色多与宝石的化学成分密切相关，因此颜色分带特征多与生长环境和流体化学成分的变化有关，因此属于同生包体。同生的不均匀性包体还可出现包体分带和结构分带等分带现象。

14. ABCDE

【答案解析】详见例题7。

15. ABCDE

【答案解析】A选项，宝石中的包裹体属于晶格缺陷的一种，且属于体缺陷。

B选项，包裹体可以使宝石呈现颜色，如日光石、东陵石等。

C选项，猫眼效应、星光效应、砂金效应多与包裹体有关。

D选项，对于具有典型包裹体的宝石，可作为鉴定宝石品种的辅助证据之一，如橄榄石中常见睡莲叶状包裹体、翠榴石中马尾丝包裹体、月光石蜈蚣状包裹体等。

E选项，对包裹体研究的常用手段为激光拉曼光谱，属于无损检测，其他常见方法详见例题12。

16. ABD

【答案解析】晶体结构必须要符合晶体的对称规律，因此环状硅酸盐只能形成三环、四环和六环。

17. DE

【答案解析】尖晶石族矿物的化学通式为 AB_2O_4。A 组离子有 Mg^{2+}、Mn^{2+}、Fe^{2+}、Ni^{2+}、Zn^{2+} 和 Fe^{3+} 等；B 组离子为 Fe^{3+}、Al^{3+}、Cr^{3+} 及 Mg^{2+}、Mn^{2+}、Fe^{2+}、Ni^{2+} 等。该族矿物属等轴晶系，尖晶石型结构。该族矿物主要包括尖晶石、磁铁矿、铬铁矿。

A 选项，金绿宝石的化学式为 $BeAl_2O_4$，与尖晶石化学式较为类似，且 Be 与 Mg 属于同一主族元素，但金绿宝石属于金绿宝石族。

B 选项，塔菲石化学式为 $MgBeAl_4O_8$，属于磁铁铅矿-黑铝镁铁矿族，黑铝镁铁矿亚族。

C 选项，钙钛矿化学式为 $CaTiO_3$，属于钙钛矿族。

D 选项和 E 选项均属于尖晶石族矿物。

18. ABCDE

【答案解析】详见例题 9。

19. ACDE

【答案解析】B 选项，Ca 与 Hg 之间不能形成类质同象，详见例题 6。

A 选项，长石中常发生 Si 与 Al 的替代，且多为成对替代，例如 $Na^++Si^{4+}\to Ca^{2+}+Al^{3+}$。

C 选项，碱性长石中，Na^+ 与 K^+ 之间可形成不完全类质同象替代。

D 选项，橄榄石中常见 Fe^{2+} 与 Mg^{2+} 之间的完全类质同象替代。

E 选项，锆石中常见 Zr^{4+} 与 Hf^{4+} 之间的替代。

20. ACD

【答案解析】A 选项，绿柱石的化学式为 $Be_3Al_2Si_6O_{18}$。

B 选项，红柱石的化学式为 Al_2SiO_5。

C 选项，蓝柱石的化学式为 $BeAl[SiO_4](OH)$。

D 选项，金绿宝石的化学式为 $BeAl_2O_4$。

E 选项，碧玺的化学式为 $Na(Mg,Fe,Mn,Li,Al)_3Al_6[Si_6O_{18}][BO_3]_3(OH,F)$。

注：主要成分中含 Be 的宝石还包括塔菲石、硅铍石、硼锂铍矿、硼铍石、锰方硼石、磷钠铍石、磷钙铍石等。

21. AD

【答案解析】若宝石放入水中颜色发生改变，那么宝石的颜色与吸附水存在一定的关系。

A 选项，欧泊中的水属于胶体水，是吸附水的一种特殊形式，部分产地的欧泊放入水中变彩会发生变化。

B、C、E 选项，碧玺、托帕石和软玉中的水属于结构水，其颜色与吸附水无关。

D 选项，绿松石属于隐晶质集合体，包含结晶水与结构水，吸附水对其颜色有一定的影响。

22. ABD

【答案解析】可见刻面棱重影的宝石多为具有较大双折射率的宝石。

A 选项，合成碳硅石的双折射率为 0.043，可见刻面棱重影。

B 选项，锆石的双折射率为 0.001～0.059，高型锆石具有较高的双折射率，可见刻面棱重影。

C 选项，合成立方氧化锆为等轴晶系，无双折射率，无刻面棱重影。

D 选项，合成金红石双折射率为 0.287，具有非常明显的重影现象。

E 选项，闪锌矿为等轴晶系，无双折射率，无刻面棱重影。

六、问答题

1. 决定一个宝石矿物种为刚玉的因素有哪些？

答：决定一个宝石矿物种的因素包括化学组成和晶体结构。

首先，主要化学组成为 Al_2O_3，第二，在晶格中 O^{2-} 做六方最紧密堆积，堆积层垂直于 3 次轴，Al^{3+} 充填了由 O^{2-} 形成的八面体空隙数的 2/3，$[AlO_6]$ 八面体以棱链接成层，并沿 Z 轴方向成三次螺旋对称，其对称型为 L^33L^23PC。只有满足以上两个条件时，才可确定某一个矿物为刚玉。

2. 硅氧骨干的形式有哪些？惰性氧与活性氧如何变化？各举一例矿物并写出矿物的晶体化学式。

答：矿物中的硅氧骨干形式主要有岛状硅氧骨干、环状硅氧骨干、链状硅氧骨干、层状硅氧骨干、架状硅氧骨干五种形式。

（1）岛状硅氧骨干：包括孤立的 $[SiO_4]$ 单四面体及 $[Si_2O_7]$ 双四面体。前者无惰性氧，如橄榄石 $(Mg,Fe)[SiO_4]$；后者有一个惰性氧，如异极矿 $Zn_4[Si_2O_7](OH)_2$。

（2）环状硅氧骨干：$[SiO_4]$ 四面体以角顶联结形成封闭的环，每个 $[SiO_4]$ 四面体含有 2 个惰性氧，2 个活性氧；根据 $[SiO_4]$ 四面体环节的数目可以有三环 $[Si_3O_9]${如硅酸钡钛矿 $BaTi[Si_3O_9]$}、四环 $[Si_4O_{12}]${如包头矿 $Ba_4(Ti,Nb,Fe)_8O_{16}[Si_4O_{12}]$}、六环 $[Si_6O_{18}]${如绿柱石 $Be_3Al_2[Si_6O_{18}]$} 等多种，环还可以重叠起来形成双环，如六方双环 {如氂柱石 $KCa_2AlBe_2[Si_{12}O_{30}]\cdot H_2O$}。

（3）链状硅氧骨干：$[SiO_4]$ 以角顶连接呈一个无限延伸的链，其中常见者有单链和双链。单链：在单链中每个 $[SiO_4]$ 四面体有两个角顶与相联结的 $[SiO_4]$ 四面体共用，每个 $[SiO_4]$ 四面体含有两个惰性氧，两个活性氧；根据重复周期和连接方式可分为多种形式，如辉石单链 $[Si_2O_6]${如透辉石 $CaMg[Si_2O_6]$}、硅灰石单链 $[Si_3O_9]${如硅灰石 $Ca_3[Si_3O_9]$}、蔷薇辉石单链 $[Si_5O_{15}]${如蔷薇辉石 $(Mn,Fe,Ca)_5[Si_5O_{15}]$} 等。

双链犹如两个单链相互连接而成，如两个辉石单链相联结形成角闪石双链 $[Si_4O_{11}]${如普通角闪石 $Ca^2Na(Mg,Fe^{2+})_4(Al,Fe^{3+})[(Si,Al)_4O_{11}]_2(OH)_2$}，两个硅灰石单链相联结形成硬硅钙石双链 $[Si_6O_{17}]${如硬硅钙石 $Ca_6[Si_6O_{17}](OH)_2$}，此外还有矽线石双链 {如矽线石 $Al[AlSiO_5]$}、星叶石双链 $[Si_4O_{12}]${如星叶石 $A_3B_7C_2[Si_4O_{12}]_2(O,OH,F)_7$，A=K、Cs、Na；B=Fe、Mn；C=Ti、Zr、Nb} 等。在双链硅氧骨干中，部分 $[SiO_4]$ 四面体具有两个惰性氧，两个活性氧，部分 $[SiO_4]$ 四面体具有三个惰性氧，一个活性氧。

（4）层状硅氧骨干：$[SiO_4]$ 四面体以角顶相联结，形成在两度空间上无限延伸的层，在层中每一个 $[SiO_4]$ 四面体以 3 个角顶与相邻的 $[SiO_4]$ 四面体相联结，一般通式为 $[Si_2O_5]^{2n-}$，每个[SiO$_4$]四面体仅含有 1 个活性氧、3 个惰性氧,活性氧可指向一方,也可以指向相反的方向,[SiO$_4$]四面体也可有不同的联结方式,因此层状骨干有多种形式,例如滑石的晶体化学式为 Mg$_3$[Si$_4$O$_{10}$](OH)$_2$。

(5)架状硅氧骨干:在骨干中每个[SiO$_4$]四面体 4 个角顶全部与其相邻的 4 个[SiO$_4$]四面体共用,每个 O 与两个 Si 相联系,所有 O 都是惰性的。在硅酸盐中,必须有部分的 Si^{4+}为 Al^{3+}所替代,从而使 O 带有部分剩余电荷,与骨干外的其他阳离子结合,形成铝硅酸盐。化学式一般写作[Si$_{n-x}$Al$_x$O$_{2n}$]$^{x-}$,如钠长石的晶体化学式为 Na[AlSi$_3$O$_8$]。

3. 关于类质同象,请回答如下问题:

(1)什么是类质同象?类质同象可以划分有哪些类型?请举例说明。

答:类质同象是指在晶体结构中部分质点被其他性质类似的质点所替代,仅使晶格常数和物理化学性质发生不大的变化,而晶体结构保持不变的现象。根据类质同象的特点,可将类质同象分为以下几类(具体分类方案详见填空题 15 题)。

(2)类质同象替代的发生并不是任意的,需满足哪些条件?

答:详见例题 6。

(3)类质同象对宝石矿物物理性质有哪些影响?请举例说明。

答:详见例题 7。

(4)在异价类质同象替代中可通过哪些方式保持总电价平衡?请举例说明。

答:详见例题 6。

(5)类质同象是宝石矿物化学成分变化的主要原因之一,研究类质同象有何意义?

答:类质同象替代的发生不仅与粒子自身的性质有关,同样与环境因素有关,研究类质同象替代具有以下意义:

(1)了解宝石的成因。类质同象替代的发生与温度、压力、氧化还原环境等密切相关,因此类质同象可作为地质温压计使用,例如锆石中的 Ti 元素可作为一种地质温度计,稀土元素 Ce 的异常程度可评估其形成的氧化还原条件。

(2)通过物理性质的测定确定矿物组分的变化:类质同象替代可导致宝石矿物颜色、光泽、折射率、相对密度、硬度等宝石学性质的规律变化,因此系统地研究这些规律变化的相互关系可根据宝石的物理性质推测矿物组分的变化。如绿松石,Cu^{2+}的存在决定了其蓝色的基色,Fe^{3+}的存在影响其色调的变化,随着 Fe^{3+}含量的增加,绿松石由为蓝色变为绿色、黄绿色。

4. 关于宝石的包裹体,请回答如下问题:

(1)宝石包体的概念引申于矿物学,但具有明显的不同,请进行区分。

答:宝石包体的概念引申于矿物学,但所包含的内容更加广泛。

（1）矿物包裹体指矿物中的异相物，主要指被包裹在寄主矿物中的成矿溶液、成矿融熔体和其他矿物，并与主矿物有着相界线的那一部分物质，地质学上也称包裹体。

（2）宝石的内含物除包括上述的包裹体外，还包括影响宝石透明度的晶体生长结构，如色带、双晶纹、生长纹、解理、裂隙和生长蚀象等。

（2）钛化合物为何是宝石中最常见的出溶矿物？

答：详见填空题17题。

（3）什么是宝石中的包体？有何种分类方案？

答：详见例题9。

（4）同生包体是如何形成的？请详细说明其成因，并举例说明。

答：同生包裹体的形成机制包括出溶作用、附着生长作用、晶体生长间断、生长速度过快、生长溶液过饱和度的变化等。

（1）出溶作用：高温下，晶体发生类质同象的范围和强度较大，结晶成均匀的固溶体矿物。在晶体冷却固化过程中，随温度下降，固溶体离溶，杂质将析出成为包裹体。如红宝石中针状金红石包裹体、日光石和堇青石中的赤铁矿、拉长石中的针铁矿等。

注：部分教材中将出溶作用归类为后生或次生包裹体。

（2）附着生长作用：纤维状晶体附着在寄主晶体的表面，由于该类矿物在特定方向生长较快，常在宿主宝石中形成长丝状、针状或纤维状同生包裹体，如水晶中金红石针状包裹体形成的发晶、翠榴石中的马尾丝状包体、津巴布韦的纤维状透闪石包体等。

（3）晶体生长间断：寄主晶体生长过程中可能由于溶液组分供给不足等各种原因暂时中断，当包体矿物与宝石晶体沿结合面的原子结构相似，某些矿物质聚集在晶体的表面并生长；另外，成矿流体可能溶蚀已经形成的晶体，使得晶体表面形成凹坑，当寄主晶体重新生长时覆盖这些生长在表面上的矿物或凹坑中的成矿流体，使之成为包裹体。

（4）生长阻断或生长速度过快：宝石晶体在生长过程中，由于生长阻断或生长速度过快形成管状的孔道或规则形状的孔洞，孔道或孔洞的形状发生改变或愈合，包裹成矿溶液，形成包裹体，例如海蓝宝石中断续状的"雨丝状"包裹体。

（5）生长过程中的温压变化：宝石晶体在生长过程中，温度、压力等外界环境的变化导致已经形成的晶体发生机械破裂，形成开放性裂隙，成矿流体进入裂隙，直到裂隙在适当部位愈合为止，形成愈合裂隙，多呈扁平状或弯曲状。

（6）宝石的孔洞和裂隙的形状在愈合过程中发生变化，一些地方溶解，另一些地方又再生长并使通道缩小，出现"颈缩"或"卡脖子"现象，有时可将1个三相包裹体分隔成2个，一个是液体中含晶体的，另一个是液体中有气泡的，或一个气液包裹体被卡断成2个或3个气液比不同的包裹体。

（7）生长溶液过饱和度的变化：当生长宝石的溶液过饱和度适中时，宝石晶体缓慢生长结晶，形成透明度高、缺陷少的宝石晶体；当生长宝石的溶液过饱和度过高时，晶核的成核作用增强，生长速度加快，晶格缺陷增加，易与同生长的宝石晶体形成同生包裹体。

（8）因晶格位错等缺陷产生的空穴被高温溶液充填后又继续按原晶格方向生长，形成与宿主晶体相似的体腔，即负晶包裹体。

（5）次生包裹体的成因都有哪些？请举例说明。

答：次生包裹体的成因包括应力裂隙、裂隙的充填愈合作用、熔融作用、溶蚀作用、后生充填作用、人工优化处理作用等。

（1）应力裂隙：寄主宝石中的包裹体往往和寄主宝石有不同的热膨胀系数，若包裹体的热膨胀系数小于寄主宝石，随着温度的降低，寄主宝石的体积收缩大于包裹体，在包裹体周围形成内应力场，引起破裂，形成圆盘状的裂隙。例如橄榄石中睡莲叶状的包裹体。

部分宝石中常含锆石等矿物包裹体，由于锆石中含有放射性元素（如 U、Th 等），放射性元素在衰变过程中引起锆石晶体结构发生破坏，体积增大，在锆石周围形成应力场，形成放射状的裂隙等包裹体，即"锆石晕"。

（2）裂隙的充填愈合作用：宝石晶体形成后的裂隙，被溶液充填，再结晶形成愈合裂隙，如红宝石在热处理中可加入助熔剂，形成愈合裂隙。

（3）熔融作用：宝石经过高温处理，当温度超过固体包裹体熔点时导致包裹体熔蚀，固体包裹体变成浑圆状，带有应力裂隙，同时熔融的熔体充填到应力裂隙中形成各种图案，例如经热处理的红宝石，长石、方解石、磷灰石等包裹体发生部分熔融，原柱状晶体边缘将变得圆滑，金红石针随着溶解程度的不断加强转变成断续的丝状、微小的点状等形态；扩散处理的蓝宝石中锆石发生熔融，随温度降低发生重结晶，锆石小晶体在圆盘状裂隙中呈不透明的蕨类植物状。

（4）溶蚀作用：在高温处理中，原来的出熔体再次被寄主宝石不完全吸收，形成残晶，例如热处理的红、蓝宝石中的金红石针变得不连续。

（5）后生充填作用：宝石晶体生长结束后形成的开放性裂隙，由后期的与寄主晶体生长无关的充填作用形成各种充填物，尤其是各类宝石的裂隙中所见的铁染物，如铁、锰的氧化物等在玛瑙中形成苔藓状的包裹体。

（6）人工充填作用：对于裂隙较多的宝石或多孔的多晶质宝石，常采用注油、注塑、玻璃充填等方式掩盖裂隙，提高宝石的透明度或净度，例如祖母绿常使用注油处理，放大检查可见油剂存在。

（7）染色作用：其原理与人工充填作用相似，可采用化学染剂、有机质染剂、有色玻璃等充填进入宝石的裂隙、矿物颗粒间等，从而改善宝石的颜色，例如染色红宝石，放大检查可见染剂赋存在宝石的裂隙中。

（6）何为非物质型包体？举例说明研究非物质型包体的意义。

答：（1）非物质型包裹体是指由晶体缺陷及后期应力作用形成的内部缺陷所构成的包体，不以实际的物质形式存在，多呈一种现象出现，如空晶、双晶面、解理纹等，多是由晶体成分的变化、晶体缺陷、放射性蜕变所导致的与主体宝石颜色有明显差异的色带、色团、色晕等组成的包体，以及由宝石的物理性质引起的特征现象。

（2）研究宝石的非物质型包裹体可辅助用于宝石的鉴定、宝石的优化处理、合成宝石的鉴别以及指导加工等。

①颜色分布。宝石在生长过程中，温度、压力和成矿物质化学成分等环境因素的变化导致宝石中出现宽窄不等的生长带或生长条纹，多通过颜色色调或深浅的变化反映出来。宝石

的颜色分布特征可用于鉴定宝石的优化处理、人工宝石与天然宝石，例如天然红宝石中常见平直的角状色带，而焰熔法合成的红宝石则为弯曲的生长色带；经染色处理的宝石颜色常集中在裂隙中及晶粒的边界处；扩散处理的宝石颜色集中在尖角、棱线和表面的裂隙处。

②表面特征。宝石的表面特征能提供关于宝石结构和宝石定名的相关线索，如钻石中的双晶可在抛光面上产生"纹路"，钻石三角薄片双晶表面的青鱼骨刺纹理；处理的翡翠表面可显示"沟渠状"或"蛛网状"的现象。

③解理和断口。解理和断口作为宝石的性质，可辅助鉴定宝石，如玻璃具有贝壳状断口，钻石解理形成的V形缺口等。

④双晶。不同的宝石具有不同的双晶律，可根据宝石的双晶形态辅助鉴定宝石，如红宝石的聚片双晶，可形成菱面体及底面裂理，而合成红宝石则不具有该性质，助熔剂法合成红宝石可见天然红宝石中缺失的穿插双晶。

⑤重影。当用10倍放大镜或显微镜观察双折射率较大的宝石，在适当角度可看到明显的后刻面棱线或内部包体的重影，如橄榄石、碧玺、锆石等。重影现象可辅助鉴定宝石，区分相似宝石，如钻石合成碳硅石之间的鉴别，其中钻石为等轴晶系宝石，无重影现象，合成碳化硅双折射率为0.043，放大可见刻重影现象。

（7）优化处理过程对包裹体及其他内部特征有哪些影响？举例说明。

答：部分优化处理过程对宝石中的包裹体和内部特征有较显著的影响，因而成为鉴别优化处理宝石的重要标志。

（1）热处理：经热处理的宝石，内部包裹体会因高温作用发生变化。晶体包裹体由于高温熔融显示圆化的轮廓，围绕晶体包裹体常出现膨胀作用导致的圆盘状裂隙，如热处理红蓝宝石中的盘状裂隙；热处理可使刚玉中去除或产生金红石包裹体，达到产生或消除星光效应的目的，消除的金红石针多呈断续的点状排列；热处理会使气液包裹体发生爆裂，在其周围产生次生裂隙，如琥珀中的"太阳光芒"。

（2）辐照处理：辐照处理的钻石颜色分布与粒子的轰击方向有关，从亭部轰击的钻石，透过台面观察可见伞状效应。垂直台面或平行台面轰击，颜色集中于腰棱一圈或腰棱一侧。

（3）染色和有色灌注处理：经染色注处理的宝石颜色浓集于粒间和裂隙中，呈蛛网状分布，如染色石英岩。对于较致密或裂隙很少的宝石，通常先加热，然后在含着色剂的溶液中淬火，染色剂进入淬火裂隙使宝石着色，如常用来仿祖母绿、红宝石、碧玺等的"细裂纹水晶"。

（4）扩散处理：经表面扩散处理的宝石颜色集中在表面及裂隙中，抛磨后颜色集中在腰、棱部位，如表面扩散的蓝宝石。铍扩散处理宝石的蓝宝石，内部包裹体会产生与高温热处理相似的变化，如晶体熔融成球状、点状，包裹体周围出现放射状、圆盘状膨胀裂隙，瑕疵处有时可见新生附晶等。

（5）裂隙充填：表面可见严重裂隙或空洞的宝石，常选择折射率相近的树脂、塑料或玻璃充填以提高透明度和耐久性，降低裂隙和空洞的可见度。放大观察可见被充填裂隙有单色闪光，有时充填处可见气泡和流动构造。

（6）激光打孔：可以去除钻石的有色或黑色包裹体，同时也增加了新的"包裹体"，即激光孔道；KM激光处理的钻石晶体因受到张力而形成张性裂纹并延伸到表面。

（8）请列举三个可用于研究宝石包裹体的大型仪器，并选择其中一个说明其工作原理。

答：可用于确定宝石中固体包裹体的仪器包括激光拉曼光谱、电子探针、离子探针、激光显微发射光谱仪等。

注：仪器的工作原理及测试结果详见珠宝鉴定仪器章节。

（9）举例说明研究宝石包体的意义。

答：详见例题11。

（10）详细论述宝石的包裹体对宝石的宝石学性质有何影响。

答：详见例题10。

5. 关于同质多象，请回答如下问题：

（1）什么是类质同象和同质多象现象，这两个概念有何区别？请举例说明。

答：（1）类质同象是指在晶体结构中部分质点被其他性质类似的质点所替代，仅使晶格常数和物理化学性质发生不大的变化，而晶体结构保持不变的现象。例如刚玉中的少量的 Al^{3+} 被 Cr^{3+} 所替代，晶体结构未发生变化，但是颜色从无色变为红色，同时晶体常数发生了微小的变化。

（2）同质多象是指在不同的温度、压力和介质浓度等物理化学条件下，同种化学成分的物质形成不同结构晶体的现象称为同质多象。这些不同结构的晶体，称为该成分的同质多象变体。例如化学成分同为C的钻石与石墨，两者具有相同的化学组成，但晶体结构不同。

（3）类质同象与同质多象是两个完全不同的概念，其中类质同象的概念主要为宝石矿物化学成分的变化，但晶体结构保持不变；而同质多象的概念为晶体结构发生本质的变化，而化学成分相同。

（2）碳元素常见的2种同质多象变体是什么？描述二者在形态、物理性质方面的主要特征，并解释原因。

答：（1）碳元素常见的2种同质多象变体分别是钻石和石墨。

（2）钻石与石墨形态上的差异：

①钻石的形态特征：多呈单晶产出，常见圆粒状或碎粒，单形包括八面体、菱形十二面体以及它们的聚形，少数为八面体、菱形十二面体与立方体、四六面体的聚形。由于溶蚀作用常见晶体呈浑圆状，晶面弯曲，出现蚀象。

②石墨的形态特征：单晶呈片状或板状，通常为鳞片状、块状或土状集合体。

（3）钻石与石墨物理性质上的差异：

①钻石的物理性质：钻石为无色透明，可带有深浅不同的黄色、褐色色调，也可呈蓝色、绿色、粉色等。钻石原石表面多呈油脂光泽，抛光后可呈现金刚光泽；折射率为2.417，色散0.044。是热的良导体，是自然界矿物中导热率最高的矿物；是电的不良导体，当其中含有B元素时为半导体。硬度为10，是自然界硬度最高的矿物，但不同方向的硬度略有差异，八面体方向＞菱形十二面体方向＞立方体方向的硬度；具有四组中等-完全八面体解理，相对密度

较高，为 3.52 左右，受包裹体的影响略有变化。

②石墨的物理性质：颜色或条痕色为黑色，具有半金属光泽，隐晶质集合体的光泽暗淡。具有平行于{0001}的极完全解理，硬度低，为 1～2，相对密度低于钻石，为 2.21～2.26；解理片具有挠性，有滑感、易污手，具有导电性。

（4）钻石与石墨性质差异的原因：

钻石与石墨在形态和物理性质上的巨大差异，主要与各自的晶体结构密切相关。

钻石为原子晶格，在晶体结构中，C 分布于立方晶胞的 8 个角顶和 6 个面中心，再将晶胞平均分为 8 个小立方体，其中的 4 个相间的小立方体中心分布有 C。C 与周围的另外四个 C 以强共价键相连，形成四面体配位，具有紧密结构，因此造成钻石具有高硬度、高相对密度、高熔点、不导电的性质，由于晶体结构在{111}方向上原子的面网密度大，间距大，因此产生{111}八面体方向解理。

石墨则具有典型的层状结构，C 成层排列，每个 C 与相邻的 3 个 C 之间等距相连，每一层中的 C 按六方环状排列，上下相邻层的 C 六方环通过平行网面方向互相位移后再叠置形成层状结构，位移的方位和距离不同导致不同的多型结构。上下两层中的 C 之间的距离明显大于同一层内的 C 之间的距离，层内间距为 0.142 nm，层间为 0.340 nm，因此层间的结合力明显弱于层内的结合力，导致石墨具有一组极完全解理，且硬度低，具有滑感，且相对密度较低。石墨是一种多键型晶体，层内为共价键，也有部分金属键，每个 C 的 3 个外层电子与周围的 3 个 C 形成共价键，层与层之间形成离子键，这种化学键的差异造成石墨的物性具有明显的异向性和导电性，同时化学性质稳定，抗腐蚀性强，熔点高等特点。

（3）Al_2SiO_5 常见的 3 种同质多象变体是什么？描述 3 类宝石之间的宝石学性质的差异，并从晶体结构特征的角度解释其原因。

答：（1）化学式同为 Al_2SiO_5 常见的三种同质多象变体分别为红柱石、蓝晶石和矽线石。

（2）3 种宝石矿物的宝石学性质差异见表 2-4。

表 2-4　3 种 Al_2SiO_5 的宝石性质差异

宝石学性质	红柱石	蓝晶石	矽线石
晶系	斜方晶系	三斜晶系	斜方晶系
晶体化学分类	红柱石族-岛状硅酸盐	红柱石族-岛状硅酸盐	矽线石族-链状硅酸盐
颜色	褐绿色、黄褐色、绿色、褐色、粉色、紫色	浅至深蓝色、绿、黄、灰褐、无色等	白色至灰色、褐色、绿色、偶见紫蓝色至灰蓝色
光泽	玻璃光泽	玻璃光泽	玻璃光泽、丝绢光泽
透明度	透明-半透明	透明-半透明	半透明至透明
折射率	1.634～1.643　锰红柱石为 1.66～1.69	1.716～1.731	1.659～1.680
双折射率	0.007～0.013　锰红柱石为 0.029	0.012～0.017	0.015～0.021
多色性	强，为三色性，肉眼可见。通常为褐黄绿、褐橙和褐红色	中等，无色、深蓝和紫蓝	白色至灰白色多色性不明显蓝色可有较强的多色性，多色性颜色为无色、浅黄色和蓝色
发光性	LW：无荧光　SW：褐色、深绿色或黄绿色	LW：弱红色　SW：惰性	弱红色荧光

续表

宝石学性质	红柱石	蓝晶石	矽线石
解理	{110}方向的中等解理	{100}解理完全；{010}中等到完全	{010}方向完全解理
莫氏硬度	7~7.5	平行 Z 轴方向为 4~5；垂直 Z 轴方向为 6~7	6~7.5
相对密度	为 3.13~3.60	3.68	3.25
特殊光学效应		可有猫眼效应	常见猫眼效应

（3）引起三种宝石矿物宝石学性质差异的根本原因是三者的晶体结构具有巨大的差异：Al_2SiO_5 的三个同质多象变体的晶体结构中，Si^{4+} 全部为四面体配位，并呈孤立的 $[SiO_4]$ 四面体，两个 Al^{3+} 中的一个均与氧成八面体配位，并以共棱的方式连接成平行 C 轴方向延伸的 $[AlO_6]$ 八面体链，因此三个同质多象变体多为柱状、纤维状等一向延长型的形态。剩余的 Al^{3+} 在三种矿物中的配位数不同。

①在红柱石中为五次配位，形成 $[AlO_5]$ 三方双锥多面体，导致红柱石晶体结构中只有一个 $[AlO_6]$ 链，链由 $[SiO_4]$ 和 $[AlO_5]$ 多面体连接，因此其形态为柱状晶体，{110}解理发育，柱体及解理平行于 $[AlO_6]$ 链；由于结构相对疏松，因此相对密度较小。

②在蓝晶石中为六次配位，形成 $[AlO_6]$ 八面体，因此具有两个 $[AlO_6]$ 链，彼此共角顶及共棱相连形成平行（100）的八面体复杂层，层间以 $[SiO_4]$ 四面体相联，其矿物形态为板状晶体，最发育的解理是{100}，板状晶形及解理均平行于 $[AlO_6]$ 八面体链相联所形成的层。由于 O^{2-} 作近似的立方最紧密堆积，因此结构最紧密，相对密度最大。

③在矽线石中为四次配位，形成 $[AlO_4]$ 四面体，只有一个 $[AlO_6]$ 八面体链，并且与 $[SiO_4]$ 四面体和 $[AlO_4]$ 四面体相间排列形成四面体双链，导致结构异向性十分强烈，因此其矿物形态主要为针状、纤维状晶体，当定向排列时可形成猫眼效应，并且硬度具有明显的异向性，解理{010}发育，其针状晶形及解理均平行于 $[AlO_6]$ 八面体链及 $[SiO_4]$ 四面体和 $[AlO_4]$ 四面体双链。

（4）详细论述矿物的同质多象，请举例说明。

答：（1）同质多象是指在不同的温度、压力和介质浓度等物理化学条件下，同种化学成分的物质形成不同结构晶体的现象称为同质多象。这些不同结构的晶体，称为该成分的同质多象变体。每一个同质多象变体的结构彼此都不相同，每一变体都有一定的热力学稳定范围，具备各自特有的形态和物理性质，因此在矿物学中它们都是独立的矿物种。例如化学成分同为 C 的钻石与石墨，两者具有相同的化学组成，但晶体结构不同。

（2）根据变体的结构特征，可将同质多象转变分为可逆同质多象和不可逆同质多象转变、移位型转变、重建型转变和有序—无序转变等不同的转变类型。

①可逆与不可逆同质多象转变：如α-石英和β-石英的转变在 573 ℃时瞬时完成，而且可逆；$CaCO_3$ 的斜方变体文石在升温条件下转变为三方变体方解石，但温度降低则不再形成文石。

②位移型转变：即一变体转变为另一变体时，结构中仅发生质点位置稍有移动，键角有所改变等不大的变化，例如α-石英、β-石英之间的转变。

③重建型转变，即结构发生根本性变化，相当于重建结构，例如金刚石与石墨之间的转变。

④有序-无序转变：即结构型基本不变，只是结构的有序-无序状态发生了改变。$AuCu_3$ 在 395 ℃以上具无序结构，Au 与 Cu 原子彼此任意地分布在立方面心晶胞的角顶和面心。缓慢冷却后 Au 原子占据晶胞的角顶，Cu 原子占据晶胞面的中心，格子类型变为立方原始格子。

（3）由于同质多象各变体只在一定的物理化学条件下稳定，当环境条件改变到其稳定范围之外时，在固态下一种变体就可转变为另一种变体。其中温度、压力和介质成分等是同质多象变体转变的主要原因。

①在一定压力下，同质多象变体间的转变温度是固定的。对于同一物质而言，高温变体的对称程度较高，但质点的配位数、有序度和相对密度较小。同质多象转变有的是可逆的，有的则是不可逆的，例如 SiO_2 的部分变体之间的转变中，只有结构差异不大的α-石英和β-石英间的转变是可逆的。

②压力：压力的增高促使同质多象向配位数和相对密度增大的变体方向转变，例如在高压下，石墨转变为钻石，石墨的配位数为 3，相对密度为 2.23，钻石的配位数为 4，相对密度 3.52。另外，影响同质多象变体间的转变温度，例如，α-石英和β-石英间的转变温度会发生较大的变化。

③介质的化学成分和酸碱度：例如，在相同温压条件下，FeS_2 在碱性介质中生成黄铁矿（等轴晶系），而在酸性介质中生成白铁矿（斜方晶系）。

6. 举例说明矿物化学成分可以分为哪些类型。

答：详见例题 1。

7. 关于宝石中的水，请回答如下问题：

（1）宝石矿物中的水可以分为哪些类型？对宝石的物理性质有哪些影响？举出各类型中宝石的实例。

答：详见例题 4。

（2）请列出 2 种可用于检测宝石矿物中水的存在的现代测试技术，并阐述其原理。

答：可用于检测宝石中水存在形式的现代测试技术包括红外光谱仪和拉曼光谱仪，其原理详见宝石鉴定仪器章节。

8. 斜长石在矿物的晶体化学分类体系中属于哪个大类？哪个类？哪个亚类？硅酸盐矿物中，亚类的划分依据和各亚类晶体结构的主要特点是什么？每个亚类至少举出 1 种矿物。

答：（1）斜长石是钠长石与钙长石两个端元组分组成的完全类质同象系列，钠长石和钙长石的化学式分别为 $NaAlSi_3O_8$、$CaAlSi_2O_8$。根据晶体化学分类，斜长石属于含氧盐大类，硅酸盐类，岛状硅酸盐亚类。

（2）在硅酸盐中，亚类的划分主要依据硅氧四面体的形式来进行分类，分为岛状硅酸盐、环状硅酸盐、链状硅酸盐、层状硅酸盐和架状硅酸盐五个亚类（五个亚类的晶体结构特征及举例详见问答题 2 题）。

第三章　光的基础知识及宝石的光学性质

内容概述

宝石的光学性质是宝石最重要的性质之一，同样是鉴定宝石应用最多的性质，同时宝石的光学性质对宝石的质量评价、指导加工等方面均有着非常重要的意义。宝石的光学性质主要包括宝石的颜色（详见第四章）、光泽、透明度、多色性、吸收性、发光性和特殊光学效应等（图3-1）。在学习的过程中，需重点理解各光学性质的定义、成因、影响因素、等级的划分以及在宝石学中的应用等，并重点注意以下内容：

1. 正确理解光的本质、自然光和偏振光的特性，偏振化作用的方式以及相关的应用。

2. 光的物理作用主要包括干涉、衍射、色散、散射等，能够通过光的物理作用解释宝石中的现象，以及光的物理作用在宝石学中的应用。

3. 光率体是本章内容的难点，需正确理解光率体的本质，并能够通过光率体解释相应的现象。

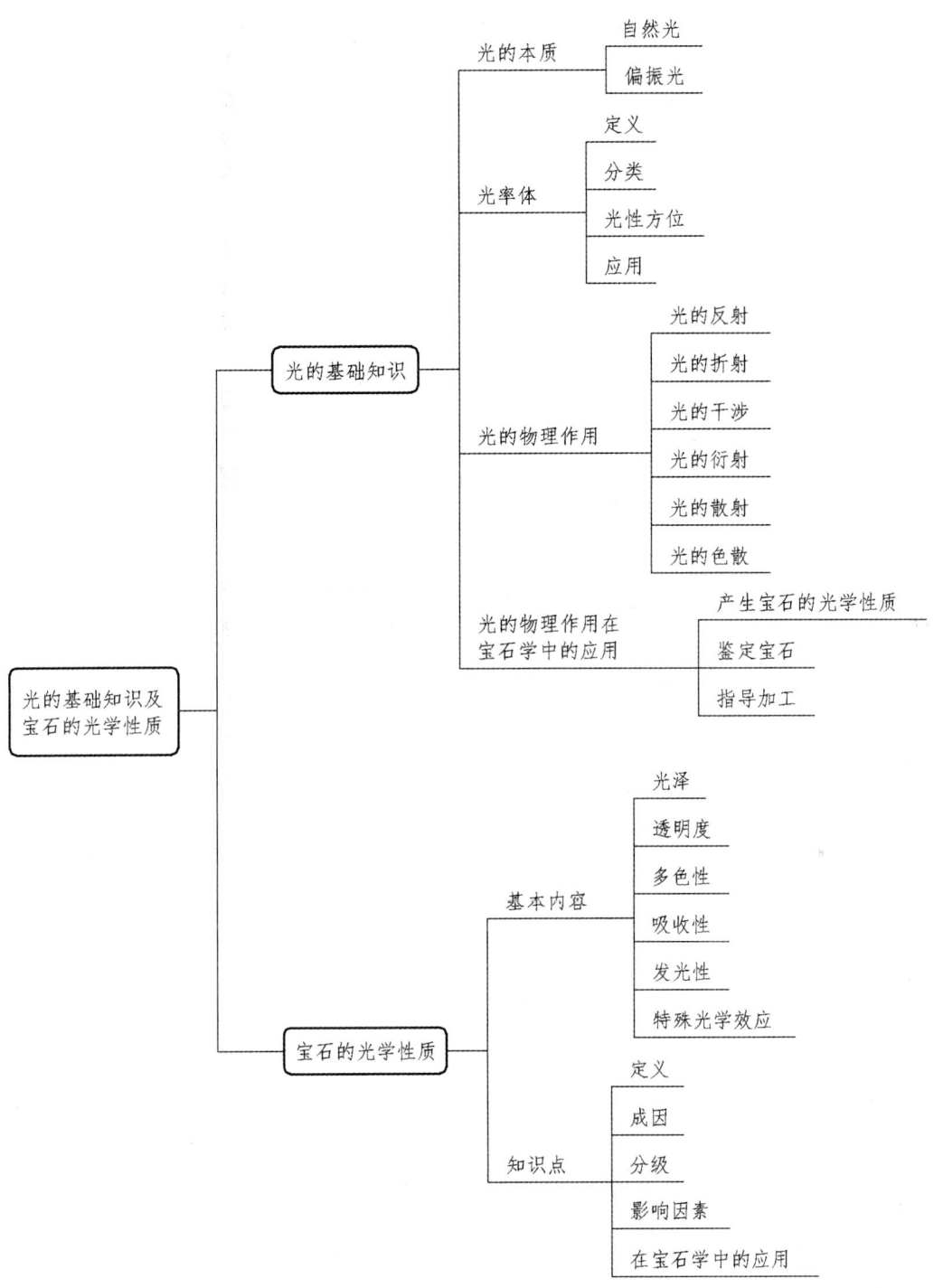

图 3-1 第三章内容概述

第一节　重点例题讲解

【例题1】多项选择题　下列选项中可以是自然光的是（　　　）
A. 单色光　　　B. 复合色光　　　C. 太阳光　　　D. 月光　　　E. 宝石中透出的光
【参考答案】 ABCE
【例题讲解】 本题考查的是自然光的定义。

（1）自然光与偏振光是一对相对的概念，其区别在于，在垂直于光传播的平面内的振动特点不同，其中自然光在垂直于光传播的平面内，沿各个方向上有等振幅地振动，一切实际的光源发出的光均为自然光；而偏振光则固定在一个方向上振动。

注：在自然光与偏振光的定义当中，除光的振动特点外，再无其他诸如颜色、波长等相关的物理量，因此自然光或偏振光与这些物理参数无关，在判断一束光是否为自然光时，仅根据振动特点判断即可。

（2）自然光可以通过反射、折射、选择性吸收以及双折射作用转换为偏振光。使自然光转变成偏振光的作用称为偏振化作用。

①反射与折射作用

一般情况下，当一束自然光自某一介质射向其他折射率不同的介质时，在介质界面会发生反射与折射作用，其中，反射光一般为部分偏振光，只有当入射角为某特定角时反射光可形成平面偏振光，其振动方向与入射面垂直，此特定角称为布儒斯特角或起偏角。折射光为部分偏振光，经多次折射后可获得平面偏振光。

②双折射

一束自然光照射至非均质体宝石时，除特殊方向（即光轴方向）外，可发生双折射作用，分解为两束振动方向相互垂直的偏振光。尼克尔棱镜即是通过双折射作用获得偏振光。

尼克尔棱镜的制作方法：取一块长度约为宽度3倍的冰洲石晶体，将两端切去，使主截面上的角度为68°，将晶体沿垂直于主截面及两端面的平面切开，再用加拿大树胶粘合在一起。

尼克尔棱镜的基本原理：当自然光入射尼科尔的第1块棱镜后被分解成两束振动方向相互垂直的偏振光，由于冰洲石为一轴晶负光性，N_e=1.658、N_o=1.486，加拿大树胶为均质体，折射率约为1.54，因此常光折射率小于加拿大树胶的折射率，到达树胶层时可发生全反射，被棱镜侧面吸收；非常光的折射率大于加拿大树胶，到达树胶层时，除部分发生反射作用外，其余光线透过树胶层，并从第2块棱镜端面透出，从而获得偏振光。尼科尔棱镜由苏格兰学者尼科尔于1828年发明，因而得名。早期偏光显微镜多用尼科尔棱镜做偏光镜。

③选择性吸收

在透明材料的表面上涂上某种细微的晶体物质，如硫酸奎宁等，微晶按一定方向排列，可吸收某些方向的光振动，而只允许与这个方向垂直的光振动通过，从而形成偏振光。宝石偏光镜、宝石折射仪以及现代的偏光显微镜等所使用的偏光片即是通过该方法获得偏振光。

（3）AB选项，自然光可以是单色光，也可以是复合色光。

C选项，太阳为实际的光源，属于自然光。

D选项，月光属于太阳光的反射光，为部分偏振光。

E 选项，光波在宝石中的传播特点详见例题 2。

【例题 2】是非题 自然光进入非均质体宝石要分解成两束偏振光，而一束偏振光进入非均质宝石则无法再被分解出两束偏振光。（　　）

【参考答案】 N

【例题讲解】 此题目考查的是光波在宝石中的传播特点。

（1）光波在均质体宝石中的传播特点：

当光波进入均质体宝石时，基本不改变入射光波的振动特点和振动方向，即一束自然光射入均质体宝石后，仍然为自然光；平面偏振光射入均质体宝石后，仍为偏振光，且基本保持其原来的振动方向，即其传播速度及相应的折射率值不因光波在晶体中的振动方向不同而发生改变。

（2）光波在非均质体宝石中的传播特点，可分为以下三种情况：

①当一束自然光进入非均质体宝石时，除特殊方向（即光轴方向）之外，一般都将其分解成振动方向互相垂直的两束偏振光。

②当光波（自然光和偏振光）沿非均质体宝石的光轴方向入射时，不发生双折射，基本不改变入射光波的振动特点和振动方向，即自然光仍为自然光，偏振光仍为偏振光，且基本保持原来的振动方向。对于具有旋光性的宝石，如水晶，偏振光的振动方向随光的传播有规律地发生旋转。

③当一束偏振光垂直或斜交光轴方向射入非均质体宝石时，若偏振光的振动方向与光率体切面的一个主轴相平行时，不发生双折射，不改变入射光的振动特点和振动方向；若偏振光的振动方向与光率体切面的主轴斜交时，发生双折射，分解为两束振动方向相互垂直的光，振动方向分别与光率体两个主轴平行，其分解规律遵循矢量分解规则。

【例题 3】是非题 由于钻石的折射率较高，为 2.417，因此钻石属于光密介质。（　　）

【参考答案】 N

【例题讲解】 光疏介质和光密介质均属于一对相对的概念，需要在比较之后才可以判断其是否为光密介质或光疏介质，例如，水晶的折射率为 1.544～1.553，小于钻石，此时钻石相对于水晶属于光密介质，水晶相对于钻石属于光疏介质；而合成碳硅石的折射率为 2.648～2.691，大于钻石，因此合成碳硅石相对于钻石为光密介质，钻石相对合成碳硅石为光疏介质。

注：相对的概念通常需要有一定的参照物，在宝石学中，类似相对的概念还包括相对密度、相对硬度、相对热导率等。

【例题 4】多项选择题 宝石的假色与光的下列哪些物理作用有关（　　）

A. 光的折射　　B. 光的反射　　C. 光的全反射　　D. 光的干涉

E. 光的衍射　　F. 光的色散　　G. 光的散射

【参考答案】 BDEG

【例题讲解】 宝石的假色并不是宝石本身的体色，与化学成分和晶体结构没有直接的关系，而与宝石内部存在一些细小的平行排列的包裹体、出溶片晶、平行解理等产生的光的物理作用相关，主要为光的反射、干涉、衍射和散射作用。

（1）光的反射：光的反射所形成的颜色主要与宝石中的包裹体有关，例如日光石的橙红色主要与其内部褐红色、褐黄色的赤铁矿、针铁矿包裹体对光的反射作用引起的。

（2）光的干涉作用：波长相同相差恒定、传播方向相近的两束或两束以上的光在同一介质中相遇时,在交叠区相互作用产生相长增强或相消删除的现象称为光的干涉作用。

宝石的晕彩、变彩等特殊光学效应通常与光的干涉作用有关,主要为薄膜干涉(劈尖干涉为薄膜干涉的一般形式,即薄膜不均匀时发生的薄膜干涉),当宝石含有类似薄膜结构时(如层状结构、解理或裂隙的发育等)均可产生薄膜干涉,例如珍珠的晕彩主要与珍珠层有关,月光石的晕彩与正长石与钠长石互层有关;晕彩石英主要与宝石中的裂隙有关。

另外,欧泊的变彩作用同样与光的干涉有密切的关系,根据欧泊的结构特征,二氧化硅小球之间的缝隙可引起光的衍射,无数个缝隙从而形成性质相同的光源,从而在欧泊的表面发生干涉作用,形成欧泊的变彩效应。

(3)光的衍射:光波在遇到障碍物时可偏离直线方向传播的现象称为光的衍射,只有当障碍物与光波波长十分相近,或略大于光波波长时才能发生。宝石的变彩主要与光的衍射有关,例如欧泊的二氧化硅小球近于等大球在三维空间规则排列,小球之间可形成八面体空隙和四面体空隙,形成了三维光栅,光栅对允许可见光通过的能力及衍射作用决定了与欧泊色斑大小及颜色特征。

此外,利用光的衍射原理,可设计衍射光栅,光栅式分光镜利用的就是光的衍射原理。

(4)光的散射:散射是指由传播介质的不均匀性引起的光线向四面八方射去的现象。散射的强度与不均匀微粒的大小和波长有关,在宝石学中常见瑞利散射和米氏散射。

①瑞利散射:又称为"分子散射",是比可见光波长小的微粒引起的散射,微粒大小在 1~300 nm 时,对可见光的散射强度与波长的四次方成反比,因此在可见光范围内,波长较短的蓝光比波长较长的红光的散射更强,可产生蓝色-紫色的散射,其他波长被部分吸收或削弱,例如可产生蓝色晕彩的月光石。

②米氏散射:米氏散射发生的条件是颗粒的大小与光的波长相近时产生,散射强度与波长的二次方成反比,因此,波长的变化引起的散射强度不如瑞利散射那样剧烈,可以近似地认为不同波长的散射强度基本相同,发生散射时几乎包含了所有波长的波,产生的散射光一般为白色,例如不透明的白色石英,生活中常见的例子如胶体的散射光为白色或灰白色,白云、浪花的颜色等同样与米氏散射有关。

当散射微粒在 $\lambda \sim 2\lambda$ 时,散射光可能呈各种颜色,主要为红色和绿色,但较为少见,极少数可产生黄色、米黄色等,如月光石。

白色米氏散射:一般指微粒大于 700 nm 的散射,可使宝石产生明亮的乳光,如月光石、芙蓉石、刚玉、尖晶石、蛋白石等。

【例题 5】是非题 光率体是描述光在晶体中传播时不同传播方向上的折射率大小的模型。( )

【参考答案】N

【例题讲解】光率体描述的是光在晶体中振动方向与折射率之间的立体几何图形,线段方向代表光的振动方向,线段长度代表光的折射率值,而不是传播方向与折射率之间的立体几何图形。

详细研究宝石的光率体能够清楚地理解宝石折射率和双折射率的变化规律、自然光和偏振光在宝石中的传播特点,进而理解宝石鉴定仪器鉴定宝石的基本原理。

(1)测定折射率值时寻找最大双折射率的测试方向。

宝石的双折射率对宝石的鉴定具有重要的意义,是鉴定宝石种属以及区分相似宝石重要的参数之一，对于一轴晶宝石，双折射率为 N_e-N_o 的绝对值，因此只有当光线垂直光轴方向入射时，对应的光率体切面为最大椭圆切片（即 N_e-N_o 面）时，所测定的双折射率值即为有鉴定意义的双折射率；对于二轴晶宝石，双折射率为 N_g-N_p，因此，只有当光线垂直 N_g-N_p 面时，所测定即为有鉴定意义的双折射率值。

（2）解释利用刻面法测定宝石折射率值时阴影边界的移动规律。

在测定宝石折射率时，转动宝石的目的是分析阴影边界的运动规律，从而确定宝石的光性和轴性特征。

①对于一轴晶宝石，存在两个主折射率值，分别为 N_e 和 N_o，其中 N_o 为常光折射率，任意一个光率体切片均含有 N_o 主轴，因此在旋转宝石的过程中，存在一条阴影边界不动的现象；若初始位置为沿光轴方向入射，在旋转宝石的过程中，则随着入射光线与光轴之间夹角的不断变化，对应的光率体切片由圆切面-小椭圆切面（N_e'-N_o 面）-最大椭圆切面（N_e-N_o 面），因此另外一条阴影边界发生移动，对应非常光的折射率，若宝石为一轴晶正光性，则移动的阴影边界（即 N_e' 或 N_e 对应的阴影边界）大于不动的阴影边界（即 N_o 对应的阴影边界），若为一轴晶负光性，则出现相反的现象；

②对于二轴晶宝石，存在三个主折射率值，分别为 N_g、N_m 和 N_p，若初始位置为沿光轴方向入射，在旋转宝石的过程中，光率体切面的变化规律为圆切面-小椭圆切面（N_g'-N_p' 面）-大椭圆切面（N_g-N_p 面），两条阴影边界对应的折射率值分别为 N_g' 和 N_p'，且在旋转宝石的过程中均发生移动，当对应的光率体切面为 N_g-N_p 面时，所测定的折射率值分别为 N_g 和 N_p，当两条阴影边界重合时，所测定的折射率值为 N_m。可根据三个主折射率的数值关系判断宝石的光性特征，即 N_g-N_m > N_m-N_p 时，为二轴晶正光性，反之为二轴晶负光性。

（3）解释折射仪中的某些特殊现象。

①出现两条阴影边界不动的现象。当一轴晶宝石的光轴方向垂直于所测刻面时，在旋转宝石的过程中，入射光与光轴之间的角度不发生变化，因此对应的光率体切面的性质不发生变化，即光率体切面大小不变，从而出现两条阴影边界不动的现象。

②仅出现一条阴影边界移动的现象。当宝石的双折射率值较大，且为一轴晶负光性时，常光的折射率值大于折射仪的测试范围，非常光的折射率处于折射仪的测试范围之内，在旋转宝石的过程中，随着对应光率体切面大小的变化，对应非常光的折射率值不断变化，从而发生移动。

③假均质体现象：对于一轴晶宝石，若双折射率较小时，其光率体形态接近球体，在不同方向上对应的光率体切面形态相近，在测定宝石折射率时，给人一种仅有一条阴影边界，且旋转宝石过程中，阴影边界不动的错觉，例如，磷灰石的双折射率最小可低至 0.002，符山石的双折射率可低至 0.001。

④假一轴晶现象：对于二轴晶宝石，若其中的两个主折射率接近时，其光率体形态接近旋转椭球体，因此导致对应的光率体切面变化不大，在旋转宝石的过程中，给人一种一条阴影边界不动的假象，例如金绿宝石，N_p=1.740～1.759，N_m=1.747～1.764，N_g=1.745～1.770，N_m 与 N_p 接近；托帕石 N_m=1.609、N_g=1.616、N_p=1.606，N_m 与 N_p 接近。

（4）寻找观测宝石真实多色性的位置。

对于一轴晶宝石，通常具有两个颜色，分别与 N_e 和 N_o 对应，因此只有当观测方向垂直于 N_e-N_o 面时，且冰洲石的光率体主轴与宝石的光率体主轴相互平行或垂直时，观测到的为宝石真正的多色性，其余方向为两种颜色混合的过渡色。

对于二轴晶宝石，通常具有三个颜色，分别与 N_g、N_m 和 N_p 相对应，因此，只有当观测方向垂直于主轴面（N_g-N_m 面、N_g-N_p 面和 N_m-N_p 面）时，且冰洲石的光率体主轴与宝石的光率体主轴相互平行或垂直时，观测到的为宝石真正的多色性，其余方向为三种颜色混合的过渡色。

（5）解释宝石在偏光镜下的现象。

①均质体宝石：

均质体宝石的光率体形态为球形，不发生双折射，光源通过下偏光片后形成的偏振光，射入宝石时不发生双折射，且不改变偏振光的振动方向，因此无法穿过上偏光片，此时宝石在偏光镜下全暗。

②非均质体单晶宝石：

a. 当光线沿着宝石光轴方向传播时，偏振光的振动方向不发生变化，无法穿过上偏光片，此时的视域为全暗。

b. 当光线沿着其他方向传播时，若下偏光片的振动方向与宝石光率体的某一主轴相互平行时，射入宝石时不发生双折射，穿过宝石后仍为偏振光，且振动方向不变，与下偏光片平行，因此光线无法穿过上偏光片，此时宝石处于消光位，视域为暗域。

c. 若下偏光片的振动方向与宝石光率体的主轴相互斜交时，发生双折射，分解成两束振动方向相互垂直的偏振光，振动方向与对应光率体切片的两个主轴平行，两束偏振光均与上偏光片的振动方向斜交，因此存在与上偏光片振动方向相互平行的分量，可穿过上偏光片，此时的视域为亮域，当夹角为 45° 时，视域最亮，旋转宝石 360°，可出现四明四暗的现象。

（6）解释干涉图的成因。

当宝石光轴方向与观察方向相互平行时，锥光镜或干涉小球可将光线转换成锥光，即中央的光线沿光轴传播，其余方向与光轴存在一定的夹角，且越向外，倾斜角度越大，与光轴之间的夹角越大，光线透过上偏光片后，发生消光与干涉现象的总和，即形成干涉图，其中黑十字或黑带部位是消光部位，干涉色色圈是发生干涉作用的部分。

【例题 6】是非题 一轴晶光率体的光轴方向与高次轴方向相当，二轴晶光率体的光轴方向与二次轴或对称面的法线方向相当，三斜晶系的对称中心与光率体的中心相当。（　　）

【参考答案】 N

【例题讲解】 本题考查的是光性方位。光性方位指的是光率体的主轴与晶轴之间的位置关系。

（1）对于一轴晶宝石，光轴与光率体主轴重合，高次轴与 Z 轴平行，Z 轴与光轴重合，因此光轴、高次轴和 Z 轴相互重合或平行。

（2）对于二轴晶宝石，光轴与主轴斜交或垂直，由于光轴所在的平面（光轴面）与 N_g-N_p 面重合，光轴与 N_g 和 N_p 斜交，与 N_m 相互垂直，因此光轴与晶轴或者对称要素之间的关系取决于 N_g、N_m 和 N_p 与晶轴或对称要素之间的位置关系。

①斜方晶系：光率体主轴与结晶轴重合，但没有一一对应的关系，即具体的对应关系视具体宝石晶体而定，例如橄榄石，$N_g=a$、$N_m=c$、$N_p=b$，此时，光轴与 c 轴相垂直，与 a 轴和 b 轴斜交；对于托帕石 $N_g=c$、$N_m=b$、$N_p=a$，此时，光轴与 b 轴垂直，与 a 轴和 c 轴斜交。综上，在斜方晶系中，光轴与二次轴或对称面法线（即晶轴）之间的关系为斜交或垂直（图 3-2）。

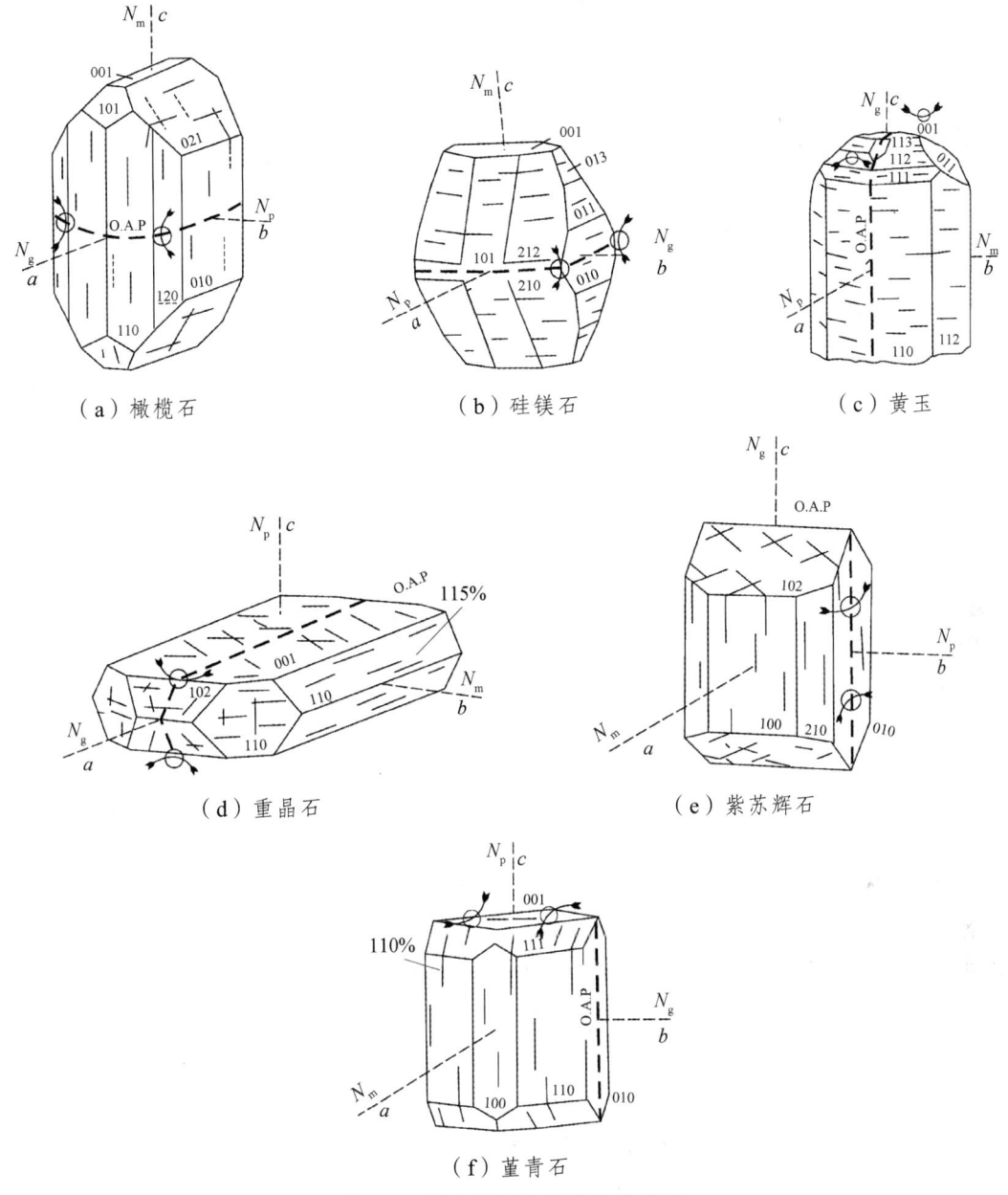

图 3-2 斜方晶系宝石光性方位图

② 单斜晶系：二次对称轴或对称面的法线（b 轴）与光率体的三主轴之一重合，其余两个结晶轴与光率体中另外两主轴斜交，至于二主轴与二结晶轴斜交的角度，因宝石矿物种类而异。例如透闪石，$N_m=b$，$N_g \wedge c$，$N_p \wedge a$，此时，光轴与 b 轴垂直，与 a 轴和 c 轴斜交；正长石 $N_g=b$，$N_p \wedge a$，$N_m \wedge c$，此时，光轴与 a 轴、b 轴和 c 轴均斜交。综上，在单斜晶系中，光轴与二次轴或对称面法线（即晶轴）垂直或斜交（图 3-3）。

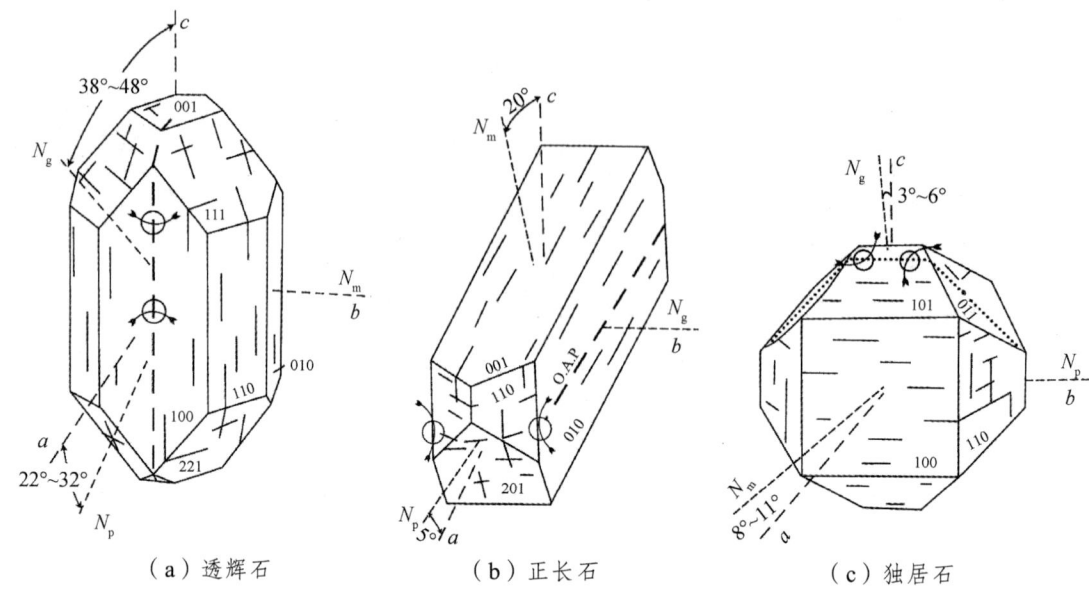

(a) 透辉石　　　　　(b) 正长石　　　　　(c) 独居石

图 3-3　单斜晶系宝石光性方位图

③三斜晶系：仅有一个对称中心，与光率体的中心相当，光率体三主轴与晶体的三个结晶轴斜交，斜交的角度因宝石矿物而异（图 3-4）。例如斜长石，$N_g \wedge b$，$N_m \wedge c$，$N_p \wedge a$，蔷薇辉石 $N_g \wedge a$，$N_m \wedge b$，$N_p \wedge c$。

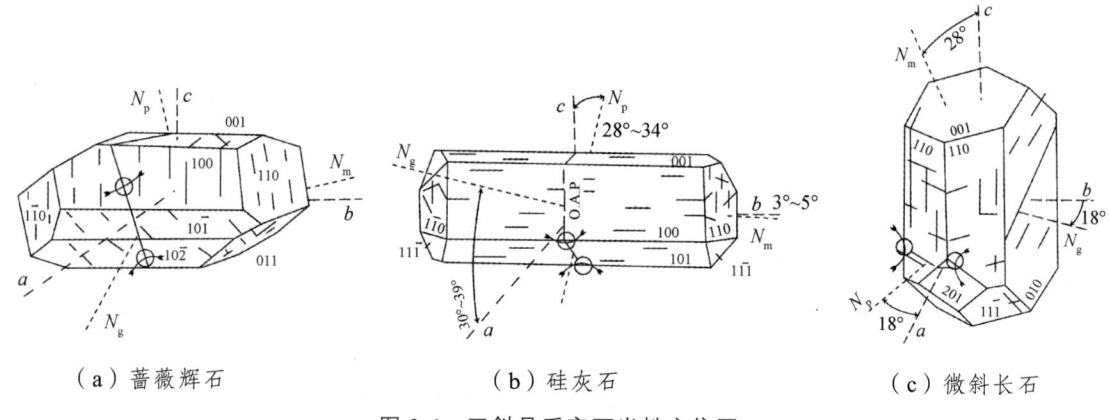

(a) 蔷薇辉石　　　　　(b) 硅灰石　　　　　(c) 微斜长石

图 3-4　三斜晶系宝石光性方位图

【例题 7】具有二色性的宝石从任一方向上都可能见到二色性。（　　）

【参考答案】N

【例题讲解】非均质体宝石的光学性质具有异向性，对不同振动方向的光选择吸收不同，导致宝石在不同方向上呈现不同的颜色，该现象称为宝石的多色性。通常使用二色镜观察宝石的多色性。

（1）一轴晶宝石：一轴晶一般具有两种颜色，分别对应 N_e 和 N_o 方向，存在以下三个观察方向：

①沿光轴方向观察：由于光波不发生双折射现象，因此围绕光轴旋转 360°，颜色不发生变化，所观察到的颜色为 N_o 对应的颜色。

②垂直光轴方向观察：当二色性冰洲石与待测宝石的光率体切面主轴相互平行时，则观察到的二色性最明显，且为真正的二色性，对应的颜色分别为 N_e 和 N_o。

③其余方向观察：观察到的颜色为 N_e 和 N_o 颜色之间的过渡色。

（2）二轴晶宝石：二轴晶彩色宝石可以有三种颜色，分别与 N_g、N_m 和 N_p 方向相当，存在以下三个观察方向：

①沿光轴方向观察：由于不发生双折射现象，因此围绕光轴旋转时，颜色不发生变化，所观察到颜色为 N_m 对应的颜色。

②垂直于主轴面观察：当二色性冰洲石与待测宝石的光率体切面主轴相互平行时，所观察到的颜色为真正的多色性，在 N_g-N_m 面观察所得到的颜色分别对应 N_g 和 N_m 的颜色；在 N_g-N_p 面观察所得到的颜色分别对应 N_g 和 N_p；在 N_m-N_p 面观察所得到的颜色分别对应 N_m 和 N_p；由于 N_g 与 N_p 的折射率差值最大，因此，垂直 N_g-N_p 面观察的多色性最为明显。

③其余方向观察：观察到的颜色为 N_g、N_m、N_p 三种颜色之间的过渡色。

注：在利用二色镜观察宝石多色性时，只当宝石的光率体切面与二色镜中冰洲石的光率体切面相互平行或垂直时，才能够观察到多色性，当两者的光率体切面呈45°角时，无法观察宝石的多色性，因此在观察宝石多色性时需不断地转动宝石。

【例题8】填空题　根据光泽的强弱可以将光泽分为_____、_____、_____和_____等，宝石中常见的变异光泽包括_____、_____、_____、_____、_____和_____等。

【参考答案】金属光泽　半金属光泽　金刚光泽　玻璃光泽　油脂光泽　树脂光泽　蜡状光泽　土状光泽　丝绢光泽　珍珠光泽

【例题讲解】光泽是指宝石表面反射光的能力。根据光泽的强弱可以将光泽分为金属光泽、半金属光泽、金刚光泽和玻璃光泽等。对于宝石矿物，绝大部分为玻璃光泽和金刚光泽，金属光泽和半金属光泽者极少。

宝石的光泽受吸收率、折射率、宝石表面的抛光程度、集合体宝石矿物的组成矿物、结构、紧密程度等因素有关。宝石的吸收率和折射率直接影响宝石对光的反射率，反射率越强，光泽越强；因此宝石的光泽与反射率、折射率等参数具有一定的对应关系（表3-1）。

表3-1　宝石的光泽与反射率、折射率的关系

光泽	反射率	折射率	特点	举例
金属光泽	>25%	>3	表面呈金属般的光亮，一般不透明	黄铁矿、黄铜矿
半金属光泽	25%~19%	2.6~3	表面呈弱金属般的光亮，一般不透明	赤铁矿、闪锌矿
金刚光泽	19%~10%	1.9~2.6	表面金刚石般的光亮，透明-半透明	钻石、合成碳化硅
玻璃光泽	10%~4%	1.3~1.9	表面玻璃般的光亮，透明-半透明	红宝石、祖母绿

另外，由于反射光受到宝石矿物颜色、表面平坦程度、集合体结合方式等的影响，还可以产生一些特殊的光泽，如油脂光泽、树脂光泽、蜡状光泽、丝绢光泽、土状光泽、珍珠光泽等。

抛光质量对宝石光泽的影响：良好的宝石可达到很好的镜面反射，可使宝石呈现较强的光泽，抛光较差或宝石表面凹凸不平，会引起光的漫反射，呈现较弱的光泽，例如钻石原石

由于晶面不平整，常显示油脂光泽，经过抛光后可呈较强的金刚光泽。

集合体组成矿物对宝石的光泽的影响：由于不同的集合体组成矿物不同，折射率存在一定的差异，导致不同集合体之间存在光泽上的差异，例如翡翠的折射率高于长石，其光泽随着长石含量的增加逐渐减弱。

集合体结构的紧密程度对光泽的影响：一般情况下，结构越紧密其光泽越强，例如高质量的绿松石可呈现玻璃光泽，而低质量的绿松石则呈现土状光泽。

注：同种宝石的光泽并不是固定不变的，会发生一定程度的变化，例如，钻石毛坯通常为油脂光泽，而钻石成品通常呈现金刚光泽。但是这并不影响宝石的光泽是鉴定的重要依据。

【例题9】填空题 在宝石的肉眼鉴定中，通常将宝石的透明度分为_____、_____、_____、_____和_____五个级别，影响宝石透明度的因素包括_____、_____、_____等。

【参考答案】 透明 亚透明 半透明 微透明 不透明 颜色 厚度 吸收因数

【例题讲解】 1. 宝石透明度的分级

宝石的透明度是指宝石允许可见光透过的程度，能够透过的可见光越多，其透明度等级越高，在宝石的肉眼鉴定中，通常将宝石的透明度分为透明、亚透明、半透明、微透明和不透明五个级别。

（1）透明：能容许绝大部分光透过，当隔着宝石观察其后面的物体时，可以看到清晰的轮廓和细节，如无色透明的水晶。

（2）亚透明：能容许较多的光透过，当隔着宝石观察其后面的物体时，虽可以看到物体的轮廓，但无法看清其细节，如冰种的翡翠。

（3）半透明：能容许部分光透过，当隔着宝石观察其后面的物体时，仅能见到物体轮廓的阴影，如具有一定颜色浓度的电气石。

（4）微透明：仅在宝石边缘棱角处可有少量光透过，隔着宝石已无法看见其背后的物体，如黑曜石。

（5）不透明：基本上不容许光透过，光线被宝石全部吸收或反射，如孔雀石。

2. 影响宝石透明度的因素

宝石的透明度受宝石对光的吸收因数、厚度、颜色、杂质和裂隙等因素的影响。

（1）吸收因数对透明度的影响：吸收因数越大，透明度越低。吸收因数与宝石的晶格类型有关，不同的晶格类型具有不同的吸收因数，从而表现出不同的透明度。

①金属晶格内部由于存在着大量的自由电子，且自由电子的跃迁对光有明显的吸收，所以具有金属晶格的宝石矿物几乎不透明，如自然金、自然银等。

②原子晶格、离子晶格、分子晶格由于缺失自由电子，对光的吸收能力相对较弱，因此常具有较高的透明度。例如钻石具有典型的原子晶格，可有很高的透明度。

（2）厚度对透明度的影响：宝石的厚度越大，其透明度越低。主要由于光在宝石中穿越的路程越长，宝石对光的吸收越大，从而透明度越弱。

（3）颜色对透明度的影响：同一品种同一颜色系列的宝石，颜色越深，对光的选择性吸收越强，消耗入射光能量越多，导致透明度越低。

从现代的颜色成因角度分析，宝石的颜色通常与电子跃迁有关（晶体场理论、分子轨道理论、能带理论等），不同能级的电子跃迁可产生不同的颜色，参与同一能级跃迁的电子数越多,颜色越深,宝石对光的吸收强度越大,对入射光能量的消耗越多,相应的透明度越低。

(4)杂质对透明度的影响:宝石中常见内含物,如晶体包体、气液包体、云雾状包体、裂隙等,光线在进入宝石后,光在包体与寄主宝石的界面发生折射、反射、散射等光的物理作用,从而使通过宝石的光强度降低,进而降低宝石的透明度。例如,乳石英中含有丰富的细小的气液包体,使原本透明的晶体呈现半透明的乳白色。

(5)集合体结合方式对透明度的影响:通常情况下,同一种属的宝石矿物单晶体的透明度高于集合体的透明度,如水晶的透明度常高于石英岩的透明度。当入射光进入矿物集合体时,光线在矿物集合体颗粒边缘发生了折射、散射等物理作用,使部分光损失而造成集合体透明度降低。

此外,集合体的组成矿物粒度、颗粒边缘形态、颗粒边缘结合方式等同样影响宝石的透明度,矿物粒度越不均匀,排列越杂乱,颗粒边缘越不平直,则对光的折射、散射作用越强,透明度越低,例如高质量的翡翠,矿物颗粒小,排列紧密,结构细腻,其透明度较高。

(6)荧光对透明度的影响:以钻石为例,当钻石具有强荧光时,使得钻石的透明度降低。首先宝石的荧光带有一定的颜色,其颜色越深,宝石的透明度越低;第二,荧光的产生与电子的跃迁有关,在电子自低能级向高能级跃迁过程中需吸收部分能量的光,电子在高能级不稳定,会自发地向低能级跃迁,并释放能量,在释放能量的过程中仅有部分能量以可见光的形式释放,从而导致穿过宝石的光发生损失,从而降低宝石的透明度。

注意:同种宝石可能具有不同的透明度,例如翡翠的透明度变化可从透明到不透明。

【例题10】填空题　矿物的发光性可用_____理论进行解释,主要与_____和_____密切相关,可引起宝石发光的激发源包括_____、_____、_____等。

【参考答案】能带　杂质元素　晶格缺陷　阴极射线　紫外线　X射线

【例题讲解】矿物发光性是指矿物在外来能量的激发下,发出可见光的性质,包括荧光和磷光,其中荧光是指宝石矿物在受外界能量激发时发光,激发源撤除后发光立即停止的现象;磷光是指宝石矿物在受外界能量激发时发光,激发源撤除后仍能继续发光的现象。

(1)能激发矿物发光的因素主要包括摩擦、加热、阴极射线、紫外线、X射线等。

①摩擦发光:指某些固体受机械力作用时的发光现象。例如单晶硅受机械力而断裂时,可产生蓝色闪光,它是由断裂的清洁表面上形成表面态以及载流子在表面态上的重新排列引起的,也可能是断裂表面间的弧光放电引起的发光。

②热发光:以一定的升温速率对矿物样品加热使其发光。当其温度尚未达到赤热(400 ℃)之前,矿物或岩石即出现各种颜色的亮光,如萤石、长石、方解石等。

③阴极发光:用电子枪产生的高速电子流激发矿物可使宝石发光,对应的仪器为阴极发光仪。阴极射线具有较高的激发密度,能使大多数矿物发光,可用于解析宝石的结构特征(如环带结构),从而鉴定人工宝石、宝石的优化处理、研究宝石成因等,例如,天然钻石通常显示蓝色-灰蓝色荧光,高温高压法合成钻石显示黄-黄绿色光。

④紫外荧光:珠宝鉴定常使用的方法之一,所使用的激发源为紫外线,对应的鉴定仪器为紫外荧光灯,根据宝石紫外荧光现象,可以用于辅助鉴定宝石的品种、区分相似宝石、鉴定宝石的优化处理以及区分人工宝石等,常见的具有荧光的天然宝石包括钻石、红宝石、尖晶石等。

⑤X射线荧光:是以X射线为激发源,对那些在紫外光和阴极射线激发下发光特征不明

显的矿物是一种有效的研究手段。X射线荧光可以是可见光，也可以是X射线。

（2）宝石矿物的发光性与晶格中微量杂质元素和某些晶体缺陷有关，可用能带理论进行解释。

①组分纯净的宝石晶体的价带和导带间能量大于可见光的能量，电子受激发跃迁所需的能量较大，同时，跃迁电子从导带跃回价带时所释放出的能量也都大于可见光的能量，因而不发射可见光。

②当晶体中存在少量的激活剂时，如杂质元素或晶格缺陷，尤其是与晶体组分不等价的激活剂进入宝石晶格中，导致宝石晶体在价带和导带之间产生新的局部能级，缩短带隙间的距离。电子在回迁过程中，将受激时额外所得的能量以可见光的形式释放出来，产生发光现象。

【例题11】是非题　由于不同光源的能量分布不同，因此同一宝石在不同的光源下所呈现的颜色也同样不同，因此所有的宝石都具有变色效应。（　　）

【参考答案】N

【例题讲解】由于不同光源就的能量分布不同，同一宝石在不同光源下往往呈现出不同的颜色，但这并不是变色效应，例如红色光源和蓝色光源照射到同一个无色的水晶上，依然会呈现不同的颜色。在判断变色效应时使用的均是白色光源，通常选用的光源包括白炽灯、日光灯等。

第二节 课后练习

一、名词解释

电磁波 电磁波谱 自然光 偏振光 偏振化作用 偏光片 尼科尔棱镜 光性均质体 光性非均质体 双折射 光轴 一轴晶 二轴晶 光的反射定律 光的折射定律 全反射 临界角 光密介质与光疏介质 漫反射 完全漫反射体 镜面反射 光的干涉 薄膜干涉 劈尖干涉 光的衍射 光的散射 瑞利散射 米氏散射 光的色散 火彩 光率体 主轴面 光学主轴 2V角 光性方位 多色性 吸收性 宝石的光泽 金属光泽 半金属光泽 金刚光泽 玻璃光泽 油脂光泽 树脂光泽 蜡状光泽 土状光泽 丝绢光泽 珍珠光泽 透明度 发光性 猫眼效应 星光效应 变色效应 变彩效应 砂金效应

二、填空题

1. 光的振动方向与传播方向_____，因此光属于_____。
2. 光的波动理论较好地解释了诸如_____、_____等宝石中常见的一些光学现象，而光的粒子性较好地解释了光的_____、_____、_____、_____及_____、_____等光电效应。
3. 波长最长的电磁波是_____；波长最短的电磁波是_____。宝石学中常用的电磁波包括_____、_____、_____等。
4. 平面偏振光简称_____或_____，其振动方向与传播方向构成的平面称为_____。
5. 自然光可以通过_____、_____、_____及_____等作用转变成偏振光，使自然光转换成偏振光的作用称为_____。
6. 根据光学性质不同，可以把宝石矿物划分为_____和_____两大类，前者包括_____、_____、_____等宝石，后者包括_____、_____、_____等宝石。
7. 根据光轴的数量，可将非均质体宝石分为_____和_____两大类，光轴的数量分别为_____个和_____个，高次轴的数量分别为_____个、_____个。
8. 宝石的折射率值与其_____和_____有关，宝石的相对密度与其_____和_____有关。
9. 介质的折射率值与光波在该介质中的传播速度成_____。
10. 发生干涉作用的条件是_____、_____、_____。
11. 宝石中最常见的干涉现象是_____，可以由于解理或裂隙的存在而产生。
12. 光线发生散射的强度和颜色多与_____和_____有关，可分为_____散射和_____散射。
13. 根据光泽的强弱可以将光泽分为_____、_____、_____和_____等，对应的反射率分别为_____、_____、_____、_____，对应的折射率值分别为_____、_____、_____、_____。

14. 影响宝石光泽的因素有_____、_____、_____、集合体宝石矿物的_____、_____、_____等，钻石毛坯多呈_____光泽，钻石成品多呈_____光泽。

15. 宝石对光的吸收因数与_____有关，除吸收因数外，透明度受_____、_____、_____、_____、_____等因素的影响。

16. 光率体是光在晶体中传播时，光波的_____与_____的关系立体几何图形。

17. 均质体光率体的形态为_____，一轴晶光率体的形态为_____，二轴晶光率体的形态为_____。

18. 光率体中包括两个主轴的面称为_____，二轴晶宝石有_____个这种切面，一轴晶宝石有_____个这种切面。

19. 在中级晶族中，光率体光轴与高次轴的位置关系是_____，在斜方晶系中，其光率体主轴与结晶轴的位置关系是_____。

20. 一轴晶彩色宝石可以有两种主要的颜色，它们分别与_____和_____的方向相当；二轴晶宝石可以有三种颜色，它们分别与_____、_____和_____方向相当。

21. 根据晶体双折射的特点，可将其分成_____、_____和_____三种晶体光学类型，它们对应的结晶学特点分别是_____、_____和_____，对应的光率体形态分别为_____、_____和_____。

22. 对于一轴晶宝石，当_____时，为正光性，如_____、_____等宝石；反之为负光性，如_____、_____等宝石。对于二轴晶宝石，当_____时，为正光性，如_____、_____等宝石；反之为负光性，如_____、_____等宝石。

23. 色散值是以在 B 线_____和 G 线_____所测折射率的差值来表示的。

24. 指出下列宝石的典型光泽：软玉_____、翡翠_____、绿柱石_____、青金石_____、琥珀_____、象牙_____、玳瑁_____。

25. 宝石多色性的明显程度与_____和_____有关。

26. 若宝石能容许绝大部分光透过，可清晰地观察到宝石后面物体的轮廓和细节，则该宝石的透明度等级为_____，若仅能见到物体轮廓的阴影，则透明度的等级为_____。

27. 产生第一级序干涉色的光程差范围是_____，可产生的颜色包括_____、_____、_____、_____、_____等。

28. 能激发矿物发光的因素包括_____、_____、_____、_____、_____等。宝石的发光性可用_____理论进行解释。

29. 在切磨具有猫眼效应和星光效应的宝石时，高折射率宝石的弧面高度应相对较_____才能使猫眼效应或星光效应表现得更明显。

30. 影响宝石的火彩的因素，除色散外还包括_____、_____和_____。

31. 举出五种具有变色效应的宝石品种：_____、_____、_____、_____、_____。

32. 举出五种具有猫眼效应的宝石品种：_____、_____、_____、_____、_____。

33. 举出五种具有星光效应的宝石品种：_____、_____、_____、_____、_____。

34. 举出五种具有砂金效应的宝石品种：_____、_____、_____、_____、_____。

35. 举出五种具有变彩效应的宝石品种：_____、_____、_____、_____、_____。

三、是非题

1. 由于激光笔所发出来的光为单色光，因此不是自然光。（   ）
2. 光是电磁波的一种，由于电磁波属于横波，所以光也属于横波。（   ）
3. 自然光可通过反射与折射作用转换成偏振光，因此反射光和折射光都是偏振光。（   ）
4. 由于非均质体宝石在各个方向上的光学性质不同，因此自然光在非均质体宝石中传播时一定会发生双折射。（   ）
5. 偏振光在非均质体宝石中不再发生分解，振动方向保持不变。（   ）
6. 双折射现象是宝石异向性的特征之一。（   ）
7. 二轴晶宝石具有三个折射率，当一束自然光进入二轴晶宝石时会分解成三束振动方向相互垂直的光。（   ）
8. 均质体宝石在各个方向上的光学性质相同，并且属于晶体，而且是等轴晶系的晶体。（   ）
9. 非均质体宝石可分为一轴晶宝石和二轴晶宝石，其中的"轴"指的晶轴。（   ）
10. 光线从光疏介质射入光密介质时，折射角小于入射角；反之，折射角大于入射角。（   ）
11. 一轴晶宝石由于具有一个光轴，因此具有一种颜色，二轴晶宝石具有两个光轴，因此具有两种颜色。（   ）
12. 同一种属的宝石矿物单晶体的透明度普遍高于该矿物组成的集合体的透明度。（   ）
13. 当光波遇到障碍物发生衍射是有条件的，只有当障碍物的大小与光波波长十分相近，或略大于光波波长时，衍射才能发生。（   ）
14. 光的色散是宝石形成火彩的重要原因，主要与介质对不同波长光的折射率不同造成的，波长与折射率成反比。（   ）
15. 二轴晶宝石的光轴面，可以与任意一个主轴面平行。（   ）
16. 二轴晶宝石有主轴面，一轴晶宝石没有主轴面。（   ）
17. 二轴晶宝石具有三个折射率，分别为 N_g、N_m 和 N_p，三个折射率之间有固定的大小关系，一轴晶宝石也具有类似的性质。（   ）
18. 二轴晶宝石具有两个光轴，因此具有两个光轴面。（   ）
19. 宝石的吸收性与折射率成正比，例如一轴晶正光性宝石，$N_e > N_o$，N_e 的吸收性也大于 N_o 的吸收性。（   ）
20. 宝石矿物的发光性可用能带理论进行解释。（   ）
21. 六射星光是由宝石六组平行排列的针状或管状包体所致，四射星光与宝石内部四组定向排列的针状或管状包体有关。（   ）
22. 可见光的振动方向既可以垂直于传播方向，也可平行于传播方向。（   ）
23. 自然光进入非均质体必定产生双折射。（   ）
24. 非均质体的 N_e 永远大于 N_o，N_g 永远大于 N_p。（   ）
25. 全（内）反射只有当光从光密介质进入光疏介质时才可能产生。（   ）

26. 白光只有通过非均质体时才能产生色散。 (   )
27. 非均质体的光轴方向不一定和晶体的某一对称要素的方向一致。 (   )
28. 瑞利散射一般来说可以产生很好的蓝-紫色的散射,例如蛋白石的乳光。(   )
29. 斜方晶系宝石晶体中光率体的三个主轴与晶体的三个结晶轴一致。 (   )
30. 等轴晶系、四方晶系、斜方晶系的宝石可以出现四射星光。 (   )
31. 中低级晶族的光率体只有一个圆切面。 (   )
32. 宝石的折射率越高,其色散值也往往较大。 (   )
33. 不具变色效应的宝石不论在怎样的光源照明下都呈同样的颜色。 (   )
34. 组成玉石的矿物粒度越不均匀,颗粒边缘越不平直,则对光的折射作用越强,透明度越低。 (   )
35. 自然光进入非均质宝石要分解成两束偏振光,而一束偏振光进入非均质宝石则无法再被分解出两束偏振光。 (   )
36. 观察宝石干涉图时,需在正交的偏光下,大多数双折射的宝石只有在平行及近于平行光轴的方向上才能看见干涉图。 (   )
37. 自然光的反射光不一定是自然光。 (   )
38. 各种具有变色效应的宝石都是含 Cr 引起的。 (   )
39. 均质体宝石的光率体切面都是圆的,非均质宝石光率体的切面都是椭圆的。 (   )
40. 光学原色是指红、绿、蓝三种颜色。 (   )
41. 电气石有二色性,沿光轴方向看去颜色深于垂直光轴方向所见颜色。 (   )
42. 一颗具有三种颜色的碧玺有明显三色性。 (   )
43. 星光蓝宝石的二色性要在从弧面的上方才能见到。 (   )
44. 电气石猫眼的包裹体延伸方向与猫眼眼线方向平行。 (   )
45. 具有变色效应的宝石往往具有较强的多色性,如变石。 (   )
46. 自然光射向一轴晶宝石时,会分解成两束偏振光,折射率分别为 N_e 和 N_o。 (   )
47. 自然光在非均质体宝石中会分解成两束振动方向相互垂直的平面偏振光,且折射率不同,这是造成宝石具有色散的原因。 (   )
48. 光率体切面与光的传播方向相互平行。 (   )
49. 斜方晶系的光率体主轴与三个结晶轴之间的关系是平行一致的,并且具有一一对应的关系。 (   )
50. 宝石在不同部位形成不同的颜色就是宝石的多色性。 (   )
51. 二轴晶宝石中,垂直于光轴面观察多色性最明显。 (   )
52. 在利用二色镜观察宝石多色性时,无论哪个方形均可观察到宝石的多色性。 (   )
53. 同种宝石具有固定的光泽特征,是鉴定宝石的决定性证据之一。 (   )
54. 透明度是宝石的固有性质之一,同种宝石的透明度应相同 (   )
55. 具有金属光泽和半金属光泽的宝石,通常为不透明宝石。 (   )
56. 劈尖干涉是薄膜干涉的一种常见形式。 (   )

57. 宝石的透明度越高,宝石的价值越高。   (   )

四、单项选择题

1. 观察电气石二色性时最适宜的观察方向是(   )
   A. 沿 C 轴方向   B. 垂且 C 轴方向   C. 斜交 C 轴方向   D. 任意方向
2. 观察坦桑石多色性最明显的方向是(   )
   A. 沿 C 轴方向   B. 垂直 C 轴方向   C. 垂直光轴面方向   D. 平行光轴面方向
3. 光线垂直二轴晶宝石光轴面方向入射时,两折射率值是(   )
   A. N_g 和 N_p B. N_g 和 N_m C. N_p 和 N_m D. N_m 和 N_m
4. 天然宝石中,色散值最大的是(   )
   A. 锆石   B. 钻石   C. 闪锌矿   D. 人造钛酸锶
5. 暗色碧玺在加工成刻面宝石时,常使台面应(   )
   A. 平行 C 轴   B. 斜交 C 轴   C. 垂直 C 轴   D. 沿任意方向
6. 一轴晶多色性最强的光率体切面是(   ),双折射率最大的切面是(   )
   A. 平行光轴切面   B. 斜交光轴切面   C. 垂直光轴切面   D. 平行台面切面
7. 二轴晶多色性最强的光率体切面是(   ),双折射率最大的切面是(   )
   A. 光轴面   B. 垂直光轴面的切面   C. 斜交光轴面   D. 平行台面
8. 下列宝石中哪一种常见假一轴晶现象(   )
   A. 橄榄石   B. 托帕石   C. 斧石   D. 尖晶石
9. 二轴晶光率体的光轴面与圆切面(   )
   A. 平行   B. 斜交   C. 垂直   D. 以上都有可能
10. 二轴晶光率体的主轴有(   ),主轴面有(   ),光轴面有(   )
    A. 1 个   B. 2 个   C. 3 个   D. 无数个
11. 一轴晶光率体的主轴有(   ),主轴面有(   ),光轴面(   )
    A. 1 个   B. 2 个   C. 3 个   D. 无数个
12. 二轴晶光率体的光轴与结晶轴之间的位置关系为(   )
    A. 垂直   B. 平行   C. 斜交或垂直   D. 平行、斜交或垂直
13. 下列仿钻中,色散值最大的是(   )
    A. 合成立方氧化锆   B. 人造钇铝榴石   C. 合成碳硅石   D. 人造钛酸锶
14. 尼克尔棱镜通过哪种方式获得偏振光(   )
    A. 反射   B. 折射   C. 双折射   D. 选择性吸收
15. "蓝-紫-黄绿"描述的是下列哪种宝石的多色性(   )
    A. 红柱石   B. 金绿宝石   C. 堇青石   D. 坦桑石
16. 光的衍射原理可解释宝石中哪些特殊光学效应(   )
    A. 晕彩效应   B. 变彩效应   C. 砂金效应   D. 变色效应

五、多项选择题

1. 通过下列哪些方法可以将自然光转换成偏振光（　　）
   A. 选择性吸收　　B. 反射作用　　C. 折射作用　　D. 双折射　　E. 色散作用
2. 以下宝石中属于一轴晶负光性的宝石有（　　）
   A. 绿柱石　　B. 石英　　C. 方解石　　D. 方柱石　　E. 红宝石
3. 一下宝石中属于一轴晶正光性的宝石有（　　）
   A. 水晶　　B. 蓝宝石　　C. 锆石　　D. 鱼眼石　　E. 透视石
4. 以下宝石中可能属于二轴晶正光性的宝石有（　　）
   A. 托帕石　　B. 月光石　　C. 橄榄石　　D. 锂辉石　　E. 绿松石
5. 以下宝石中可能属于二轴晶负光性的宝石有（　　）
   A. 橄榄石　　B. 坦桑石　　C. 锂辉石　　D. 柱晶石　　E. 矽线石
6. 下列宝石中，抛光面可呈现玻璃光泽的宝石包括（　　）
   A. 钻石　　B. 榍石　　C. 玻璃　　D. 孔雀石　　E. 尖晶石
7. 宝石的光泽强弱与下列哪几个因素有关（　　）
   A. 硬度　　B. 颜色深浅　　C. 表面抛光程度
   D. 矿物集合方式　　E. 折射率　　F. 光吸收系数
8. 瑞利散射的光波波长与散射粒子的大小相比（　　）
   A. 略大于　　B. 略小于　　C. 相同　　D. 不同　　E. 远大于
9. 光线通过以下哪种方式可以获得偏振光（　　）
   A. 沿绿柱石光轴方向　　B. 沿钻石任意方向　　C. 垂直碧玺的光轴方向
   D. 沿碧玺的光轴方向　　E. 垂直于托帕石的光轴面
10. 在一轴晶中 N_e 平行于晶体的（　　）
    A. 结晶轴　　B. 低次对称轴　　C. 高次对称轴
    D. 与对称轴或结晶轴无关　　E. 光轴
11. 珍珠光泽是由（　　）产生的
    A. 光的反射　　B. 光的散射　　C. 光的干涉　　D. 光的色散　　E. 光的衍射
12. 拉长石具有的变彩效应可能是由下列哪些因素引起的（　　）
    A. 金属片对光的反射　　B. 致色元素　　C. 聚片双晶
    D. 光的散射　　E. 针状或片状包裹体
13. 下列宝石中，可呈现油脂光泽的是（　　）
    A. 翡翠　　B. 和田玉　　C. 琥珀　　D. 岫玉　　E. 玳瑁
14. 当偏振光进入非均质体中时可能出现的现象（　　）
    A. 振动性质不变　　B. 分解为两束偏振光　　C. 转变为自然光
    D. 波长变小　　E. 频率变高
15. 第二级序干涉色与第一级序干涉色相比（　　）
    A. 可产生蓝色　　B. 干涉色条带间界线清楚　　C. 颜色更鲜艳
    D. 色调更浅　　E. 光程差更大
16. 下列宝石中具有强多色性的是（　　）

A. 坦桑石　　　　B. 堇青石　　　　C. 红宝石　　　　D. 碧玺　　　　E. 橄榄石
17. 下列宝石中，可具有强紫外荧光的是（　　）
A. 钻石　　　　　B. 红宝石　　　　C. 尖晶石　　　　D. 碧玺　　　　E. 石榴石
18. 下列宝石中可产生磷光的是（　　）
A. 钻石　　　　　B. 红宝石　　　　C. 磷灰石　　　　D. 萤石　　　　E. 祖母绿
19. 影响宝石火彩的因素包括（　　）
A. 色散值　　　　B. 切工　　　　　C. 颜色　　　　　D. 折射率　　　E. 双折射率
20. 一轴晶光率体的光轴可与下列哪些要素平行（　　）
A. 高次对称轴　　　　　　　B. 对称面　　　　　　　　　C. 对称面法线
D. 低次对称轴　　　　　　　E. 与任何对称要素都可能平行　　F. 二次对称轴
21. 翠榴石火彩不明显的原因是（　　）
A. 色散率不高　　　　　　　B. 体色太深　　　　　　　　C. 有马尾丝状包体
D. 折射率高　　　　　　　　E. 荧光过强

六、问答题

1. 关于光的基本知识，请回答如下问题：
（1）简述自然光和偏振光在宝石中的传播特点。
（2）阐述用于宝石检测的平面偏振光产生的两种途径。
（3）简述尼克尔棱镜的制作方法及工作原理。
（4）简述光的全反射在宝石学中的应用。
（5）列出两种利用到偏振光的鉴定仪器，举例说明这些仪器的用途。
2. 关于光的物理作用，请回答如下问题：
（1）简述光的干涉作用在宝石学中的应用，并举例说明。
（2）什么是干涉色？干涉色的级序如何划分？不同级序的特点是什么？
（3）干涉色与宝石的体色有哪些不同？
（4）简述光的衍射作用在宝石学中的应用。
（5）简述光的散射作用在宝石学中的应用。
（6）简述光的色散作用在宝石学中的应用。
（7）宝石的假色是如何产生的？请利用光的相互作用原理进行解释。
3. 关于宝石的光学性质，请回答如下问题：
（1）光学性质在宝石学中有何意义，请举例说明。
（2）什么是多色性？简述一轴晶和二轴晶宝石的多色性特征。
（3）在观察宝石多色性时，所观察到的颜色是如何变化的？
（4）简述宝石的多色性在宝石学中的应用。
（5）什么是宝石的光泽？如何在宝石鉴定中应用宝石的光泽？
（6）宝石光泽是如何分类的？宝石光泽的影响因素有哪些？
（7）什么是宝石的透明度？宝石的透明度是如何划分的？
（8）宝石的透明度与哪些因素有关？详细论述这些因素对透明度的影响。

（9）简述宝石的透明度在宝石学中的应用。
（10）影响宝石发光性的因素都有哪些？如何解释宝石矿物的发光性？
（11）简述宝石的发光性在宝石学中的应用。
（12）什么是宝石的火彩？影响宝石火彩的因素有哪些？
（13）宝石的折射率可作为鉴定宝石种属的决定性证据，请阐述其原因。

4. 关于宝石的特殊光学效应，请回答如下问题：
（1）某些具有猫眼效应的宝石眼线为何不正？
（2）何为变色效应？具有变色效应的宝石都有哪些？并举出一例对其成因进行解释。
（3）以变石为例解释多色性和变色效应的差别。
（4）何为猫眼效应？猫眼效应产生的机理是什么？具有猫眼效应的宝石应如何加工？
（5）猫眼效应产生的条件有哪些？请画图解释猫眼效应形成的过程。
（6）弧面型宝石的高度与"眼线"之间的宽度有何关系？请画图解释。
（7）何为星光效应？星光效应产生的机理是什么？具有星光效应的宝石应如何加工？
（8）星光效应产生的条件有哪些？请画图解释星光效应形成的过程。
（9）何为变彩效应？哪些宝石具有变彩效应？列举两例说明它们的变彩效应产生的原因。
（10）欧泊是典型的具有变彩效应的宝石，它的变彩具有哪些特点？如何解释欧泊的变彩效应？
（11）对比猫眼效应、星光效应和砂金效应。

5. 关于宝石的光率体，请回答如下问题：
（1）在结晶学中，接触过各类"轴"的概念，请对比这些概念。
（2）详细论述研究宝石光率体的意义是什么。
（3）详细描述不同光率体的光性方位。

6. 什么是电磁波？如何对其进行分类？宝石学中常用的电磁波包括哪些？请举例说明。

第三节 参考答案

一、名词解释

1. 电磁波

答：电磁波是在空间运动传播着的电磁振动（变化的电磁场），其特点是振动方向垂直其传播方向，属一种横波，其传播速度与频率和波长的关系式为 $c=\nu\lambda$。波长最短的电磁波波长为 10^{-5} nm，相当于γ射线，波长最长的电磁波波长为 10^{15} nm，相当于无线电波。在宝石学中常用的电磁波包括红外光、可见光、紫外光、X射线、γ射线。

2. 电磁波谱

答：整个电磁波为一广阔的区段，波长自长至短分别为无线电波、红外线、可见光、紫外线、X射线、γ射线，将各种波长的电磁波按其波长顺序排列，即构成电磁波谱。

3. 自然光

答：从一切实际光源直接发出的光波，一般都属自然光，如太阳光、灯光等，其特点是在垂直光波传播方向的平面内沿各个方向都有等振幅的光振动，相当于由无数个方向振动的横波组成的复杂混合波。

4. 偏振光

答：光的振动方向与光的传播方向构成的平面为振动面，若振动面仅局限于某一固定方向的光波为平面偏振光，简称偏振光或偏光。自然光通过折射、反射、双折射、选择性吸收等作用可转化为偏振光。

5. 偏振化作用

答：偏振化作用是指使自然光转变成偏振光的作用，自然光可通过反射、折射、双折射及选择性吸收等作用转变成偏振光。

6. 偏光片

答：偏光片是指将自然光转变为偏振光的装置，或称起偏器。装有偏光片的珠宝鉴定仪器包括偏光显微镜、偏光镜、折射仪等。偏光片通常应用选择性吸收使自然光转化成偏振光，采用赛璐珞或其他透明材料的薄片制成，表面涂有某种细微的且按一定方向排列的晶体物质（如硫酸奎宁），能吸收某些方向的光振动，而只允许与这个方向垂直的光振动通过。为了便于说明，偏振片上标出允许通过光的振动方向，这个方向叫作偏振化方向。

7. 尼科尔棱镜

答：尼克尔棱镜是将自然光转化成偏振光的一种装置，由冰洲石制成，取一块长度约为宽度 3 倍的冰洲石（方解石）晶体，将两端切去一些，使主截面上的角度为 68°，将晶体沿着垂直于主截面及两端面的平面切开，再用加拿大树胶黏合在一起，即成为尼科尔棱镜。

8. 光性均质体

答：光性均质体是指在各个方向上光学性质相同的物质，包括非晶质宝石和等轴晶系的宝石矿物，简称均质体，光率体形态为一圆球体。属于光性均质体的宝石包括火山玻璃、钻石、石榴石、尖晶石等宝石。

9. 光性非均质体

答：光性非均质体是指光学性质随方向而异的物质，包括中级晶族和低级晶族的宝石矿物，简称非均质体。根据光轴数量可将非均质体分为一轴晶和二轴晶，前者包括中级晶族宝石，如红宝石、绿柱石等，后者包括低级晶族宝石，如橄榄石、金绿宝石等。多数宝石属于光性非均质体。

10. 光轴

答：当光波沿非均质体宝石的某个特殊方向入射时，不发生双折射，且基本不改变入射光波的振动特点和振动方向，这个不发生双折射的特殊方向称为光轴。根据光轴的数量可将宝石分为一轴晶和二轴晶，其中，中级晶族宝石为一轴晶，如红宝石、祖母绿、水晶等；中级晶族宝石为二轴晶，如橄榄石、金绿宝石、锂辉石等。

11. 双折射

答：当光波进入非均质体宝石时，除某些特殊方向（即光轴方向）外，一般都要发生分解，分解成两束振动方向互相垂直、传播速度不同的两束偏光，这一现象称为光的双折射，偏振光的振动方向与对应光率体切片的主轴相平行。

12. 一轴晶

答：中级晶族宝石晶体只有一个光轴方向，称为一轴晶，其光率体形态为旋转椭球体，具有两个主折射率，分别为 N_e 和 N_o，当 $N_e>N_o$ 时为一轴晶正光性，如水晶、锆石、金红石等；反之为一轴晶负光性，如红宝石、祖母绿、碧玺等。

13. 二轴晶

答：低级晶族宝石晶体具有两个光轴方向，称为二轴晶，其光率体形态为橄榄椭球体，具有三个主折射率，分别为 N_g、N_m 和 N_p，当 $N_g-N_m>N_m-N_p$ 时，为二轴晶正光性，如金绿宝石、托帕石、坦桑石等；反之为二轴晶负光性，如红柱石、锂辉石、楣石等。

14. 光的反射定律

答：光从一个介质射向不同物质时，一般均会发生反射作用，在分界面上改变传播方向，返回原来介质中的现象称为光的反射，反射光、入射光与法线处在同一平面内，反射光线和入射光线分居在法线的两侧，反射角等于入射角。

15. 光的折射定律

答：当光从一种介质斜射入另一种介质时，部分光线发生反射，其余光线发生折射射向另一种介质，且传播方向发生改变，即光线在不同介质的交界处发生偏折，折射光线与入射光线分布在法线的两侧，且与法线处在同一平面内，对于给定的任意两种相接触的介质和给定波长的光来说，入射角的正弦与折射角的正弦之比为一常数，这个比值称为折射率。

16. 全反射

答：光线从光密介质进入光疏介质时，折射角一般大于入射角，当入射角继续增大，折射角也随之增大，当折射角等于90°时，所对应的入射角为临界角，当入射角大于临界角时，入射光不再发生折射，而是全部反射回到入射介质中，且遵循反射定律。这一现象称为光的全反射。

17. 临界角

答：光线从光密介质射向光疏介质，折射角大于入射角，当折射角等于90°时，所对应的入射角称之为全反射临界角。应用临界角可用于测定宝石的折射率，指导宝石加工。

18. 光密介质与光疏介质

答：光密介质与光疏介质是一对相对的概念，两种介质相比较，若光的传播速度相对较小（折射率相对较大）的介质称为光密介质。若光的传播速度相对较大（折射率相对较小）的介质叫光疏介质。例如钻石的折射率为2.417，水晶的折射率为1.544~1.553，钻石相对水晶为光密介质，水晶相对钻石为光疏介质。

19. 漫反射

答：当一束平行光线照到物体凹凸不平的表面时，光沿着不同的方向发生反射，称为光的漫反射。此时每一个凹面或凸面都相对入射光构成了局部范围内的反射界面，众多的反射界面使原本沿同一方向入射的光分解成无数个细小光束以不同反射角反射，从而形成光的漫反射。

20. 完全漫反射体

答：当物体对入射光进行漫反射时，若各反射方向的反射光亮度相当的点能连成一个正圆，则该物体称为完全漫反射体。

21. 镜面反射

答：当一束平行光线照到理想抛光平面或镜面时，入射光的绝大部分，依反射定律沿同一方向被反射，且入射角与反射角相等，反射光线仍保持为一束平行光线，这种反射称为镜面反射。

22. 光的干涉

答：波长相同、相差恒定、传播方向相近的两束或两束以上的光在同一介质中相遇时，在交叠区相互作用产生相长增强或相消删除的现象称为光的干涉作用，是引起宝石形成假色的重要原因之一，也是经充填等优化处理宝石内部形成闪光现象的重要原因。

23. 薄膜干涉

答：假设一束光波照射于薄膜，由于折射率不同，光波会被薄膜的上界面与下界面分别反射，因相互干涉而形成新的光波，这现象称为薄膜干涉，是宝石形成假色的重要原因之一，如拉长石的变彩效应，也是充填处理宝石中形成的闪光现象的重要原因。

24. 劈尖干涉

答：劈尖干涉是薄膜干涉的一种常见形式，当薄膜不均匀，即薄膜的厚度发生变化时，将出现劈尖干涉。劈尖往往一个表面是平面另一侧表面为倾斜面，呈楔形。是宝石形成假色的重要原因之一。

25. 光的衍射

答：当光波在遇到障碍物时可偏离直线方向传播的现象称为光的绕射，也称为光的衍射，是宝石形成假色的重要原因之一，例如欧泊是由二氧化硅小球组成，小球之间的空隙可对光产生衍射，在三维空间内形成无数个性质相同的光源，进而发生光的干涉，从而形成欧泊的变彩效应。此外也可利用光的衍射制作衍射光栅，即光栅式分光镜，用于观察宝石的光谱特征。

26. 光的散射

答：散射是指由传播介质的不均匀性引起光线向四面八方射去的现象，在宝石学中常见的散射包括瑞利散射和米氏散射，是宝石形成假色的重要原因之一，例如月光石的月光效应、乳石英中的白色乳光等。

27. 瑞利散射

答：瑞利散射又称为"分子散射"，是比可见光波长小的微粒引起的散射，当微粒的大小在 1~300 nm 时，其对可见光的散射强度与波长四次方成反比，波长短的蓝光比波长长的红光的散射要强得多，可产生很好的蓝色-紫色的散射，其他波长的光被部分吸收而削弱，这类散射统称为瑞利散射，如月光石表面的蓝色月光效应。

28. 米氏散射

答：米氏散射是微粒的尺寸与光的波长相当时发生的散射，其散射强度与波长的二次方成反比，因此散射强度与波长关系不大，大多数情况下呈白色散光，如不透明的白色石英。当色散微粒大小在 $\lambda \sim 2\lambda$ 时，可呈各种颜色，主要为红色和绿色，但较为少见，极少数具有黄色、米黄色乳光的月光石可具有此结构；有时把散射微粒＞700 nm 的散射也称为白色米氏散射，如芙蓉石、刚玉、蛋白石等。

29. 光的色散

答：当白色复合光通过具棱镜性质的材料时，将复合光分解而形式不同波长光谱的现象称为色散，它是光在同一介质中的传播速度随波长而异所造成的。色散是引起宝石形成火彩的重要原因，具有较强火彩的宝石包括钻石、金红石等。色散用红光 686.7 nm 和紫光 430.8 nm 两束单色光的折射率差值进行标度。根据色散值的大小，可将色散划分成四个等级，分别为极低（0.010 以下）、低（0.010～0.019）、中高（0.020～0.029）、高（0.030～0.059）、极高（0.060 以上）。

30. 火彩

答：具有高色散值的宝石，通过小刻面所闪烁出各种颜色的现象称为"火彩"。当光线射向宝石时，光线在亭部发生全反射，返回冠部，由于反射光线与冠部具有一定的夹角，将白光分解成单色光，从而形成火彩。影响宝石火彩的因素包括色散值、切工、体色、净度等，具有较强火彩的宝石包括钻石、金红石、合成碳化硅等。

31. 光率体

答：光率体是表示光波在晶体中传播时光波的振动方向与相应折射率值之间关系的光学立体图形（光性指示体）。均质体宝石的光率体形态为球形，一轴晶宝石的光率体形态为旋转椭球体，二轴晶宝石的光率体形态为橄榄椭球体。

32. 主轴面

答：主轴面是指包含光率体主轴的平面，对于一轴晶光率体形态为旋转椭球体，具有两个主轴，分别为 N_e 和 N_o，具有无数个主轴面，为 N_e-N_o 面，是一个包含光轴的平面；二轴晶光率体具有三个主轴，分别为 N_g、N_m 和 N_p，具有三个主轴面，分别为 N_g-N_m 面、N_g-N_p 面和 N_m-N_p 面。

33. 光学主轴

答：二轴晶光率体的三轴椭球体中的三个互相垂直的主轴代表了二轴晶宝石的三个主要光学方向，称为光学主轴，即 N_g 轴、N_m 轴和 N_p 轴。

34. 2V 角

答：二轴晶宝石具有两个光轴，两光轴之间所夹的锐角称光轴角，以符号"2V"表示，不同宝石晶体的 2V 角一般不同。

35. 光性方位

答：光性方位是指光率体主轴与晶体结晶轴之间的相对位置关系。对于均质体宝石，光率体任意三个互相垂直的直径都可以与三个结晶轴相当；对于一轴晶中级晶轴宝石，N_e 与高次轴相当；对于斜方晶系宝石，光率体三个主轴与三个结晶轴相当，但无一一对应的关系；对于单斜晶系，某一主轴与结晶轴 b 轴相当，其余主轴与其余结晶轴相互斜交；三斜晶系中，主轴与晶轴相互斜交。

36. 多色性

答：多色性是光波在晶体中振动方向不同而使彩色宝石呈现不同颜色的现象。根据多色性的强弱，可将多色性分为强（如堇青石）、中（如红宝石）、弱（如紫晶）、无（如尖晶石）四个等级，用于观察宝石多色性的仪器主要为冰洲石二色镜，其次为偏光镜。

37. 吸收性

答：吸收性是指在宝石晶体中，颜色深浅随光波振动方向而改变的现象。在一轴晶宝石中，若 N_o 方向的颜色深于 N_e 方向，则吸收性为 $N_o > N_e$；反之吸收性为 $N_o < N_e$。在二轴晶宝石中，若 N_g 颜色深于 N_m，N_m 深于 N_p，则吸收性为 $N_g > N_m > N_p$，称正吸收；反之为 $N_g < N_m < N_p$，称反吸收。

38. 宝石的光泽

答：宝石的光泽是指宝石表面反射光的能力。通常光泽的强弱用反射率 R 来表示。根据光泽的强弱，可将光泽分为金属光泽、半金属光泽、金刚光泽和玻璃光泽等；此外，宝石的光泽还受到宝石颜色、表面平坦程度、集合体结合方式等因素的影响，可产生油脂光泽、树脂光泽、蜡状光泽等特殊光泽。

39. 金属光泽

答：金属光泽是指反光能力很强，似平滑金属磨光面的反光。具有金属光泽的矿物呈金属色，条痕呈黑色或金属色，一般不透明，反射率一般 $> 25\%$，折射率一般 > 3，如黄铁矿、自然金等。

40. 半金属光泽

答：半金属光泽是指反光能力较强，似未经磨光的金属表面的反光。具有半金属光泽的矿物呈金属色，条痕为深彩色（如棕色、褐色等），不透明至半透明，其反射率 $R = 25\% \sim 19\%$，折射率在 $2.6 \sim 4$，如黑钨矿、铬铁矿等。

41. 金刚光泽

答：金刚光泽是指反光较强，似金刚石般明亮耀眼的反光。具有金刚光泽的矿物颜色和条痕均为浅色（如浅黄、橘红、浅绿等）、白色或无色，半透明-透明。其反射率 $R = 19\% \sim 10\%$，折射率 $n = 1.9 \sim 2.6$，如钻石、浅色闪锌矿等。

42. 玻璃光泽

答：玻璃光泽是指反光能力相对较弱，呈普通平板玻璃表面的反光。具有玻璃光泽的矿物为无色、白色或浅色,条痕呈无色或白色,透明-半透明。反射率 $R=10\% \sim 4\%$,折射率 $n=1.3 \sim 1.9$,多数宝石为玻璃光泽,如红宝石、祖母绿、水晶等。

43. 油脂光泽

答:油脂光泽是指在一些颜色较浅,具有玻璃光泽或金刚光泽的宝石的不平坦断面上或集合体颗粒表面所见到的一种光泽。如石英晶面为玻璃光泽,断口可为油脂光泽。

44. 树脂光泽

答:树脂光泽是指在一些颜色为黄-黄褐色的宝石,断面上可以见到一种类似于松香等树脂所呈现的光泽。如琥珀,其断面上常见到树脂光泽。

45. 蜡状光泽

答:蜡状光泽是指在一些透明-半透明玉石矿物的隐晶质或非晶质致密块体上,由于反射面不平坦,产生一种比油脂光泽暗一些的光泽,如块状叶蜡石的光泽。

46. 土状光泽

答:土状光泽是指在一些细分散的多孔隙的宝石矿物因对光的漫反射或散射而呈现一种暗淡的光泽,如风化程度较高的劣质绿松石。

47. 丝绢光泽

答:丝绢光泽是指一些透明的原具玻璃光泽或金刚光泽的宝石矿物,当它们呈纤维状集合体的形式出现时,或一些具完全解理的矿物表面所见到的一种像蚕丝和丝织品那样的光泽,如虎睛石。

48. 珍珠光泽

答:珍珠光泽是指在珍珠的表面或一些解理发育的浅色透明宝石矿物表面,所见到的一种柔和多彩的光泽,如珍珠、贝壳等。

49. 透明度

答:宝石的透明度是指宝石允许可见光透过的程度。宝石的透明度可以用透射系数来表示,在宝石的肉眼鉴定中,通常将宝石的透明度大致划分为透明、亚透明、半透明、微透明、不透明五个级别。

50. 发光性

答:发光性是指宝石矿物在外来能量的激发下发出可见光的性质。可激发宝石矿物发光的因素包括摩擦、加热、阴极射线、紫外线、X射线等。包括荧光和磷光两种,其中,荧光为宝石矿物在受外界能量激发时发光,激发源撤除后发光立即停止的现象;磷光为宝石矿物在受外界能量激发时发光,激发源撤除后仍能继续发光的现象。可具有发光性的宝石包括红宝石、尖晶石等。

51. 猫眼效应

答：猫眼效应是指在平行光线照射下，以弧面型切磨的某些珠宝玉石表面呈现的一条明亮光带，且该光带随样品或光线的转动而移动的现象。能够引起猫眼效应的因素包括一组定向排列的针状或管状包裹体、纤维状构造等。常见具有猫眼效应的宝石包括金绿宝石、磷灰石、石英等。

52. 星光效应

答：星光效应是指在平行光线照射下，以弧面型切磨的某些珠宝玉石表面呈现出两条或两条以上交叉亮线的现象，能够引起星光效应的因素包括两组或两组以上定向排列的针状或管状包裹体等。常见星光效应的宝石包括红宝石、蓝宝石、金绿宝石等。

53. 变色效应

答：变色效应是指宝石矿物的颜色随入射光光谱能量分布或入射光波长的改变而改变的现象。可具有变色效应的宝石包括变石、变色蓝宝石、变色碧玺等。

54. 变彩效应

答：变彩效应是指宝石的特殊结构对光的干涉、衍射作用产生颜色，且颜色随着光源或观察角度的变化而变化的现象。可具有变彩效应的宝石包括欧泊、斑彩菊石、拉长石等。

55. 砂金效应

答：砂金效应是指透明宝石中包含的光泽较强的不透明固体包裹体对可见光发生反射作用，使宝石呈现星点状反光的现象，能够引起砂金效应的固体包裹体包括赤铁矿、针铁矿、云母、黄铁矿等。可具有砂金效应的宝石包括日光石、东陵石、堇青石等。

二、填空题

1. 垂直　横波

【答案解析】光的本质是一种横波，其振动方向与传播方向相互垂直，很好地理解并掌握光的本质有助于理解自然光、偏振光以及宝石鉴定、相关原理的理解。

2. 干涉　衍射　直线传播　反射　折射　宝石颜色的成因　荧光　磷光

【答案解析】光具有波粒二象性：
（1）光的波动性能够较好地解释光的干涉、衍射等光学现象。
（2）光的粒子性能够较好地解释光的直线传播、反射、折射、宝石颜色的成因及荧光、磷光等光电效应。

3. 无线电波　宇宙射线　红外线　可见光　紫外线

【答案解析】按照波长或频率的顺序将电磁波排列起来即可构成电磁波谱，波长由低至高依次是无线电波（分为长波、中波、短波、微波）、红外线、可见光、紫外线、X射线及γ射线。以无线电的波长最长，宇宙射线（X射线、γ射线和波长更短的射线）的波长最短。

宝石学中常用的电磁波包括红外线、可见光、紫外线、X射线、γ射线等。

（1）红外线：红外线可引起分子振动能级的跃迁，产生红外光谱，可用于鉴定宝石种属、区分相似宝石、区分天然宝石与合成宝石、鉴定宝石的优化处理、研究宝石中水的赋存形式等。

（2）可见光：

①常规仪器：宝石常规仪器应用的多数为可见光，如宝石显微镜、折射仪、偏光镜、二色镜、分光镜、查尔斯滤色镜等。利用可见光可用于肉眼或放大观察宝石的颜色、光泽、透明度、内外部特征等，测定宝石的折射率，利用偏光镜测定宝石的光性特征，观察宝石的多色性等，上述观察或测定结果可用于鉴定宝石种属、区分相似宝石、区分天然宝石与合成宝石、鉴定宝石的优化处理等。

②激光拉曼光谱：对应的仪器为激光拉曼光谱仪，使用的光源包括488 nm（蓝光）、514 nm（绿光）等，也包括部分近红外和红外光源。其原理是激光光子与宝石分子发生非弹性碰撞后，改变了原有入射光频率，形成拉曼光谱。拉曼光谱反映了分子振动的固有频率、分子对称性、分子内部作用力的大小及一般分子动力学性质，可用于鉴定宝石种属、区分相似宝石、区分天然宝石与合成宝石、鉴定宝石的优化处理、研究宝石的内含物等。

（3）紫外线：通常用于观察宝石在紫外线下的发光现象，可作为一种辅助性的证据，如辅助鉴定宝石种属、辅助区分相似宝石、辅助区分天然宝石与合成宝石、辅助鉴定宝石的优化处理、辅助区分宝石产地等。

（4）X射线：

①特征X射线：对应的仪器为电子探针和X射线荧光光谱仪，当高速电子轰击在宝石时产生特征X射线，或利用初级X射线照射宝石时产生特征X射线荧光，产生的X射线的波长与原子序数之间的关系为$\lambda=K(Z-S)^{-2}$，可用于测定宝石中的元素组成，进而鉴定宝石种属，区分相似宝石、区分天然宝石与合成宝石、鉴定宝石的优化处理、研究宝石的成因、区分宝石的产地等。

②X射线荧光：当利用X射线照射宝石时，宝石可发出可见光的现象，通过发光强度、发光颜色等特征鉴定宝石或其他应用，例如，多数钻石在X射线的作用下发出蓝白色荧光，极少数无荧光，利用此特征可用于钻石选矿；再如，除澳大利亚产的银光珠有弱的黄色荧光外，其他地区产的珍珠均不发荧光，多数有核养殖珍珠呈强的浅绿色荧光和磷光。

③X射线照相：主要利用宝石中的不同组分对X射线的透过性不同鉴定宝石，例如，天然珍珠在X射线照片上显示出明暗相间的环状图形或近中心的弧形；养殖珍珠由于核外包裹一层壳角蛋白，且不透过X射线，X射线照片上显示明亮的珠核和边缘较暗的薄的珍珠层；无核养殖珍珠内部呈现一个空洞。

④X射线衍射：对应的仪器为X射线衍射仪，当一束波长为λ，且经过准直的单色X射线，以一定衍射角入射到宝石晶体面网间距为d的一组面网（hkl）时发生衍射，形成与其晶体结构对应的衍射花样。衍射线束的强度由宝石晶体内部质点的位置和种类决定，衍射线束的方向由晶胞的形状、大小决定，可求得宝石晶体中各晶面的面网间距（d）。依据衍射峰位

和衍射强度数据，可分析未知宝石的物相和晶体结构。

（5）γ射线：主要用于宝石的辐照处理，例如，利用 Co-60 产生的γ射线可用于托帕石的辐照处理，辐照后产生深浅不同的褐色，再经热处理后，可得到蓝色的托帕石。

4. 偏振光　偏光　振动面

【答案解析】 详见例题 1。

5. 反射　折射　双折射　选择性吸收　偏振化作用

【答案解析】 详见例题 1。

6. 均质体　非均质体　尖晶石　石榴石　萤石　红宝石　蓝宝石　祖母绿

【答案解析】 根据宝石的光学性质，可以将宝石分为均质体和非均质体两大类

（1）均质体宝石包括非晶体（如欧泊、天然玻璃、琥珀等）宝石和等轴晶系宝石（如尖晶石、石榴石、钻石、萤石、黄铁矿等）。

（2）非均质体宝石包括中级晶族（如红宝石、蓝宝石、祖母绿等）和低级晶族宝石（如辉石、长石、坦桑石等），多数宝石属于非均质体宝石。

7. 一轴晶宝石　二轴晶宝石　1　2　1　0

【答案解析】 根据"光轴"的数量，可将非均质体宝石矿物分为一轴晶和二轴晶两大类：

（1）一轴晶：具有一个光轴，包括中级晶族宝石，具有一个高次轴，光率体形态为旋转椭球体，其对应的光率体具有两个主轴，分别为 N_e 和 N_o，其中 N_e 平行于高次对称轴。

（2）二轴晶：具有两个光轴，包括低级晶族宝石，无高次轴，光率体形态为橄榄椭球体，具有三个主轴，分别为 N_g、N_m 和 N_p，由于二轴晶为低级晶族，因此无高次对称轴。

注：在学习的过程中会接触到各种"轴"的概念，因此需要对其进行区分以避免混淆，宝石学或结晶学中的"轴"主要包括对称轴、双晶轴、晶轴、光轴、主轴等。

8. 组成成分　晶体结构　组成成分　晶体结构

【答案解析】 宝石的折射率以及相对密度与宝石的组成成分和晶体结构密切相关，另外，化学组成和晶体结构是确定一个矿物种的两个基本因素，因此折射率和相对密度是宝石固有的性质，且是鉴定宝石种属最重要的参数之一，但宝石的折射率和相对密度值会随着类质同象等现象的发生在一定范围内变化，例如，橄榄石的折射率及相对密度会随着 Fe 含量的增高而增高，此外，宝石的相对密度值还受宝石的内含物等的影响在一定范围内变化。

9. 反比

【答案解析】 根据光的折射定律，介质的折射率与光在该介质中的传播速度成反比，折射率越大，光的传播速度越小；反之，折射率越小，光的传播速度越大。光在真空中的传播速度最大。

10. 频率相同　振动方向相同　位相相同或位相差恒定

【答案解析】 能发生干涉的两束光必须满足：频率相同、振动方向相同、位相相同或位相差恒定。当满足以上条件的两束光相遇时：

（1）波峰与波峰相遇，波谷与波谷相遇，振幅增强，其效果是相长增强，光亮度增强，其满足的条件为波程差等于半波长的偶数倍。

（2）波峰与波谷相遇，波谷与波峰相遇，振幅减小，其效果是相消相减，光亮度减弱，其满足的条件为波程差等于半波长的奇数倍。

11. 薄膜干涉

【答案解析】宝石中最常见的干涉现象是薄膜干涉（劈尖干涉属于薄膜干涉的一种，即薄膜不均匀时发生的干涉现象），是宝石产生假色的重要原因之一，能够产生干涉现象的原因包括解理、裂隙、层状结构等，例如，"彩虹水晶"内部的彩色现象与裂隙有关；拉长石的变彩效应与聚片双晶薄层有关，或与拉长石内部包含的细微片状赤铁矿包体及一些针状包体有关；充填处理宝石中常见的闪光现象同样与薄膜干涉作用有关。

12. 不均匀微粒的大小　光的波长　瑞利　米氏
【答案解析】详见例题4。

13. 金属光泽　半金属光泽　金刚光泽　玻璃光泽　>25%　25%~19%　19%~10%　10%~3%；>3、2.6~3、1.9~2.6、1.3~1.9。
【答案解析】详见例题8。

14. 折射率　吸收率　抛光程度　组成矿物　结构　紧密程度　油脂　金刚
【答案解析】详见例题8。

15. 晶格类型　颜色　厚度　颗粒结合方式　杂质　裂隙
【答案解析】详见例题9。

16. 振动方向　折射率
【答案解析】详见例题5。

17. 圆球体　旋转椭球体　三轴椭球体
【答案解析】要很好地理解光率体的形态特征，需要很好地理解光率体的定义以及制作过程。

（1）光率体的本质是一个虚拟的立体几何图形，它反映的是折射率大小与振动之间的关系，其中，线段的方向代表光的振动方向，线段的长度代表折射率的大小。

（2）均质体在各个方向上的光学性质相同，折射率相同，因此其光率体的形态必然是一个球体。

（3）一轴晶宝石仅具有一个光轴，光线沿着光轴传播时，不发生双折射，在垂直光轴的各个方向上，不同的振动方向折射率相同，即光学性质相同，因此对应的形态必然为旋转椭球体。

（4）二轴晶宝石具有两个光轴，含有三个主折射率，对应光率体的三个主轴，形态为一个三轴椭球体，或橄榄椭球体。

18. 主轴面　三　无数
【答案解析】在二轴晶光率体中，包含两个主轴的面称为主轴面，二轴晶宝石具有三个主轴，三个主轴面，分别为N_g-N_m面、N_g-N_p面和N_m-N_p面，其中N_g-N_p面与光轴面重合；一轴晶中具有无数个主轴面，并且与光轴面相重合。

19. 平行一致　平行一致
【答案解析】详见例题6。

20. 常光（或N_o）　非常光（或N_e）　N_g　N_m　N_p
【答案解析】详见例题7。

21. 均质体　一轴晶　二轴晶　高级晶族　中级晶族　低级晶族　圆球体　旋转椭球体　三轴椭球体。
【答案解析】略。

22. $N_e > N_o$　水晶　锆石　蓝宝石　碧玺　$N_g-N_m > N_m-N_p$　托帕石　锂辉石　红柱石　蓝晶石

【答案解析】（1）一轴晶宝石具有两个主折射率，分别为 N_e 和 N_o，N_e 与 N_o 之间没有固定的大小关系，但根据其大小关系，可确定宝石光性的正负，当 $N_e > N_o$ 时，为正光性，反之为负光性。

一轴晶正光性的宝石包括锆石、锡石、合成碳硅石、蓝锥矿、水晶、透视石、硅铍石等。透视石为二轴晶正光性宝石。

一轴晶负光性的宝石包括方柱石、绿柱石、磷灰石、塔菲石、刚玉、碧玺、方解石、白云石、菱锌矿、菱镁矿等。

（2）二轴晶具有三个主折射率，分别为 N_g、N_m 和 N_p，三个折射率值具有固定的大小关系，即 $N_g > N_m > N_p$，当 $N_g-N_m > N_m-N_p$ 时，为正光性；反之为负光性。

二轴晶正光性的宝石包括葡萄石、顽火辉石、金绿宝石、托帕石、天青石、重晶石、矽线石、黝帘石、锂辉石、透辉石、榍石、磷铝钠石、绿松石、普通辉石。

二轴晶负光性的宝石包括红柱石、柱晶石、硼铝镁石、蓝柱石、滑石、天蓝石、硅硼钙石、蓝晶石、斧石等。

部分宝石的光性会发生变化，如橄榄石、赛黄晶、堇青石、斜长石等；其中，橄榄石中，镁橄榄石为二轴晶正光性，当铁橄榄石分子大于 12% 时变为负光性；赛黄晶红到绿光时为负光性，蓝光时为正光性。

因组成矿导致光性变化的是月光石和天河石，其中月光石的组成矿物包括正长石和钠长石，其中正长石一般为负光性，钠长石为正光性；天河石主要成分为钾长石，常含有斜长石的聚片双晶或穿插双晶。

23. 686.7 nm　430.8 nm

【答案解析】通常把材料对红光 686.7 nm（B 线）和紫光 430.8 nm（G 线）两束单色光的折射率差值规定为材料的色散值。

B 线和 G 线是太阳光中的夫琅禾费谱线，1814 年约瑟夫·冯·夫琅禾费（Joseph von Fraunhofer, 1787—1826）在太阳光谱中首先观测到 576 条吸收线，并将其中最明显的几条用 A、B、C、D、E 等字母标记。实际上夫琅禾费谱线约有 3 万多条。

24. 油质光泽　玻璃光泽　玻璃光泽　蜡状光泽　树脂光泽　油脂光泽　树脂光泽

【答案解析】略。

25. 宝石的性质　观察方向

【答案解析】（1）宝石的性质：首先，不同宝石往往具有不同特征的多色性，例如，红宝石具有中-强多色性，而与之外观相似的尖晶石为均质体宝石，无多色性；此外，宝石本身的多色性受外界因素的影响，例如，红宝石的多色性随颜色的加深而增强。

（2）观察方向：只有当观察方向垂直于主轴面，且宝石的光率体切面与冰洲石二色镜的光率体切面相互平行或垂直时，才可观察到真正的多色性，其余方向为宝石主颜色的过渡色。

26. 透明　半透明

【答案解析】关于宝石透明度的等级详见例题 9。

27. 0～550 nm　暗灰　灰白　黄橙　紫红

【答案解析】干涉色的级序主要应用于矿物的薄片鉴定中。由于干涉色色彩有严格的顺序，根据其规律性，将干涉色分为若干个等级，以白光作光源：

（1）第一级序干涉色：光程差在 0~550 nm 内时，依次出现暗灰、灰白、黄橙、紫红等诸多干涉色，其特点是只有暗灰、灰白色、无蓝、绿色。

（2）第二级序干涉色：当光程差在 550~1100 nm 范围内时，依次出现蓝、绿、黄橙、紫红色干涉色，其特点是颜色鲜艳，干涉色条带间界线较清楚。

（3）第三级序干涉色：当光程差为 1100~1650 nm 时产生的干涉色，其特点是干涉色顺序与第二级序一致，但色调比第二级序浅，干涉色条带间的界线不十分清楚。

（4）第四级序以至更高级序的干涉色：当光程差大于 1650 nm 时产生的干涉色，其特点是颜色更淡，色泽不纯，色带之间的界线模糊，色彩的种类也没有第二和第三级序齐全。

28. 摩擦　加热　阴极射线　紫外线　X 射线　能带
【答案解析】详见例题 10。

29. 低
【答案解析】一般情况下，具有猫眼效应和星光效应的宝石，其弧面高度与折射率值成反比，当宝石的弧面与包体反射光的焦点平面相等时，其效果最佳。宝石折射率越高，包体反射光的焦点平面越低，其对应的弧面应相对较低；反之，应相对增高。

30. 体色　切工　内含物
【答案解析】色散是宝石形成火彩的重要原因，另外，宝石的火彩还与宝石的颜色、切工、净度等因素有关。

（1）颜色的影响：颜色过深的宝石往往会掩盖掉宝石的火彩，例如，翠榴石的色散值为 0.057，高于钻石 0.044，但由于体色较深，其火彩往往不如钻石明显。

（2）切工的影响：是影响火彩的重要因素之一，良好的切工能够很好地展现宝石的火彩，例如，切工等级较低的钻石火彩往往较弱。

（3）内含物的影响：宝石中的内含物可影响光线在宝石中的传播路径，进而影响宝石的火彩，例如，净度等级较低的钻石火彩相对较弱。

31. 金绿宝石　蓝宝石　萤石　碧玺　石榴石
【答案解析】可具有变色效应的宝石包括金绿宝石、蓝宝石、萤石、碧玺、石榴石（镁铝榴石、镁铝-锰铝榴石、翠榴石）、硬水铝石、尖晶石、蓝晶石、人造钇铝榴石（绿色）、玻璃等。

32. 金绿宝石　矽线石　磷灰石　碧玺　绿柱石
【答案解析】可具有猫眼效应的宝石品种包括金绿宝石、矽线石、磷灰石、碧玺、绿柱石（海蓝宝石、祖母绿、其他类型的绿柱石宝石）、石榴石（锰铝榴石、钙铝榴石、翠榴石）、玻璃、阳起石、透闪石、石英、辉石（透辉石、锂辉石、顽火辉石、普通辉石）、方柱石、长石（月光石、正长石、拉长石）、锆石（热处理引起的重结晶可产生纤维状微晶）、托帕石、堇青石、红柱石、坦桑石、木变石（虎睛石、鹰睛石）、欧泊、蛇纹石玉、孔雀石、方解石、菱锰矿、蓝线石、蓝晶石、葡萄石、柱晶石、钠硼解石、白铅矿等。

33. 红宝石　蓝宝石　辉石　祖母绿　尖晶石
【答案解析】可具有星光效应的宝石品种包括刚玉（红宝石、蓝宝石）、辉石（锂辉石、透辉石、普通辉石）、绿柱石（祖母绿、海蓝宝石等）、金绿宝石、尖晶石、石榴石（铁铝榴石）、长石（月光石、日光石）、欧泊、水晶、堇青石、菱锰矿、柱晶石、玻璃等。

34. 日光石　堇青石　东陵石　堇青石　水晶

【答案解析】可具有砂金效应的宝石品种主要包括日光石、拉长石、堇青石、东陵石、水晶、玻璃等。

35. 欧泊　拉长石　玻璃　陶瓷　塑料

【答案解析】可具有变彩效应的宝石品种包括欧泊（合成欧泊）、拉长石、玻璃、陶瓷、塑料等。

三、是非题

1. N

【答案解析】由实际光源发出来的光一般为自然光，与光的颜色、波长、频率、强度等物理量无关。详见例题1。

2. Y

【答案解析】光波属于电磁波的一种，其特点是振动方向与传播方向相互垂直，属于横波。

3. N

【答案解析】自然光通过反射与折射作用转换成偏振光，反射光一般为部分偏振光，当入射角等于起偏角时，为偏振光；折射光为部分偏振光，经过多次折射后可转变为偏振光。详见例题1。

4. N

【答案解析】光线沿光轴方向入射时不发生双折射。详见例题2。

5. N

【答案解析】详见例题2。

（1）当偏振光的振动方向与光率体切面的主轴垂直或平行时，或者当偏振光沿光轴方向传播时，偏振光不发生分解，振动特点保持不变。

（2）当偏振光的振动方向与光率体切面的主轴斜交时，同样会发生双折射现象，分解为两束振动方向相互垂直的光，振动方向分别与光率体的主轴相平行或垂直。

6. Y

【答案解析】晶体的异向性是指晶体的性质随方向的不同而有所差异，双折射现象正是晶体在不同方向上光学性质存在差异，属于晶体的异向性之一，此外，多色性、解理、硬度、晶体形态、导电性等与方向有关的性质同样属于晶体的异向性。

7. N

【答案解析】无论是一轴晶宝石还是二轴晶宝石，当一束自然光通过时，除特殊的方向（即光轴方向）外，均会发生双折射现象，分解为两束振动方向相互垂直的光。二轴晶宝石具有三个折射率，代表的是在不同振动方向上的折射率不同，而不是自然光发生分解成偏振光光束的数量。

8. N

【答案解析】均质体宝石不仅仅包括等轴晶系的宝石，还包括非晶体宝石，如欧泊、天然玻璃、琥珀等。

9. N

【答案解析】 非均质体宝石根据光率体的形态以及光率体的数量分为一轴晶宝石和二轴晶宝石，其中的"轴"指的是"光轴"，注意与其他"轴"的概念的区分，包括对称轴、双晶轴、主轴、晶轴等。

10. Y

【答案解析】根据光的折射定律，当光线从光疏介质射向光密介质时，会发生折射，且折射角小于入射角；根据光路的可逆性，当光线从光密介质射向光疏介质时，折射角大于入射角，但是，当入射角大于临界角时，不会发生折射，光线全部返回原来的介质中，发生全反射现象。

11. N

【答案解析】宝石的多色性与宝石光率体主轴相对应，其中，一轴晶宝石具有两个折射率，分别为 N_e 和 N_o，具有二色性，每种颜色分别与 N_e 和 N_o 相当；二轴晶宝石具有三个折射率，分别为 N_g、N_m 和 N_p，具有三个主要的颜色。

12. Y

【答案解析】通常情况下，同种矿物的单晶体的透明度高于集合体的透明度，主要原因是矿物颗粒间对光可产生反射、折射、衍射等现象，造成入射光的损失，从而降低透明度。

13. Y

【答案解析】光的干涉、衍射和散射均要满足一定的条件才能够发生：
（1）光的干涉：是两束光的频率相同、振动方向相同、位相相同或位相差恒定。
（2）光的衍射：障碍物的大小与光波波长十分相近，或略大于光波波长。
（3）光的散射：传播介质具有不均匀性，且与微粒尺寸以及波长有关，宝石中发生的散射主要为瑞利散射和米氏散射。

光的干涉、衍射、散射等详见例题4。

14. Y

【答案解析】宝石的火彩与光的色散密切相关，主要与介质对不同波长的光的折射率不同造成的，波长与折射率成反比，波长越长，折射率越小。

15. N

【答案解析】二轴晶宝石的光轴面仅与 N_g-N_p 面平行。

16. N

【答案解析】一轴晶宝石中，平行 N_e 轴的切面既包括 N_e 轴，也包括 N_o 轴，称为主轴面。由于一轴晶的光率体为旋转椭球体，因此具有无数个主轴面。

二轴晶宝石含有三个主轴，分别为 N_g、N_m 和 N_p，包括其中两个主轴的面称为主轴面，含有三个，分别为 N_g-N_m 面、N_g-N_p 面和 N_m-N_p 面。

17. N

【答案解析】二轴晶宝石的三个折射率具有固定的大小关系，为 $N_g>N_m>N_p$；一轴晶宝石含有两个折射率，分别为 N_e 和 N_o，但是两者之间没有固定的大小关系。此外，根据 N_e 和 N_o 的大小关系可判断光性的正负，其中 $N_e>N_o$ 时为正光性，$N_e<N_o$ 时为负光性。

18. N

【答案解析】光轴面是指包含两个光轴的平面，也可以理解为两个光轴彼此相交所确定的平面，因此光轴面只有一个。

19. N

【答案解析】宝石的吸收性与折射率没有明显的关系。

（1）在一轴晶宝石中，当 N_o 方向的颜色比 N_e 方向的颜色深时，光波沿 N_o 方向振动时的吸收总强度大于 N_e 方向，故其吸收性为 $N_o > N_e$，反之则表述为 $N_o < N_e$。

（2）在二轴晶宝石中，当吸收性为 N_g 的颜色比 N_m 深，而 N_m 又比 N_p 深，即 $N_g > N_m > N_p$ 时，称为正吸收；相反当 $N_g < N_m < N_p$ 时，称为反吸收。

20. Y

【答案解析】详见例题10。

21. N

【答案解析】星光效应的星线数是宝石内部定向排列的针状或管状包裹体的两倍，例如四射星光与两组包裹体有关，六射星光与三组包裹体有关，十二射星光与六组包裹体有关。

22. N

【答案解析】可见光属于横波，其特点是振动方向与传播方向相互垂直。

23. N

【答案解析】在非均质体中，有一个或两个特殊的方向不发生双折射，这个特殊的方向称为光轴。

24. N

【答案解析】详见是非题17题。

25. Y

【答案解析】根据折射定律，全反射发生的条件需满足两个：①光线从光密介质射向光疏介质；②入射角大于临界角。

26. N

【答案解析】色散的发生与介质对不同波长的光的折射率的差异造成的，折射率与波长成反比，色散既可以在均质体中产生，也可以在非均质体中产生。

27. Y

【答案解析】一轴晶中，光轴方向与高次轴方向一致；斜方晶系中，光轴可与某些对称要素斜交，也可能与某些对称要素垂直。详见例题6。

28. N

【答案解析】详见例题4。

29. Y

【答案解析】斜方晶系的三个主轴与三个结晶轴一致，但没有固定的对应关系。详见例题6。

30. Y

【答案解析】（1）等轴晶系可出现四射星光的宝石包括尖晶石、石榴石等。

（2）四方晶系中可出现四射星光的宝石包括锆石，但较为少见。

（3）斜方晶系中可出现四射星光的宝石包括金绿宝石、橄榄石等。

（4）单斜晶系也可出现四射星光，例如透辉石。

31. N

【答案解析】（1）中级晶族为一轴晶，具有一个光轴，对应只有一个圆切面。

（2）低级晶族为二轴晶，具有两个光轴，对应有两个圆切面。

32. N

【答案解析】宝石的折射率值与色散值没有明显的对应关系,例如钻石的折射率为 2.417,色散值为 0.044,合成立方氧化锆的折射率为 2.15,色散值为 0.060。

33. N

【答案解析】宝石所呈现的颜色与光源有密切的关系,例如,宝石在不同的单色光光源下所呈现的颜色会存在巨大的差异,但这并不是宝石的变色效应。变色效应一般是指宝石在不同的白色光源下所呈现不同颜色的现象,常用的光源包括白炽灯与日光灯。

34. Y

【答案解析】宝石的透明度受到集合体结合方式的影响,光线会在颗粒边缘发生折射、散射等现象,部分光损失,降低宝石的透明度。详见例题 9。

35. N

【答案解析】详见例题 2。

36. Y

【答案解析】观察宝石的干涉图时,通常沿宝石的光轴方向观察,对于 2V 角较小的二轴晶宝石,可沿 2V 角的平分线方向观察。

37. Y

【答案解析】详见例题 1。

38. N

【答案解析】宝石产生变色效应的原因有很多,变色金绿宝石与 Cr 元素有关,变色蓝宝石与 V 有关,变色镁铝榴石与 V 和 Cr 有关,变色萤石与杂质矿物有关。

39. N

【答案解析】(1)均质体的光率体为圆球体,因此在任意方向上的切面均是圆形。

(2)非均质体宝石会有一个或两个不发生双折射的光轴方向,除垂直光轴的切面为圆形外,其余方向的切面均为椭圆形。

40. Y

【答案解析】原色是指不能通过其他颜色的混合调配而得出的"基本色",包括两种:

(1)一种为色光三原色,分别红色、绿色和蓝色,为加色混合,原色相互混合后呈白色或无色。

(2)一种为颜料三原色,分别为品红、黄色和青色,为减色混合,原色混合后呈黑色。

41. Y

【答案解析】碧玺具有明显的二色性,沿着光轴方向观察的颜色深于垂直于光轴观察的颜色,这对碧玺的加工具有较强的指导意义。当碧玺的颜色相对较浅时,其台面需垂直于光轴,以获得颜色相对较深的样品;当碧玺的颜色相对较深时,其台面需平行于光轴方向,从而获得颜色相对较浅的样品。

42. N

【答案解析】宝石的多色性主要与宝石的双折射有关,晶体对不同振动方向光的选择吸收不同,导致宝石在不同方向上呈现不同的颜色。而一颗具有三种颜色的碧玺是指宝石不同部位微量元素组成的不同导致颜色发生变化,不属于宝石的多色性。

43. N

【答案解析】星光蓝宝石在切磨时需要严格地定向，底面需平行于定向排列针状包裹体所在的平面，该平面垂直于光轴，因此，当从弧面观察时即是沿着光轴方向观察，无法观察到二色性。当从侧面观察时，可观察到二色性，且为真正的二色性。

44. N

【答案解析】包裹体的延伸方向与猫眼眼线的方向是相互垂直的。

45. N

【答案解析】变色效应与多色性是两个不同的概念，其中变色效应是指宝石矿物的颜色随入射光光谱能量分布或入射光波长的改变而改变的现象；多色性是指光波在晶体中振动方向不同而使彩色宝石呈现不同颜色的现象。例如，等轴晶系的萤石、石榴石等可具有变色效应，但无多色性。

46. N

【答案解析】当自然光射向一轴晶时，除光轴方向外，会分解为两束振动方向相互垂直的偏振光，只有当传播方向垂直于光轴时，两束光的折射率分别为 N_e 和 N_o，当斜交光轴传播时，所对应的折射率分别为 N_e' 和 N_o，其中 $N_e' < N_e$。

47. N

【答案解析】色散的形成与介质对不同波长光的折射率不同导致的，而非均质体将自然光分解为两束偏振光是宝石是双折射现象，两者存在本质的差异。

48. N

【答案解析】光率体切面代表的是光的振动平面，切片的两个主轴代表对应偏振光的振动方向，由于光属于横波，振动方向与传播方向相互垂直，因此光率体切面与光的传播方向相互垂直。

49. N

【答案解析】斜方晶系光率体主轴与三个晶轴之间是相互平行的，但没有一一对应的关系，不同的宝石之间存在一定的差异。详见例题6。

50. N

【答案解析】宝石的多色性是宝石对不同振动方向的偏振光的选择性吸收不同造成的，从而导致宝石在不同方向上具有不同的颜色。而宝石的不同部位颜色上的差异主要与宝石内部微量元素分布不均造成的。

51. Y

【答案解析】在二轴晶宝石中，多色性最明显的方向为垂直 N_g-N_p 面观察，光轴面与 N_g-N_p 面平行，因此，垂直光轴面观察宝石的多色性最明显。详见例题7。

52. N

【答案解析】只有垂直光轴面方向观察，且宝石光率体切面的主轴与冰洲石主轴相互平行或垂直时，才可观察到真正的多色性。当沿光轴方向观察，或宝石的光率体切面与冰洲石的光率体切面呈45°时，无法观察宝石的多色性。详见例题7。

53. N

【答案解析】宝石的光泽除受宝石本身的性质影响外，还受到抛光、矿物颗粒间的关系等，因此具有较大的变化范围，例如钻石原石多为油脂光泽，而经过抛光的钻石为金刚光泽。详见例题8。

54. N

【答案解析】透明度受多种外界因素的影响，因此同一种宝石的透明度会在一定的范围内发生变化，例如翡翠的透明度可由不透明变化至透明。详见例题9。

55. Y

【答案解析】具有金属光泽和半金属光泽的宝石通常为不透明宝石，具有金刚光泽和玻璃光泽的宝石透明度相对较高。主要原因是金属晶格内部存在着大量的自由电子，自由电子的跃迁对光有明显的吸收，而原子晶格和离子晶格内，往往缺失自由电子，对光的吸收能力相对较弱，因此具有较高的透明度。

56. Y

【答案解析】在实际中，薄膜的厚度并不是固定不变的，当薄膜的厚度不均匀时，会出现劈尖干涉现象，是薄膜干涉的一种常见形式。

57. N

【答案解析】根据宝石对光的透过程度，可将透明度划分为透明、亚透明、半透明、为透明和不透明。但并不是宝石的透明度越高，宝石的价值越高。例如，具有星光效应、猫眼效应和砂金效应的宝石，其内部需存在一定的包裹体才可形成，其透明度往往低于不具有上述特殊光学效应的同类宝石；另外，部分宝石是以亚透明-为透明为贵，如和田玉。

四、单项选择题

1. B

【答案解析】电气石属于一轴晶宝石，在观察一轴晶宝石二色性时，最适宜的方法是垂直于C轴方向。

2. C

【答案解析】坦桑石属于二轴晶宝石，多色性最明显的光率体切面为光轴面（N_g-N_p面），其对应的观察方向应为垂直于光轴面方向。

3. A

【答案解析】二轴晶的光轴面对应的主轴面为N_g-N_p面，因此，当光线垂直光轴面观察时，对应的两个折射率应为N_g和N_p。

4. C

【答案解析】锆石的色散为0.038，钻石的色散值为0.044，闪锌矿的色散值为0.156，人造钛酸锶的色散值为0.190，题干中要求的是天然宝石，因此D选项人造钛酸锶为人工宝石，答案为闪锌矿。

5. A

【答案解析】碧玺沿着光轴方向的颜色相对较深，垂直于光轴方向观察颜色相对较浅，宝石加工时常常需要将最好的颜色留在台面或宝石的正面，因此，对于颜色性对较暗的碧玺，需获得相对较浅的颜色，因此台面应平行于C轴方向。

6. A   A

【答案解析】多色色最强的切面与双折射率最大的光率体切面相对应

（1）对于一轴晶，双折射率最大的切面是平行于光轴的切面，所对应的观察方向为垂直于光轴观察。

（2）对于二轴晶，双折射率最大的切面是光轴面或 N_g-N_p 面，所对应的观察方向为垂直于光轴面或 N_g-N_p 面。

7. A A

【答案解析】详见单项选择题第 6 题。

8. B

【答案解析】假一轴晶是在进行折射率测定时常出现的现象，主要原因是二轴晶宝石的三个折射率中的其中两个折射率接近，导致在旋转宝石的过程中，给人一种一条阴影边界不动的假象，这种现象称之为假一轴晶现象，常见的包括托帕石（N_m 和 N_p 接近）、金绿宝石（N_m 和 N_p 接近）、柱晶石（N_g 和 N_m 接近）等。

9. C

【答案解析】二轴晶具有两个光轴，每个光轴对应一个圆切面，根据几何关系，两者之间的关系为相互垂直，圆切面应垂直于光轴所在的平面，因此圆切面与光轴面的位置关系为相互垂直。

10. C C A

【答案解析】（1）二轴晶光率体具有三个主轴，分别为 N_g、N_m 和 N_p。

（2）主轴面为包含两个主轴的平面，具有三个，分别为 N_g-N_m 面、N_g-N_p 面和 N_m-N_p 面。

（3）光轴面为两个光轴所确定的平面，仅具有一个，且与 N_g-N_p 面重合。

11. B D D

【答案解析】（1）一轴晶光率体具有两个主轴，分别为 N_e 和 N_o。

（2）主轴面为同时包含 N_e 和 N_o 的平面，由于其光率体形态为旋转椭球体，任意一个平行于 Ne 的切面均同时含有 N_e 和 N_o 两个主轴，因此一轴晶光率体具有无数个主轴面。

（3）光轴面为包含光轴的平面，由于光轴平行于 N_e 方向，因此光轴面与主轴面重合，具有无数个。

12. C

【答案解析】详见例题 6。

13. D

【答案解析】合成立方氧化锆的色散值为 0.060，人造钇铝榴石的色散值为 0.028，合成碳硅石的色散值为 0.104，人造钛酸锶的色散值为 0.190。

14. C

【答案解析】详见例题 1。

15. D

【答案解析】A 选项，红柱石为斜方晶系，二轴晶负光性，具有很强的三色性，通常为褐黄色-褐橙色-褐红色。

B 选项，金绿宝石斜方晶系，二轴晶正光性，多色性为弱-中等的黄色-绿色-褐色。浅绿黄色金绿宝石较弱，褐色金绿宝石多色性略强。猫眼的多色性较弱，呈黄色-黄绿-橙色；变石的多色性很强，为绿色-橙黄色和紫红色。

C 选项，堇青石为斜方晶系，光性可正可负，蓝紫色具有强三色性，为蓝色-紫色-黄色或无色的颜色变化。

D 选项，坦桑石为斜方晶系，二轴晶正光性，具有较强的三色性，其中绿色的为蓝色-紫红色-绿黄色，褐色的为绿色-紫色-浅蓝色，黄绿色的为暗蓝色-黄绿色-紫色。

注：各宝石的多色性特征详见宝石各论部分。

16. B

【答案解析】（1）晕彩效应一般与光的干涉有关，具有晕彩的宝石一般具有层状结构，例如月光石为正长石和钠长石互层；珍珠的珍珠层是由文石晶质薄层与壳角蛋白的薄膜交替积累而成。也可能与宝石对光的散射作用有关，例如月光石的蓝色与瑞利散射有关，黄色与米氏散射有关。

注：部分教材中将晕彩效应归类到变彩效应当中，属于变彩效应中的单色变彩。

（2）变彩效应一般与光的衍射作用和干涉共同作用有关，例如欧泊的变彩效应，与二氧化硅小球形成的三维光栅有关，光栅首先对光产生衍射，形成无数个性质相同的光源，衍射光在宝石表面相遇发生干涉，形成变彩效应。

（3）砂金效应和猫眼效应与宝石内部的包裹体对光的反射作用有关，其中砂金效应与光泽较强的片状包裹体有关，猫眼效应与定向排列的针状或管状包裹体有关。

（4）变色效应多与微量元素组成有关，例如，变色金绿宝石与 Cr 元素有关，变色蓝宝石多与 V 有关，变色镁铝榴石与 V 和 Cr 有关；有些变色效应与杂质矿物有关，如变色萤石。

五、多项选择题

1. ABCD

【答案解析】详见例题 1。

2. ACDE

3. ACE

4. ACDE

5. AD

【答案解析】2~5 题详见填空题 22 题。

6. CDE

【答案解析】A 选项，钻石的折射率为 2.417，为金刚光泽。

B 选项，榍石折射率为 1.900~2.034，为金刚光泽。

C 选项，玻璃折射率为 1.470~1.700，为玻璃光泽。

D 选项，孔雀石折射率为 1.655~1.909；为玻璃光泽。

E 选项，尖晶石折射率为 1.718，为玻璃光泽。

注：折射率、反射率与光泽之间的关系详见例题 8。

7. ACDEF

【答案解析】详见例题 8。

8. B

【答案解析】详见例题 4。

9. CE

【答案解析】（1）钻石为均质体宝石，自然光通过时不能转变为偏振光。

（2）绿柱石和碧玺为一轴晶宝石，除沿光轴方向外，其余方向均可发生双折射，获得偏振光。

（3）托帕石为二轴晶宝石，除沿光轴方向外，其余方向均可发生双折射，获得偏振光，光轴面是包含光轴的平面，与 N_g-N_p 面平行，因此垂直于光轴面可发生双折射，获得偏振光。

10. ACE

【答案解析】（1）一轴晶 N_e 平行于晶体的高次轴，在晶体定向中，中级晶族选择高次轴作为 Z 轴，因此 N_e 平行于结晶轴 Z 轴。

（2）N_e 与光轴方向相当，因此 N_e 与光轴方向平行。

11. AC

【答案解析】（1）宝石的光泽主要反映的是宝石对光的反射能力，因此必定与光的反射作用有关。

（2）珍珠光泽是在珍珠的表面或一些解理发育的浅色透明宝石矿物表面，所见到的一种柔和多彩的光泽，这种光泽通常与珍珠的层状的结构以及解理中导致光的干涉作用有关。

12. CE

【答案解析】拉长石晕彩产生主要有以下几个原因：

（1）拉长石聚片双晶薄层对光的反射作用，在宝石表面相遇形成光的干涉。

（2）与拉长的包裹体有关，部分拉长石内部包含的细微片状赤铁矿包体及一些针状包体，使拉长石内部的光产生干涉；部分拉长石因内部含有针状包体，可呈暗黑色，产生蓝色晕彩。

A 选项，金属片对光的反射作用形成的是砂金效应。

B 选项，致色元素引起的特殊光学效应多为变色效应。

D 选项，光的散射可用于解释月光石、乳石英等宝石的晕彩效应。

13. ABDE

【答案解析】A 选项，翡翠的光泽为玻璃光泽至油脂光泽；其中典型的光泽为玻璃光泽。

B 选项，和田玉的光泽为油脂光泽、蜡状光泽或玻璃光泽；其中典型的光泽为油脂光泽。

C 选项，琥珀的光泽为树脂光泽。

D 选项，岫玉光泽为蜡状光泽、油脂光泽至玻璃光泽。

E 选项，玫瑰的光泽为油脂光泽至蜡状光泽。

14. ABD

【答案解析】详见例题 2。

15. ABCE

【答案解析】详见填空题 27 题。

16. ABCD

【答案解析】根据多色性的明显程度，将多色性的等级划分为强、中、弱、无四个等级，其中强多色性为肉眼即可观察到不同方向颜色的差别，如堇青石、坦桑石、红柱石、蓝碧玺等。

17. ABC

【答案解析】可具有强紫外荧光的宝石主要包括钻石、红宝石、尖晶石（红色尖晶石、钴尖晶石）、磷灰石、锆石、锂辉石、萤石、方解石、人造钇铝榴石，充填处理的宝石（主要为有机物的荧光）、琥珀等。

18. ACD

【答案解析】可产生磷光的宝石包括钻石（通常具有强蓝色荧光的钻石具有黄色磷光）、磷灰石、萤石、欧泊、钠硼解石、菱镁矿、磷铍钙石、重晶石、焰熔法合成红宝石、高温高压法合成钻石、表面扩散处理红宝石等。

19. ABC

【答案解析】详见填空题 30 题。

20. ABC

【答案解析】一轴晶光率体的光轴与高次轴相重合，可平行于含有高次轴的对称面，可平行于垂直光轴方向对称面的法线方向。

21. BC

【答案解析】详见填空题 30 题。

六、问答题

1. 关于光的基本知识，请回答如下问题：

（1）简述自然光和偏振光在宝石中的传播特点。

答：详见例题 2。

（2）阐述用于宝石检测的平面偏振光产生的两种途径。

答：在宝石检测中用到的平面偏振光产生的两种途径包括选择性吸收和双折射，具体方法详见例题 1。

（3）简述尼克尔棱镜的制作方法及工作原理。

答：详见例题 1。

（4）简述光的全反射在宝石学中的应用。

答：全反射是指当光线从光密介质射向光疏介质，且入射角大于临界角时，不发生折射现象，入射光线反射回原来的介质，遵循反射定律。光的全反射在宝石鉴定和宝石加工中有重要的应用。

（1）宝石鉴定中的应用：宝石折射仪根据光的全反射而设计，其中棱镜作为光密介质，宝石作为光疏介质，当入射光线小于临界角时，部分光线沿宝石射出，部分光线发生反射作用，由于有光线的损失，在目镜中形成暗域；当入射角大于临界角时，发生全反射，由于无光线的损失，在目镜中形成亮域，明暗界线即标志着光线刚好以临界角入射，其对应的读数即为宝石的折射率。

（2）宝石加工中的应用：为减少光线在宝石中的损失，需通过宝石的折射率计算宝石的临界角，其计算公式为 $\sin\theta=1/n$，从而得出宝石琢型对应的角度，使得从冠部射入宝石的光线，在宝石的亭部发生全反射作用后，全部反射回宝石的冠部，可增加宝石的亮度，例如钻石的圆明亮琢型。

（5）列出两种利用到偏振光的鉴定仪器，举例说明这些仪器的用途。

答：宝石鉴定仪器中，应用到偏振光的仪器包括偏光镜和二色镜。

（1）偏光镜由上偏光片、下偏光片、光源以及干涉小球组成，通过观察宝石在偏光镜下的现象判断宝石的光性特征、轴性特征、多色性特征等，从而达到鉴定宝石的目的。该仪器具有如下用途：

①判断宝石的光性特征：在正交偏光镜下，且旋转宝石 360°，均质体宝石为全暗，或出现异常消光的现象，非均质体单晶宝石出现四明四暗的现象；非均质集合体全亮。

②判断宝石的轴性特征：在干涉球（或锥光镜）的作用下，沿宝石的光轴方向或沿二轴晶宝石 Bxa 方向观察宝石，可观察宝石的干涉图，根据干涉图的性质可判断非均质体宝石的轴性特征。

一轴晶宝石出现黑十字干涉图，黑十字由两个相互垂直的黑带组成，两黑带中心部分往往较窄，边缘部分较宽，围绕十字出现多圈干涉色色圈，且越向外，干涉色圈越密集，旋转宝石过程中，黑十字的形态不发生变化。另外，由于水晶具有旋光性，出现特征的干涉图，包括牛眼状干涉图和螺旋桨式干涉图。

二轴晶宝石，若两个光轴同时出露时，则出现一个黑十字及"∞"字形干涉色圈组成，黑十字的两个黑带粗细不等，旋转宝石的过程中，黑十字出现有规律的分解和重合现象；若只有一个光轴出露时，或为一个直的黑带及卵形干涉色圈组成，转动宝石，黑带有规律地发生弯曲-变直现象。

③观察宝石的多色性：调整上偏光片使视域全亮，将宝石放在载物台上，分别从 2~3 个不同的方向进行观察，若宝石有颜色变化，则说明其具有多色性。

（2）二色镜是用于观察宝石的多色性的仪器，通过多色性的特征达到鉴定宝石的目的，其基本原理是，当自然光进入非均质体宝石时，除光轴方向外，均分解成两束振动方向相互垂直的偏振光，由于宝石具有异向性，对不同振动方向的光的吸收不同，利用双折射率较大的冰洲石将两束偏振光分离开来，传播至目镜的两个窗口中，即可观察到宝石的多色性。其具体用途如下：

①辅助鉴定宝石种属，区分相似宝石：不同宝石之间的多色性往往不同，借此可辅助鉴定宝石的种属，例如堇青石具有蓝-紫-黄的强三色性；外观相似的红宝石和尖晶石可借助多色性快速区分，其中红宝石具有明显的二色性，而尖晶石为均质体宝石，无多色性。

②辅助区分天然宝石与合成宝石：例如天然红宝石在切磨时，其台面或弧面垂直于光轴方向，因此垂直此方向无法观察宝石的多色性，而焰熔法合成红宝石的切磨不进行严格的定向，垂直宝石的台面或弧面时，可观察到宝石的多色性。

③辅助鉴定宝石的优化处理：例如经染色处理的宝石、覆有色膜的宝石，通常表现为颜色浓艳，但多色性较弱。

④判断宝石的光性特征：若宝石无多色性，则为均质体宝石；若宝石具有二色性，则为一轴晶宝石；若宝石具有三色性，则为二轴晶宝石。

注：应用偏振光的鉴定仪器还包括折射仪。

2. 关于光的物理作用，请回答如下问题：

（1）简述光的干涉作用在宝石学中的应用，并举例说明。

答：光的干涉是指波长相同、振动方向相同、相差恒定、传播方向相近的两束或两束以上的光波在同一介质中相遇时，在交叠区相互作用产生相长增强或相消删除的现象。是产生宝石特殊光学效应的重要原因之一，可用于指导加工、判断宝石的光性特征和轴性特征、鉴定宝石的优化处理、鉴定拼合宝石等。

（1）解释宝石的假色并指导加工：当宝石具有类似层状结构时，满足光的薄膜干涉的前提条件，可产生特殊光学效应，包括变彩效应、晕彩效应等，如月光石、拉长石等，此类宝石需加工成弧面型，且需进行定向，将宝石的晕彩效应或变彩作用保留在宝石的弧面上。

（2）判断宝石的光性特征和轴性：在正交偏光镜下，使用干涉小球（或锥光镜），可观察宝石的干涉图，进而判断宝石的光性特征，其中一轴晶宝石的干涉图为黑十字干涉图，但是水晶可见牛眼状干涉图，具有双晶的水晶可见螺旋桨式干涉图；二轴晶宝石的干涉图为双臂或单臂干涉图。

（3）鉴定宝石的优化处理：利用干涉作用可辅助鉴定经充填处理、染色处理、覆膜处理等宝石。

①经充填处理和染色处理的宝石，充填物（如树脂、玻璃等）和染剂（如有机染剂、钴玻璃等）常富集于裂隙中，且与寄主宝石之间具有折射率上的差异，可引起光的干涉，可见闪光效应。

②覆膜处理的宝石由于膜与宝石之间存在折射率上的差异，可引起薄膜干涉，形成干涉色。

（4）鉴定拼合宝石：拼合宝石中间的胶层可引起薄膜干涉，显微镜下观察旋转宝石可见闪光现象。

（2）什么是干涉色？干涉色的级序如何划分？不同级序的特点是什么？

答：（1）干涉色是指由干涉作用而形成的颜色，当两单色光源相干波发生干涉时，将产生一系列明暗条纹，称为干涉条纹；而复色光（即白光）发生干涉时，则产生由紫到红一系列的彩色条纹。

（2）由于干涉色色彩有严格的顺序，因此根据其规律性，可将干涉色分为若干个等级，以白光作光源，其干涉色级序有如下规律：详见填空题27题。

（3）干涉色与宝石的体色有哪些不同？

答：干涉色和宝石的体色均是宝石在不同条件下形成的颜色，两者具有如下不同点：

（1）干涉色是光波的干涉作用造成的，宝石的体色是由宝石矿物对光的选择性吸收作用造成的。

（2）干涉色是干涉作用中未被抵消的单色光的混合色，其中一部分色光的振幅被加强一倍或被部分加强，不完全是被抵消色光的补色；宝石的体色是白光中部分色光被吸收后剩下的色光混合而成的，是被吸收色光的补色，剩下色光的振幅并没有被加强。

（3）干涉色反映的是光程差的大小；宝石的体色反映的是宝石矿物对光波选择性吸收的不同。

（4）干涉色是正交偏光镜下矿片呈现的色彩，旋转物台，干涉色亮度发生变化，但色调不发生变化；宝石的体色是单偏光镜下呈现的色彩，由于宝石具有多色性，旋转物台，除个别切面外，颜色的深浅和色彩都发生变化。

（4）简述光的衍射作用在宝石学中的应用。

答：光的衍射是指光波在遇到障碍物时，偏离直线方向传播的现象，也称光的绕射，是形成宝石假色、特殊光学效应的重要原因之一，可用于指导宝石加工，辅助鉴定宝石。

（1）解释变彩效应及假色的成因：光的衍射作用是宝石形成变彩的重要原因之一，例如欧泊的结构特征是二氧化硅小球按等大球最紧密堆积形成的，小球之间的空隙可对光产生衍射作用，在三维空间形成三维立体光栅，进而形成欧泊的变彩。

（2）指导加工：对于具有由光的衍射作用引起特殊光学效应的宝石，需加工成弧面型，且需进行定向，将宝石变彩最好的颜色留在宝石的弧面上。

（3）辅助鉴定宝石：利用光的衍射原理制作成光栅式分光镜，可用于观察宝石的光谱，辅助鉴定宝石的种属、区分天然宝石与合成宝石、鉴定宝石的优化处理等。由于光栅式分光镜的优点是能产生线性光谱，各波长都等间距排列的，适用于观察红区光谱的特征。

（5）简述光的散射作用在宝石学中的应用。

答：散射是指由传播介质的不均匀性引起的光线向四面八方射去的现象，是宝石产生假色以及特殊光学效应的重要因素之一，可用于解释宝石晕彩及假色的成因，并指导加工。

（1）解释宝石晕彩及假色的成因：光的散射是宝石形成晕彩的因素之一，可分为瑞利散射和米氏散射。

①瑞利散射：瑞利散射是指由尺寸小于可见光波长的不均匀微粒引起的散射现象，微粒尺寸为 1~300 nm，对其可见光的散射强度与波长四次方成反比，蓝光的散射更强，可产生蓝色-紫色散射，月光石的蓝色与瑞利散射有关；

②米氏散射：米氏散射是指由尺寸接近或大于可见光波长的不均匀微粒引起的散射现象，散射强度与波长的二次方成反比，因此其散射强度与波长关系不大，大多数情况下呈白色散光，如乳石英；当微粒尺寸在 $1\lambda~2\lambda$，可形成各种颜色，主要为红色和绿色，但宝石中较为少见，极少数具有黄色、米黄色的月光石与此有关；微粒例尺寸大于 700 nm 可使宝石呈现明亮的乳光，如月光石、芙蓉石等。

（2）指导加工：对于具有乳光和晕彩的宝石，需加工成弧面型宝石，且需定向，将较好的颜色留在宝石的弧面上。

（6）简述光的色散作用在宝石学中的应用。

答：色散是指当白色复合光通过具棱镜性质的材料时，棱镜将复合光分解而形式不同波长光谱的现象，它是光在同一介质中的传播速度随波长而异所造成的。光的色散是宝石形成火彩的重要原因，也可用于辅助鉴定宝石，指导宝石加工。

（1）指导加工：高色散值可使宝石具有较强的火彩，尤其对于无色的宝石，可为宝石增添魅力，具有高色散值的宝石，通常需切磨呈明亮琢型，利用色散值以及宝石的折射率值，计算各部位的角度及比例，良好的切工能过增加宝石的火彩效果。

（2）辅助鉴定宝石：宝石的色散值可用于宝石鉴定的特征之一，尤其对于无色或颜色较浅的宝石鉴定有重要意义，例如，钻石的色散值为 0.044，合成碳化硅的色散值为 0.104，其火彩明显强于钻石。

（7）宝石的假色是如何产生的？请利用光的相互作用原理进行解释。

答：详见例题 4。

3. 关于宝石的光学性质，请回答如下问题：

（1）光学性质在宝石学中有何意义，请举例说明。

答：宝石的光学性质包括折射率、颜色、多色性、光泽、透明度、色散、发光性、特殊光学效应、光性特征等。在宝石学中有如下意义：

（1）鉴定宝石。宝石的光学性质是宝石重要的性质之一，可用作宝石鉴定的依据，包括鉴定宝石种属、区分天然宝石与合成宝石、鉴定宝石的优化处理等。根据所测定的数据，所需要的仪器包括折射仪、二色镜、分光镜、紫外灯等。

①鉴定宝石种属：不同种属的宝石之间由于化学组成、晶体结构特征不同，光学性质往往不同。例如，红宝石的折射率为 1.76～1.77，双折射率为 0.008～0.010，一轴晶负光性；而与之相似的尖晶石折射率为 1.718，均质体宝石。

②区分天然宝石与合成宝石：由于天然宝石与合成宝石的生长环境存在差异，光学性质存在一定的差异，例如合成祖母绿的折射率普遍小于天然祖母绿。

③鉴定宝石的优化处理：宝石的优化处理可改善宝石的外观，如颜色、净度等特征，导致光学性质发生一定程度的变化，例如经染色处理的红宝石表现为颜色浓郁，但多色性较弱的现象。

（2）用于品质分级。可通过宝石的颜色、光泽、特殊光学效应等对宝石进行品质分级，例如，宝石的颜色通过色相、明度、饱和度等进行分级；宝石的透明度可分为透明、亚透明、半透明、微透明和不透明等。

（3）用于指导加工。宝石在切磨时需将最好的光学效果留在宝石的正面，通常情况下需进行定向，例如，具有多色性的宝石需将最好的颜色留在宝石的台面，并避免领结效应；具有猫眼效应、星光效应、变彩效应等特殊光学效应的宝石需将其切割成弧面型宝石，并需要严格地定向；具有高色散值的宝石需结合折射率计算各个面的角度，以展现宝石的火彩等。

（2）什么是多色性？简述一轴晶和二轴晶宝石的多色性特征。

答：详见例题 7。

（3）在观察宝石多色性时，所观察到的颜色是如何变化的？

答：详见例题 7。

（4）简述宝石的多色性在宝石学中的应用。

答：宝石的多色性是光波在晶体中振动方向不同而使彩色宝石呈现不同颜色的现象。宝石的多色性可在宝石鉴定以及指导加工两方面有重要的应用。其中，在宝石鉴定中有如下作用：

（1）帮助鉴定宝石品种：不同的宝石具有不同的多色性，例如红宝石具有明显的多色性，而红色玻璃、红色尖晶石等无多色性。

（2）帮助区分某些天然宝石与合成宝石，例如红宝石的台面多垂直于光轴方向，因此在台面无法观察到多色性，或多色性不明显，而焰熔法合成红宝石垂直台面观察时多色性十分明显。

（3）帮助区分某些经优化处理的宝石，例如经染色的红宝石颜色鲜艳，但多色性不明显，与天然红宝石的多色性级别有较大的差异。

（4）指导宝石加工：宝石在加工过程中，通常需要将最好的颜色留在台面上，例如碧玺垂直于Z轴方向颜色较深，平行于Z轴方向颜色较浅，当碧玺颜色较浅时，需将台面垂直于光轴方向以获得颜色较深的样品；当颜色较深时，需将台面平行于光轴方向，以获得颜色相对较浅的样品。

（5）什么是宝石的光泽？如何在宝石鉴定中应用宝石的光泽？

答：（1）宝石的光泽是指宝石表面反射光的能力。根据光泽的强弱可以将光泽分为金属光泽、半金属光泽、金刚光泽和玻璃光泽等，此外还包括蜡状光泽、树脂光泽、丝绢光泽等特殊光泽。

（2）宝石的光泽可用于辅助区分相似宝石、鉴定宝石的优化处理、鉴定拼合石等。

①区分相似宝石：不同宝石之间的光泽具有一定的差异，因此可用于区分相似宝石，例如钻石具有明显的金刚光泽，而铅玻璃的光泽则相对较弱。

②鉴定宝石的优化处理：经过优化处理的宝石光泽可发生一定程度的变化，例如，经漂白、充填处理的翡翠呈蜡状光泽，经热处理的石榴石呈金属光泽。

③鉴定拼合宝石：若组成拼合宝石的不同部位材质不同，可呈现不同的光泽，借此可用于判断拼合面的存在。

（6）宝石光泽是如何分类的？宝石光泽的影响因素有哪些？

答：详见例题8。

（7）什么是宝石的透明度？宝石的透明度是如何划分的？

答：详见例题9。

（8）宝石的透明度与哪些因素有关？详细论述这些因素对透明度的影响。

答：详见例题9。

（9）简述宝石的透明度在宝石学中的应用。

答：宝石的透明度是指宝石允许可见光透过的程度。在宝石学中的应用包括辅助鉴定，宝石的质量评价以及指导加工。

（1）辅助鉴定宝石：由于不同宝石之间的透明度具有一定的差异，因此可根据宝石的透明度辅助鉴定宝石的品种，例如玛瑙不同条带的透明度不同，而玻璃不同条带的透明度基本一致。另外，宝石的透明度影响宝石鉴定仪器的选择，例如透明度较差的宝石无法适用偏光镜、二色镜等。

（2）对宝石进行质量评价。同种宝石可具有不同等级的透明度，因此可根据宝石的透明度对其进行质量评价，例如宝石的透明度已经成为红宝石、蓝宝石、翡翠等宝石重要的评价标准，透明度越低，其价值相应越低。

（3）指导加工。一般情况下，透明度较低的宝石加工成弧面型，透明度较高的宝石可加工成刻面型。

（10）影响宝石发光性的因素都有哪些？如何解释宝石矿物的发光性？

答：详见例题10。

（11）简述宝石的发光性在宝石学中的应用。

答：矿物发光性是指矿物在外来能量的激发下，发出可见光的性质，在宝石学中常利用紫外荧光、X射线荧光、阴极发光等。宝石的发光性主要用于鉴定宝石以及质量评价。

（1）宝石鉴定。

①帮助区分某些天然宝石与合成宝石，例如，天然蓝宝石无荧光，合成蓝宝石发红色荧光。

②帮助区分宝石的优化处理，例如，翡翠在紫外光下无荧光-弱荧光，有些B货翡翠在紫外光下注胶的地方发出不均匀性荧光。

③帮助区分天然珍珠与养殖珍珠，例如X射线下天然珍珠不发荧光（除淡水或某些澳大利亚海水珍珠发出浅黄色光外），养殖珍珠X射线下发出强的荧光和磷光。

（2）质量评价。

部分宝石的荧光可作为宝石的评价标准之一，例如钻石、红宝石等，当荧光过强时，会有一种雾蒙蒙的感觉，影响钻石的透明度和净度；红宝石的荧光主要为红色，可叠加在宝石的体色之上，提升宝石的美观度。

（12）什么是宝石的火彩？影响宝石火彩的因素有哪些？

答：详见填空题30题。

（13）宝石的折射率可作为鉴定宝石种属的决定性证据，请阐述其原因。

答：宝石的折射率与宝石的组成成分和晶体结构有关，因此宝石的折射率能够反映宝石的组成成分和晶体结构特征，而宝石矿物的化学成分和晶体结构是决定一个宝石矿物种的两个最基本的因素。

（1）化学组分相同，但晶体结构不同的两个物质，其折射率不同。例如，红柱石与蓝晶石的化学式均为Al_2SiO_5，红柱石的折射率为1.634～1.641，双折射率为0.007～0.011，蓝晶石的折射率为1.716～1.731，双折射率为0.012～0.017。

（2）晶体结构相同，但化学组分不同的晶体，同样具有不同的折射率，例如萤石与石盐的晶体结构型相同，但萤石的折射率为1.434，但石盐的折射率为1.544。

因此，不同宝石种属之间往往具有不同的折射率值，在折射率有重叠的情况下，双折射率往往不同，因此可作为鉴定宝石种属的决定性证据。

4. 关于宝石的特殊光学效应，请回答如下问题：

（1）某些具有猫眼效应的宝石眼线为何不正？

答：具有猫眼效应的宝石在切磨时，底面需与包体所在的平面一致，且弧面具有较好的对称。当底面与包体所在平面不一致时，包体的反射光的焦点平面向弧形宝石的一侧移动，导致"眼线"的位置不在正中。

（2）何为变色效应？具有变色效应的宝石都有哪些？并举出一例对其成因进行解释。

答：（1）宝石矿物的颜色随入射光光谱能量分布或入射光波长的改变而改变的现象称为变色效应。

（2）具有变色效应的宝石包括变石、变色蓝宝石、变色尖晶石、变色萤石、变色碧玺、变色石榴石、变色蓝晶石等。

（3）以变石为例，变石的化学式组成为 $BeAl_2O_4$，致色离子为 Cr^{3+}，从 Cr^{3+} 的 $3d^3$ 电子组态导出的自由离子谱项为基谱项为 $4F$，激发谱项为 $4P$、$2G$、$2D$ 等。八面体场中，由基谱项 $4F$ 分裂为三个能级，即 $^4A_2$、$^4T_2$、$^4T_1$。在金绿宝石中，Cr^{3+} $^4A_2 \rightarrow ^4T_2$ 跃迁吸收的能量为 2.16 eV，处于红宝石（2.25 eV）和祖母绿（2.04 eV）之间，而 $^4A_2 \rightarrow ^4T_1$ 跃迁所吸收的能量（2.98 eV）与红宝石和祖母绿相差不大。因此，在可见光区域内，变石中红光和蓝绿光透过的概率近于相等，外部环境的光源条件（色温）决定了变石的颜色，例如，色温较高的日光灯中蓝绿色成分偏多，导致变石中蓝绿色成分的叠加，而呈现蓝绿色。反之，白炽灯光源中色温偏低，导致变石中红色成分的增加，而呈现红色。

（3）以变石为例解释多色性和变色效应的差别。

答：（1）宝石的多色性和变色效应均指宝石颜色的变化，但描述的角度不同。

（2）多色性是指宝石对振动方向不同的光波选择吸收不同，从而导致宝石在不同的方向上呈现不同颜色的现象。例如变石为斜方晶系，具有明显的三色性，表现为绿色、橙黄色和紫红色。

（3）变色效应是指宝石矿物的颜色随入射光光谱能量分布或入射光波长的改变而改变的现象。在变石中，红光和蓝绿光透过的概率近于相等，外部环境的光源条件决定了变石的颜色，色温较高的日光灯中蓝绿色成分偏多，导致变石中蓝绿色成分叠加，呈现蓝绿色；白炽灯光源中，色温偏低，导致变石中红色成分叠加，呈现红色。

（4）何为猫眼效应？猫眼效应产生的机理是什么？具有猫眼效应的宝石应如何加工？

答：（1）猫眼效应是指在平行光线照射下，以弧面型切磨的某些珠宝玉石表面呈现的一条明亮光带，并且该光带随样品或光线的转动而移动的现象。

（2）猫眼效应是由宝石内一组密集、平行定向排列的包体或定向结构对可见光的折射和反射作用引起的。当光线从宝石的弧面照射到宝石时，光线发生折射，当遇到定向排列的包裹体或定向结构时，在宝石内部发生反射，当弧面型宝石的高度合适时，反射光可相交于弧面，所有反射光在弧面型宝石表面相交的轨迹就形成了猫眼的眼线。

（3）具有猫眼效应的宝石在加工时需加工成弧面型，且弧面型宝石的底平面应与包体所在平面平行；弧面型宝石的高度与反射光焦点平面高度相一致，并同时使亮线平行于宝石的长轴。

（5）猫眼效应产生的条件有哪些？请画图解释猫眼效应形成的过程。

答：（1）猫眼效应是指在平行光线照射下，以弧面型切磨的某些珠宝玉石表面呈现的一条明亮光带，该光带随样品或光线的转动而移动的现象。产生猫眼效应的条件包括以下几点：

①宝石内必须具备一组密集、平行定向排列的纤维状、针管状或片状包体或某些特殊的结构（如固溶体出溶结构），如金绿宝石猫眼中存在一组定向排列的金红石针状包裹体，或一组定向排列的管状包裹体；矽线石猫眼通常与定向排列的纤维状结构有关。

②弧面型宝石的底平面应与定向排列的包体所在平面或纤维状结构定向排列所在的平面平行。

③弧面型宝石的高度与反射光焦点平面高度相一致，焦点平面通常与宝石折射率成反比，并要注意使亮线平行于宝石的长轴。

（2）猫眼的形成过程如图3-5所示：图中S面为包含包体的NM，并垂直猫眼"眼线"的弧面型宝石的纵切面。来自光源的光线照到宝石时将发生以下几种情况。

①沿O点入射的光线，即沿NM的法线入射的光线直接进入宝石，当光线遇见包裹体时发生反射。

②根据光的折射定律，当光线从光疏介质射向光密介质时，光线偏向法线方向折射，折射角小于入射角。当光线沿着a、b两点入射宝石时，部分光线发生反射，其余光线通过折射作用进入宝石，光线向靠近NM的法线OO'的方向发生折射。

③通过折射作用进入宝石的光线到达包体NM面上的G_a、G_b两点时，再次发生分解，部分光通过折射作用射出宝石，其余光线遵循反射定律发生反射作用，再次抵达弧面型宝石的表面。

④根据反射定律，反射角等于入射角，入射线、反射线及法线均处于同一平面内。由于受弧面弧度的影响，由G_a点到G_b点的入射光的入射角逐渐增大。因此G_b、G_a两点处的光反射角$\gamma_b > \gamma_a$，两束反射光共处于S平面内，并使得这两束光相交于S平面内的一点。

⑤以此类推，进入弧面另一侧a'、b'两点的光线同样经反射相交于一点。当弧面型宝石的高度合适时，四条反射光线可相交于弧面上一点。若宝石内平行排列的包体十分丰富时，由包体产生的反射光在弧面型宝石表面相交点的轨迹便形成了猫眼的眼线。

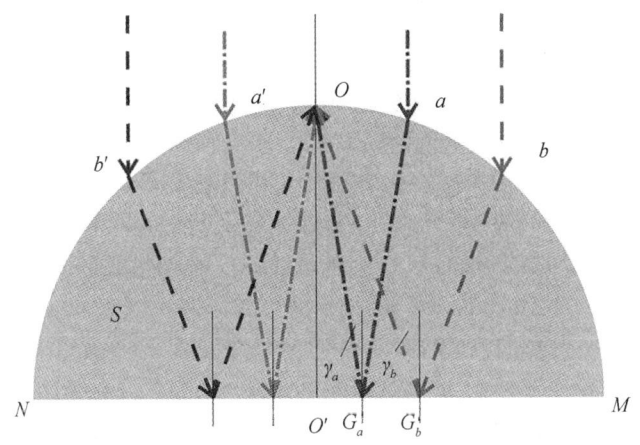

图3-5 猫眼的形成过程

（6）弧面型宝石的高度与"眼线"之间的宽度有何关系？请画图解释。

答：（1）具有猫眼效应的宝石，"眼线"出露的宽度和亮度受宝石自身折射率值及弧面型宝石高度的影响。对于某一特定宝石来说，其折射率值是固定的，从包体反射回来的反射光焦点平面的高度是一定的。

（2）只有当弧面型宝石的高度与反射光焦点平面的高度相一致时，宝石的"眼线"才能表现为一条窄而亮的光带。当弧面型宝石的高度低于反射光焦点平面时，宝石的"眼线"则表现为一条宽而稀疏的带，光带亮度降低（图3-6）。

（3）宝石折射率越高，包体反射光的焦点平面越低，因此具有猫眼效应的宝石，折射率较高者其弧面高度可以相对较低，而折射率较低的宝石其弧面高度要相对增高，使得猫眼效应表现得更明显。

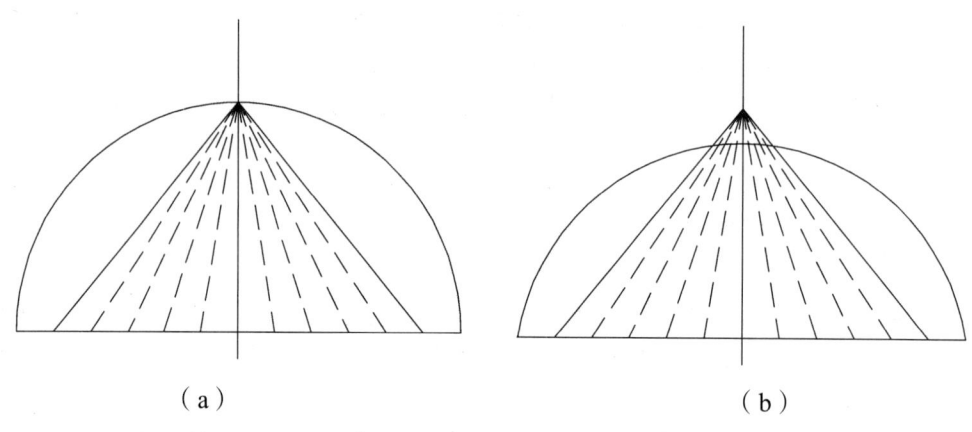

(a)   (b)

图 3-6 弧面形宝石的高度与"眼线"之间的宽度的关系

（7）何为星光效应？星光效应产生的机理是什么？具有星光效应的宝石应如何加工？

答：（1）星光效应是在平行光线照射下，以弧面型切磨的某些珠宝玉石表面呈现出两条或两条以上交叉亮线的现象。

（2）星光效应的形成机理：星光效应是由宝石及宝石内两组或两组以上密集、平行定向排列的包体或定向结构对可见光的折射和反射作用引起的。当光线从宝石的弧面照射到宝石时，光线发生折射，当遇到定向排列的包裹体或定向结构时，在宝石内部发生反射，当弧面型宝石的高度合适时，反射光可相交于宝石弧面，反射光在弧面型宝石表面相交的轨迹就形成了亮线，每个方向的包体可以形成一条亮线，多条亮线相交即产生星光效应。

（3）星光宝石的加工：具有星光效应的宝石在加工时需加工成弧面型，且弧面型宝石的底平面应与包体所在平面平行；弧面型宝石的高度与反射光焦点平面高度相一致。

（8）星光效应产生的条件有哪些？请画图解释星光效应形成的过程。

答：略。

注：星光效应与猫眼效应产生的条件基本相同，区别在于猫眼效应仅需一组定向排列的针状或管状包裹体，或一组定向的结构特征，而星光效应则需两组或两组以上定向排列的针

状或管状包裹体。

（9）何为变彩效应？哪些宝石具有变彩效应？列举两例说明它们的变彩效应产生的原因。

答：（1）变彩效应是指宝石的特殊结构对光的干涉、衍射作用产生颜色，且颜色随着光源或观察角度的变化而变化的现象。

（2）具有变彩效应的宝石包括欧泊、拉长石、斑彩菊石、火玛瑙等。

（3）以欧泊和拉长石为例解释变彩效应产生的原因。

①欧泊变彩效应产生的原因：详见下一题。

②拉长石变彩效应产生的原因：详见多项选择题12题。

（10）欧泊是典型的具有变彩效应的宝石，它的变彩具有哪些特点？如何解释欧泊的变彩效应？

答：（1）欧泊的变彩具有如下特点：

①一些灰白色的欧泊不出现色斑，仅显示蓝白色的乳光。

②一些欧泊仅在灰白色基底上显示蓝、绿色色斑，仅显示波长较短的颜色的色斑。

③部分欧泊在白或黑色的基底上显示从紫到红的可见光光谱中的全部颜色的色斑。

④色斑排列特点：同一块欧泊中不同颜色的色斑间杂分布，相邻色斑的颜色并不依可见光光谱色序排列，即红色色斑可直接与绿色色斑相邻，或在灰蓝色的基底中分散着几块颜色近于相同的红色色斑。

⑤色斑颜色特点：同一色斑中颜色并不十分均匀，在色斑的边缘可出现按光谱色序排列的相邻颜色。如红色色斑边缘可依次出现橙色、黄色、绿色色带。当转动欧泊或转动光源时，同一色斑的颜色将依光谱色序变化。如红色色斑在转动时，随着转动角度的加大，红色色斑可依次向橙色、橙黄色方向变化。

（2）欧泊的变彩效应可用布拉格方程来进行解释，布拉格方程的公式为 $n\lambda=2Nd\sin\theta$，其中 n 为入射光所在介质的折射率，即空气折射率，为1；N 为欧泊的折射率，为1.45。当入射角为90°时，即 $\sin\theta=1$；d 为可产生颜色条件的直径，将相应的参数带入公式中可得 $d=\lambda/2.9$。由于可见光波长为 700～400 nm，带入公式中可知，产生衍射条件的间隙直径应在 $d=700/2.9=241$ nm 到 $d=400/2.9=138$ nm 之间。

①球体间隙距离为 138～241 nm 时，可允许白光中所有波长的单色光通过，形成七彩欧泊。

②球体间隙距离为 138～204 nm 时，只允许紫至黄的五种光谱色的光通过，形成五彩欧泊。

③球体间隙距离为 138～176 nm 时，只允许紫至蓝绿的三种光谱色的光通过，形成三彩欧泊。

④球体间隙距离为 138～165 nm 时，只允许紫、蓝光通过，形成二彩或单彩欧泊。

【答案解析】变彩是宝石的特殊结构对光的干涉、衍射作用产生颜色，且颜色随着光源或观察角度的变化而变化的现象。变彩的形成与光的干涉、衍射作用密切相关，具有变彩效应的宝石包括欧泊、拉长石、合成欧泊以及欧泊的仿制品等。

以杨氏双缝干涉为例：一束光源射向狭缝产生衍射现象，光线不再沿着原来的方向传播，形成一个点光源，以确保射向 S_1 和 S_2 狭缝的光性质完全相同，到达 S_1 和 S_2 后，光线同样发生衍射现象，此时 S_1 和 S_2 为两个性质完全相同的光源，即一对相干光源，向不同方向传播，在空间上相互叠加，形成干涉。

欧泊的变彩效应的成因与杨氏双缝干涉实验类似。由于欧泊的结构是由二氧化硅小球通过最紧密堆积的方式形成，小球之间可形成四面体空隙和八面体空隙，构成三维立体光栅，每个空隙对光均可产生衍射作用，因此在三维空间形成无数个相干光源，在宝石表面相遇发生干涉现象，形成各种颜色，而具体的颜色则受到局部光栅对光的通过能力和衍射能力共同影响，同时受光的入射角或观察角度而发生变化。

（11）对比猫眼效应、星光效应和砂金效应。

答：猫眼效应是在平行光线照射下，以弧面型切磨的某些珠宝玉石表面呈现的一条明亮光带，该光带随样品或光线的转动而移动的现象，常见猫眼效应的宝石包括猫眼、石英猫眼、碧玺猫眼等。

星光效应是在平行光线照射下，以弧面型切磨的某些珠宝玉石表面呈现出两条或两条以上交叉亮线的现象，常见星光效应的宝石包括红宝石、蓝宝石、金绿宝石等。

砂金效应是透明宝石、玉石中光泽较强的包裹体或共存矿物界面反射光或折射光而呈现的耀眼闪光的现象，常见砂金效应的宝石包括东陵石、日光石、堇青石等。

共同点：猫眼效应、星光效应与砂金效应的成因均与宝石中包裹体对光的折射作用和反射作用等有关，此外，猫眼效应和星光效应还可与定向排列的结构有关。

不同点：猫眼只有一组平行排列的包体或定向排列的结构即可，且仅形成一条明亮的光带。星光须有两组或两组以上定向排列的包体或结构才能产生，能够形成两条或两条以上明亮的光带，其数量与定向排列的包裹体的组数有关。具有砂金效应的宝石表面不形成亮带，而是宝石内部呈现闪闪发光的现象，其形成主要与宝石内光泽较强的片状包裹体有关。

5. 关于宝石的光率体，请回答如下问题：

（1）在结晶学中，接触过各类"轴"的概念，请对比这些概念。

答：在晶体中关于"轴"的概念包括对称轴、双晶轴、晶轴、主轴、光轴等。

（1）对称轴是晶体中的对称要素之一，是一根假想的通过晶体中心的直线，相应的对称操作是围绕此直线的旋转。旋转一周，晶体中相同部分重复的次数叫轴次，包括 L^1、L^2、L^3、L^4 和 L^6，其中 L^3、L^4 和 L^6 为高次轴，L^1 和 L^2 为低次轴。

（2）双晶轴是双晶要素之一，是一根假想的直线，双晶中一个个体围绕此直线旋转 180°后可与另一个个体平行或重合。

（3）晶轴是晶体定向中所选择坐标系中的坐标轴，通过晶体的定向，可以更确切地描述和表达构成晶体的晶面、晶棱在空间的展布方位。

（4）主轴是光率体中的概念，是用于确定光率体形态的半径，其中，一轴晶光率体具有两个主轴，分别为 N_e 和 N_o，二轴晶光率体具有三个主轴，分别为 N_g、N_m 和 N_p。

（5）光轴也是光率体中的概念，是非均质体中不发生双折射的特殊方向，根据光轴的数量将非均质体分为一轴晶和二轴晶，其中一轴晶含有一个光轴，二轴晶含有两个光轴。

（2）详细论述研究宝石光率体的意义是什么。

答：详见例题5。

（3）详细描述不同光率体的光性方位。

答：光性方位是指光率体主轴与晶体结晶轴之间的相对位置关系。

（1）高级晶族晶体的光性方位。

高级晶族等轴晶系的宝石为均质体，其光率体是一个圆球体，通过光率体中心的任意三个互相垂直的直径都可以与三个结晶轴相当。球体半径代表折射率大小。

（2）中级晶族晶体的光性方位。

中级晶族包括三方、四方、六方三个晶系，中级晶族宝石晶体的光率体是一个旋转椭球体，即一轴晶光率体，光率体的旋转轴（光轴、N_e轴）与晶体中的高次对称轴一致。

（3）低级晶族晶体的光性方位。

①低级晶族包括斜方、单斜、三斜三个晶系。低级晶族宝石晶体的光率体是二轴晶光率体，为一个三轴不等长的椭球体。在斜方晶系的宝石晶体中，光率体的三个主轴与晶体的三个结晶轴一致，但哪一个主轴与哪一个晶轴一致，要视具体宝石晶体而定。

②单斜晶系宝石晶体的其光性方位表现为，二次对称轴与光率体的三主轴之一重合，其余两个结晶轴与光率体中另外两主轴斜交，斜交的角度因宝石矿物种类而异。

③三斜晶系晶体的对称程度最低，仅有一个对称中心，与光率体的中心相当，光率体三主轴与晶体的三个结晶轴斜交，斜交的角度因宝石矿物而异。

6. 什么是电磁波？如何对其进行分类？宝石学中常用的电磁波包括哪些？请举例说明。

答：详见填空题3题。

第四章　宝石的颜色

内容概述

宝石的颜色是影响宝石美观度重要的因素之一，因此是评价宝石重要的标准之一（图4-1）。本章内容需重点掌握以下内容：

1. 宝石颜色产生的要素，度量颜色的物理量。
2. 宝石颜色成因，包括传统颜色分类及近代科学对宝石颜色成因的解释。

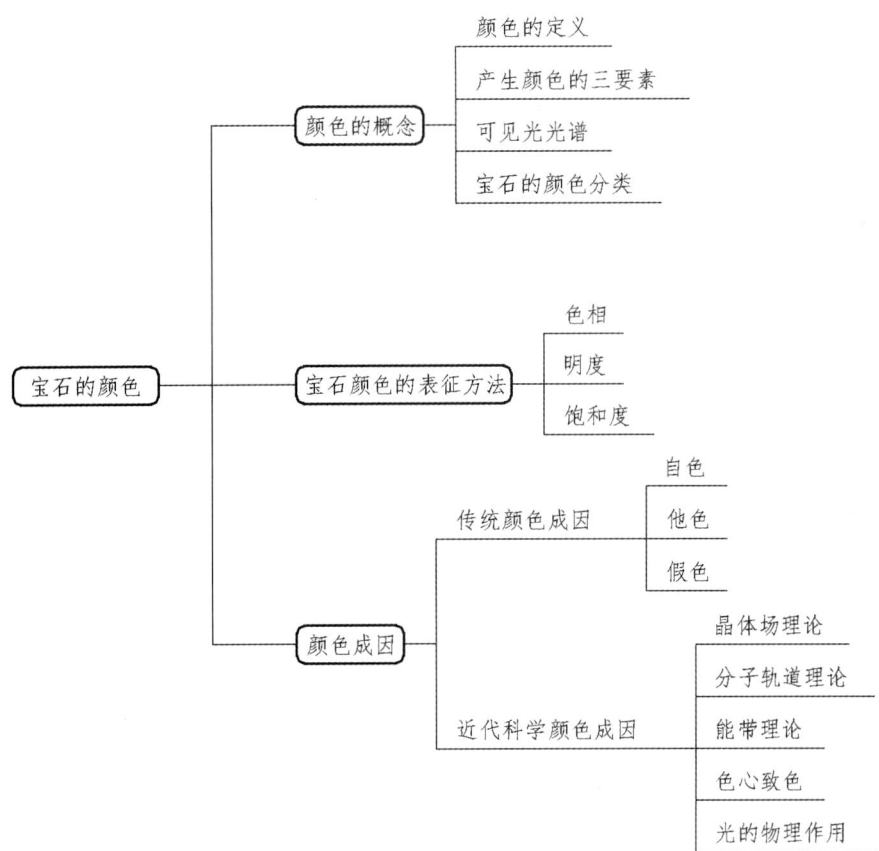

图 4-1　第四章内容概述

第一节 重点例题讲解

【例题 1】填空题 产生宝石颜色的三要素包括_____、_____和_____。

【参考答案】光源 宝石 观察者

【例题解析】颜色是眼睛和神经系统对光源的感觉，它是光源在眼睛的视网膜上形成的讯号刺激大脑皮层产生的反应。产生宝石的三要素包括光源、宝石和观察者，三者缺一不可。

（1）若无光的辐照作用，例如，在黑暗中，无法感知宝石的颜色。

（2）宝石是观察的对象，其颜色是宝石与光发生相互作用后产生的，如选择性吸收、干涉、衍射、散射等，由于不同宝石的化学成分及晶体结构存在差异，因此不同宝石与光的相互作用存在差异，从而呈现不同的颜色。

（3）颜色是一种感觉，是神经系统对光的一种解译，眼睛首先接受光的刺激，不能接受光的刺激就无法见到颜色，如盲人；不同的人对光的刺激感受不同，例如色弱、色盲的人与视觉正常人对同种颜色的感知是不同的。此外，大脑或神经系统对颜色的解译并非完全按照物理刺激进行解译，例如阳光下的黑煤和阴影里的白粉笔，实际结果显示前者比后者反射了更多的光，此时人脑发挥了与记忆相关的作用，认为前者为黑色，后者为白色。

总结：没有光，就不能感知颜色；没有宝石，就无法感知颜色的对象；没有眼睛或观测器，就无法感知颜色的存在。光与色之间有着不可分割的密切关系，光是产生色的直接原因，色是光被感觉的结果。

【例题 2】选择题 过渡族元素是宝石最重要的致色因子，其中 Ti 元素可形成的颜色包括（ ），V 元素可形成的颜色包括（ ），Cr 元素可形成的颜色包括（ ），Mn 元素可形成的颜色包括（ ），Fe 元素可形成的颜色包括（ ），Co 元素可形成的颜色包括（ ），Ni 元素可形成的颜色包括（ ），Cu 元素可形成的颜色包括（ ）。

A. 红色 B. 橙色 C. 黄色 D. 绿色
E. 蓝色 F. 紫色 G. 粉色 H. 茶色

【参考答案】ACDEG ADEH ABD ABCGH ACDEF ACEGH CDE ACDEF

【例题解析】部分宝石中的颜色与宝石中的元素组成有关，尤其是宝石中的过渡族元素，其颜色成因可用晶体场理论、分子轨道理论以及能带理论进行解释；除了过渡族元素以外，主族元素也可使宝石形成颜色，但主族元素往往不直接参与宝石中的颜色的形成，而是形成色心，或者非金属-非金属之间的电子跃迁所产生的。各元素形成的颜色总结如表 4-1 所示。

表 4-1 各元素在宝石中形成的颜色

致色元素	颜色	举例	备注
Ti	蓝色	蓝锥矿	
	黄色	金红石	与 Ti^{3+} 有关的色心
	红色	合成水晶（热处理）	
	绿色	合成水晶	
V	绿色	绿色绿柱石、水钙铝榴石、合成立方氧化锆（黄绿色）	
	红色	合成金红石、人造钛酸锶（黄色-红褐色）	
	蓝色	坦桑石	
	茶色	合成水晶	
	变色效应	（合成）变色蓝宝石、变色石榴石	

续表

致色元素	颜色	举例	备注
Cr	红色粉色	（合成）红宝石、（合成）粉色蓝宝石、（合成）尖晶石、镁铝榴石、托帕石、人造钛酸锶（黄色-暗红褐色）、合成立方氧化锆	
	绿色	（合成）祖母绿、翡翠、透辉石、翠榴石、钙铬榴石、碧玺、合成尖晶石、合成水晶	
	橙色	合成金红石	
	变色效应	（合成）变石	
Mn	粉色红色	菱锰矿、蔷薇辉石、摩根石、碧玺、芙蓉石	
	黄色橙色	锰铝榴石、合成金红石、合成尖晶石、人造钛酸锶	
	茶色	合成水晶	
Fe	蓝色	尖晶石、合成尖晶石、碧玺、海蓝宝石、董青石	蓝色、绿色碧玺、海蓝宝石、董青石的颜色成因与 Fe^{2+}-Fe^{3+} 之间的电子跃迁有关。
	绿色	橄榄石、翡翠、蓝宝石、碧玺、软玉、硼铝镁石、合成金红石	
	红色	镁铝榴石-铁铝榴石	
	黄色	黄水晶、人造钛酸锶、绿柱石、蓝宝石、合成黄水晶[$Fe(OH)_3$]、钙铝榴石（桂榴石）、钙铁榴石	金黄色绿柱石、金黄色蓝宝石、黄水晶等颜色与 O^{2-}-Fe^{3+} 之间的电荷迁移有关。
	紫色	紫水晶、合成紫水晶（FeO，经辐照）	与 $[FeO_4]^{4-}$ 色心有关
Co	蓝色	（合成）尖晶石、玻璃、合成水晶、Co扩散蓝宝石、Co扩散托帕石	
	粉色	方解石、菱镁矿	
	红色	合成金红石	
	黄色	人造钛酸锶	
	茶色	合成水晶	
Ni	黄色	合成金红石、合成蓝宝石、人造钛酸锶、合成蓝宝石（Ni^{3+}）	
	绿色	玉髓、合成水晶	
	蓝色	合成蓝宝石（Ni^{2+}）	
Cu	蓝色	绿松石、碧玺	
	绿色	孔雀石、合成立方氧化锆	
	黄色	黄铜矿、合成黄水晶	
	红色粉色	赤铜矿、合成尖晶石	
稀土元素	黄色	磷灰石、榍石、赛黄晶、合成立方氧化锆（Pr）	
	绿色	磷灰石、萤石	
	蓝色	磷灰石	

续表

致色元素	颜色	举例	备注
	红色	玻璃、合成立方氧化锆（Ce 红色，Er 粉色，Ce+Nd 玫瑰红色）	
	紫色	合成立方氧化锆（Ho）	
联合致色	蓝色	蓝宝石	Fe、Ti
		浅蓝色合成尖晶石	Co、Cr
联合致色	蓝色	合成立方氧化锆（紫蓝色）	Co、Cu
		合成立方氧化锆（淡蓝色）	Nd、Cu
	绿色	铬钒钙铝榴石	Cr、V
		翠榴石	Cr、Fe
		绿色合成蓝宝石	Co、V、Ni
		浅绿色合成尖晶石	Mn、Co；Mn、Cr
	黄色橙色	金黄色与橙黄色合成蓝宝石	Cr、Ni
	紫色	紫色合成蓝宝石	Cr、Ti、Fe
		紫色合成尖晶石	Co、Mn
	棕色	合成立方氧化锆	Co、V
	变色效应	变色蓝宝石	Cr、Fe、Ti
N	黄色	钻石	色心致色，能带理论
B	蓝色	钻石	色心致色
U	褐色	锆石	
Al	茶色	水晶	与$[AlO_4]^{4-}$色心有关
S	黄色	自然硫	能带理论
	蓝色	青金石	分子轨道理论
Be	黄色橙色棕色	Be 扩散处理蓝宝石	色心致色

【例题 3】填空题 表征颜色的三个物理量分别为_____、_____和_____。不同产地红宝石颜色上的不同主要是其中的_____和_____不同。

【参考答案】 色相 明度 彩度 明度 彩度

【例题解析】 不同书籍对表征颜色的三个物理量具有一定的差异，同一名词在不同的教材中可能具有截然不同的含义，可能是对英文的翻译不同。

根据国家标准《中国颜色体系》（GB/T 15608—2006），表征颜色的三要素包括色调（色相，hue）、明度（value 或 lightness）和彩度（chroma）：

（1）色调（色相）：用于表示红、黄、绿、蓝、紫等颜色的特征，可以理解为颜色的名称，用颜色的名称来区分各种颜色。

（2）明度：是用于表示物体表面颜色明亮程度的视知觉特性值，以绝对白色和绝对黑色为基准给予分度，在宝石学中，颜色的明度相当于亮度，与其反射、透射光的程度有关，通常反射率越高，明度越高。

（3）彩度：是颜色的饱和度，同一色相的彩色，纯度越高，颜色越深、越鲜艳，彩度越高。彩度以可见光谱中单色光为最大，混入其他色光，其纯度降低，彩度变小。纯白色的彩度为零。

在红宝石、蓝宝石、祖母绿等彩色宝石的颜色分级所采用的是《中国颜色体系》(GB/T 15608—2006)，因此有必要掌握中国颜色体系的表示方式。

(1) 色调(色相)：用 H 表示，对于彩色系用色调环来进行表示，色调环上以红(R)、黄(Y)、绿(G)、蓝(B)、紫(P) 5 色作为主色，并以红色为色调环逆时针方向的起点。在相邻两主色的中间的颜色为中间色，即红黄(RY)、黄绿(GY)、绿蓝(BG)、蓝紫(PB)、紫红(RP) 5 色，主色与中间色组成 10 种基本色，各占圆的一个 10 等分点(图 4-2)。

再将 10 种基本色的相邻色之间划分为 4 等分，因此色调环上共有 40 种色调(色相)。相邻色调(色相)之间在视觉上是相等的。色调(色相)的标号方式为数值 10-2.5-7.5-10(前一个 10 代表本色调的起点 0，同时代表上一个色调的终点，后一个 10 代表本色调的终点，同时代表下一个色调的起点)，后附以基本色的标号，如 10YR。凡标号为"5"的色调，是该颜色的纯正色调。例如，红宝石的色调类别包括红、紫红和橙红，对应的色调参考值为 5R、2.5R 和 7.5R。

(2) 明度：用 V 表示，色立体的中心轴从绝对黑色的 0/ 至绝对白色的 10/ 分为 11 级，相邻明度之间在视觉上是等距的(图 4-3)。

(3) 彩度：用 C 表示，以色立体的中心轴作为起点，随着色调环的扩大，彩度也随之增大，相邻彩度之间在视觉上是等距的。

对于彩色系，其标号方式为 HV/C，例如 2.5R5/10。

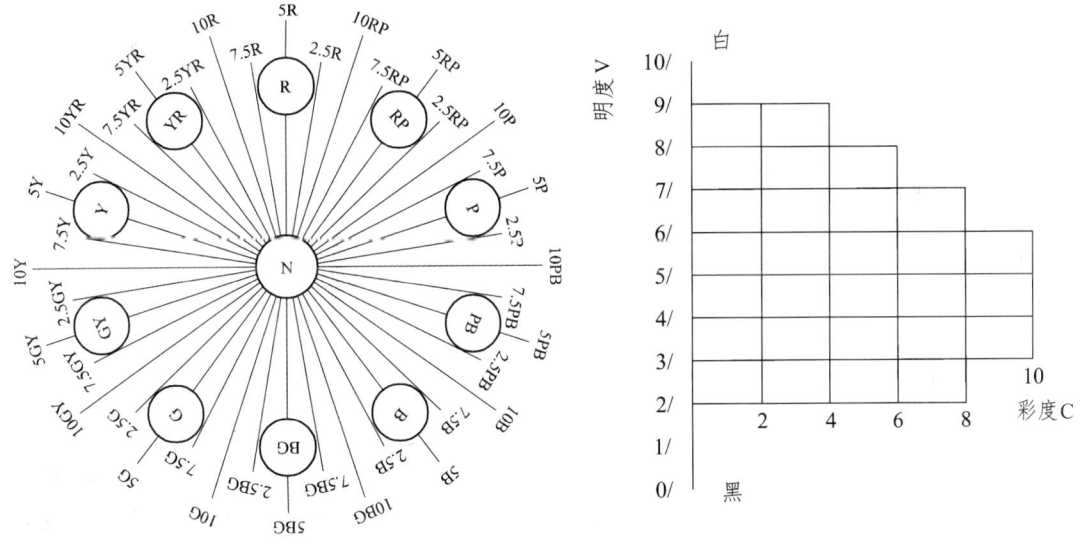

图 4-2　色调环的组成　　　　　　图 4-3　明度标尺和彩度标尺

此外，在国际上，宝石颜色的定量表征体系包括 CIE-XYZ 表色系、按标准色样的表色系(孟塞尔表色系)和 GemDiallogue 系统 3 种表色体系。

【例题 4】选择题　下列宝石的颜色，可用晶体场理论进行解释的是(　　)，可用能带理论解释的是(　　)，可用分子轨道理论解释的是(　　)。

A. 红宝石　　　　B. 蓝宝石　　　　C. 祖母绿　　　　D. 变石
E. 海蓝宝石　　　F. 堇青石　　　　G. 青金石　　　　H. 金色蓝宝石

I. 钻石　　　　　　J. 自然硫　　　　　　L. 辰砂　　　　　　M. 绿色碧玺

【参考答案】ACD　　IJL　　BEFGHM

【例题解析】现代科学对宝石颜色的解释，主要是结合谱学的方法，以晶体场理论、分子轨道理论和能带理论为基础。

（1）晶体场理论：晶体场理论认为晶体场是一种静电模型，即将晶体场看成是一种正负离子间的静电作用，将带有正电荷的阳离子称为"中心离子"，带有负电荷的阴离子称为"配位体"，并且将其处理为点电荷，其实质作用是产生一个静电势场力，这种静电势场就称之为晶体场，中心离子就处于这样的晶体场中。

过渡族金属离子及某些镧系、锕系元素离子，在核外存在未满的d电子或f电子轨道，当这些离子处于自由状态时，d或f电子轨道能量相同，核外电子占据其中任一轨道的概率相同。当一个过渡元素离子处于一个晶体场中时，d轨道或f轨道在晶体场的影响下，发生分裂，导致部分d电子轨道或f电子轨道的能量状态降低，部分d电子轨道或f电子轨道能量增高，电子优先占据其中能量较低的轨道。

以d电子轨道为例，当d电子轨道发生分裂后，各组（A、B、C、D）的能量不再相同，其最高能级（D）与最低能级（A）之差称为晶体场分裂能，用Δ表示。当含有过渡族金属元素的宝石晶体受外界能量激发时，处于最低能级（基态）的d电子轨道上的电子吸收光辐射的能量转变为激发态电子，并从基态跃迁至较高能级的d轨道上，即d→d电子跃迁，未被吸收的光呈现为宝石的颜色。d→d电子跃迁最典型的例子为红宝石、祖母绿和变石，其颜色成因与Cr元素有关。

此外，镧系和锕系元素的f轨道在配位体的存在下发生能级分裂，形成f→f电子跃迁，使得宝石呈现颜色，如磷灰石、稀土玻璃等宝石，其颜色成因与稀土元素有关。

（2）分子轨道理论：分子轨道理论认为分子中的电子遍及由原子组成的整个分子范围内运动，而不是定域于某一特定原子内。每一分子的运动状态可用分子波函数进行描述，即分子轨道。分子轨道可通过相应的中心原子轨道和配体原子轨道按一定原则（能量近似原则、最大重叠原则和对称性原则）组合而成，所有轨道都扩展到整个分子。

N个原子轨道通过线性组合，即N个原子通过组合可得到N个分子轨道。当N为偶数时，一半为成键轨道，一半为反键轨道；当N为奇数时，出现非键轨道。当电子进入成键轨道时，整个体系能量降低；反之，当电子进入反键轨道时，整个体系能量升高。因此电子可以从一个分子轨道跃迁至另一个分子轨道，发生电荷转移，即从能量较低的成键分子轨道或非键轨道跃迁至能量较高的反键分子轨道，同时伴有能量吸收，若吸收的能量恰好相当于某些可见光的能量，这些颜色就会被吸收，剩余的可见光组合形成宝石的颜色。电子跃迁主要有以下几种形式：

①金属-金属原子间的电荷迁移。

在宝石矿物的晶体结构中，分属于相邻配位多面体的阳离子之间可以产生相互作用，阳离子各自的分子轨道在一定方向上发生重叠，相邻阳离子之间的距离越近，分子轨道重叠得越多，越有利于两个阳离子之间的电荷转移。当两个阳离子之间发生d轨道电子跃迁时，会产生光谱吸收带，吸收部分可见光，从而使宝石呈现颜色。

根据电荷电荷迁移的形式，金属-金属原子间的电荷迁移可分为同核原子价态之间的电荷迁移和异核原子价态之间的电荷迁移。

a. 同核原子价态之间的电荷迁移：电荷迁移来自不同价态的同一过渡族元素的两个原子之间的相互作用，例如 Fe^{2+} 与 Fe^{3+} 之间、Mn^{2+} 和 Mn^{3+} 或 Ti^{3+} 和 Ti^{4+}，当两个不同价态的同核原子分布在不同类型的格点中，且两者之间有能量差时，电子可发生转移，吸收部分可见光，从而使宝石呈现颜色。

例如堇青石，Fe^{2+} 与 Fe^{3+} 分别处于四面体和八面体位置中，两个配位体以共棱的方式相连接，当可见光照射堇青石时，Fe^{2+} 中的一个 d 电子吸收一定能量的光跃迁至 Fe^{3+}，此过程的吸收带位于 17000 cm^{-1}（相当于黄光），使堇青石呈现蓝色。此外，蓝色和绿色电气石、海蓝宝石、蓝闪石等宝石矿物的颜色与 Fe^{2+}-Fe^{3+} 间的电荷迁移有关。

b. 异核原子价态之间的电荷迁移：电荷迁移来自不同原子之间，典型的例子为蓝宝石，其颜色与 Fe^{2+} 与 Ti^{4+} 之间的电荷迁移有关。在蓝宝石中，Fe^{2+} 与 Ti^{4+} 分别位于相邻的，且以面相连接的八面体中，Fe、Ti 离子的距离为 0.265 nm，二者的 d 轨道沿结晶轴方向重叠。当电子从 Fe^{2+} 中转移到 Ti^{4+} 中时，Fe^{2+} 转变为 Fe^{3+}，Ti^{4+} 转变为 Ti^{3+}，且伴随可见光的吸收，光谱吸收能为 2.1 eV，吸收带的中心位于 588 nm 处，其结果是在蓝宝石的 c 轴方向只透过蓝色，呈现蓝色。

两个八面体在垂直于 C 轴方向上以棱相连接，两离子的距离为 0.297 nm，大于沿结晶轴方向的距离，因此，分子轨道的叠加程度相对较小，其光谱吸收带位于 620 nm（红色），使蓝宝石在非常光方向上呈现蓝绿色。

②非金属-金属的电荷转移

宝石矿物中，非金属-金属的电荷转移常发生在 O^{2-} 与金属离子之间，例如 O^{2-}-Fe^{3+}、O^{2-}-Cr^{6+}、O^{2-}-Mn^{6+}、O^{2-}-V^{5+} 等，最常见的是 O^{2-}-Fe^{3+}，即电子从以配位体 O^{2-} 为主的分子轨道跃迁至 Fe^{3+} 为主的分子轨道上形成。

在含有 Fe^{3+} 杂质离子的宝石矿物中，即存在 Fe^{3+} 的晶体场 d→d 轨道电子跃迁光谱吸收带，又包括 O^{2-}-Fe^{3+} 电荷转移所产生的强吸收光谱带，通常情况下，后者强度强于前者，导致珠宝玉石的颜色为红色-棕色、褐红色或褐色等。典型的例子为金色绿柱石、金色蓝宝石、黄水晶等。

③非金属-非金属的电荷转移

非金属-非金属的电荷转移是指分子轨道上的阴离子电子被激发而跃迁至另一个阴离子的分子轨道上。例如，青金石的颜色是 S_3^- 原子团中的分子轨道激发能导致的；部分有机宝石的颜色与非金属-非金属的电荷转移有关，如琥珀、珊瑚、珍珠、贝壳等，电子通过有机色素的原子团在共有分子轨道中的运动、激发，引起可见光的吸收形成颜色。

（3）能带理论：能带理论的本质是分子轨道理论的进一步延伸。在能带理论中，同样认为晶体中的电子不再被特定的原子所束缚，而为整个晶格所共有，并在晶体内部三维空间的周期性势场中运动。在 n 个原子组成的晶体中，由于原子之间的相互作用，对应原来孤立原子的一个相同能级，分裂为 n 条靠得很近的能级，组成一个准连续能带。在能带理论中，需了解几个相关的概念：

①能带：电子运动限制在有一定能量上、下限的能带区域中，这些电子运动所允许的能量区域称为能带。

②容许带：固体的能带结构中，电子允许具有的能量区域，即电子允许占据的能带称容许带。

③禁带：容许带之间的能量间隔称禁带，亦称带隙，是电子不能存在的区域；禁带的宽度随矿物键性的不同而不同。

④满带：在容许带中，完全充满电子的能量较低的能带为满带，又称价带。

⑤导带：较高能量的未充满电子的能带为导带，在导带中电子可自由流动，能导电。

⑥空带：无电子充填的能带为空带。

⑦价带：充填有价电子的能带为价带。价带往往是导带，也可以是满带。

⑧能量间隔：指价带与导带底部间的能量差，或称带隙宽度，一般用ΔE_g表示。不同的宝石能量间隔一般不同。

由于能量高于价带的容许带通常为空带，能量低于价带的容许带则通常是满带。当一束白光穿过宝石时，宝石将吸收能量使电子从价带跃迁至导带，所需的能量取决于ΔE_g的大小，残余的光组成了宝石的颜色。

能带理论能够解释一些自然金属元素矿物、自然非金属元素矿物以及硫化物矿物的颜色成因。此外，能带理论还可用于解释宝石的发光性（详见第三章）以及色心的呈色机理。

①金属矿物：金属矿物的ΔE_g远小于可见光能量，有的趋近于零，因此，电子极易发生跃迁，跃迁到导带后极易返回到价带，返回时大多数电子的能量仍以可见光的形式释放，因此，金属矿物大多有强烈的金属光泽，且不透明，其颜色由带隙宽度决定。

②半导体矿物材料：这类材料的ΔE_g在2.0～3.0 eV，正好在可见光能量范围内，如红色的辰砂（2.0 eV，相当于620 nm波长）、黄的雌黄（2.5 eV，约500 nm）和自然硫等。

③绝缘体：这类材料的ΔE_g一般>3.5 eV，可见光不能使其电子发生跃迁，因此不吸收可见光，如钻石的ΔE_g为5.4 eV，因此，纯净的Ⅱa型钻石理论上是无色透明的。Ⅰb型钻石中含有微量的孤氮原子，氮原子外层电子比碳原子多一个，额外的电子在禁带中生成一个杂质能级，即氮施主能级，缩小了带隙的能量间隔，电子从杂质能级跃迁至导带所吸收的能量为2.2 eV（564 nm），使得Ⅰb型钻石显橙黄色。

④色心致色：由于色心具有能级，因此可以吸收一定能量的光波产生能级跃迁，价带的电子受激跃迁进入导带；部分电子在返回价带时，被空位陷阱俘获，形成了色心。被俘获的电子吸收光能E_a会向较高的能级跃迁。一般情况下，E_a相对较小，在可见光范围内，能级达不到导带底（E_b）。不同宝石的E_a不同，将导致色心吸收不同波长的可见光，使宝石呈不同颜色。而E_b的大小，可用来表示该陷阱的深浅。E_b越大，该色心引起的宝石颜色在常温下越稳定；反之，颜色越不稳定。

【例题5】是非题　一切能够产生颜色的晶格缺陷均属于色心。（　　）

【参考答案】N

【例题解析】色心是能够产生颜色的晶格缺陷，但通常为晶格缺陷中的点缺陷，在宝石学中，常见的色心为电子心和空穴心。

（1）电子心（F心）：由宝石晶体结构中阴离子空位引起的色心。在宝石晶体中，当阴离子缺位时，空位就成为一个带正电的，且能捕获电子的电子陷阱。当捕获一个电子，并将其束缚于该空位中时，电子呈激发态，同时选择性吸收了某种波长的能量，从而使宝石呈色。例如，紫色萤石，当晶体的氟离子离开正常晶格而形成一个阴离子空位（缺少负电荷）时，该结构位显示正电性，形成一个带正电的电子陷阱。为了维持晶体的电中性，阴离子空位必须捕获一个负电子，由此产生了颜色。整体上，电子心可理解为由一个阴离子空位和一个受此空位电场束缚的电子所组成的色心。

电子心有多种形式，如两个相邻的 F 心称 F_2 心，三个相邻的 F 心称 F_3 心，相邻的阴离子空位只捕获一个电子称为 R 心。

（2）空穴心（V 心）：由宝石晶体结构中阳离子缺位引起的色心。在宝石晶体中，当缺少一个阳离子时，相当于附近增加了一个负电荷，其附近必须形成一个阴离子空穴，以保持静电平衡，因此，空穴心可理解为由一个阳离子空位捕获一个"阴离子空穴"所组成的。例如烟晶，在烟晶中当 Si^{4+} 替代 Al^{3+} 时，晶格位中形成正电荷不足的位置，即正电荷陷阱，为了维持暂时的电中性，Al^{3+} 周围必须有相应的正一价阳离子存在。当水晶受到辐照后，与最近邻的 O^{2-} 将失去一个多余的电子、残留一个空穴，形成空穴心（V 心）。

利用辐照源的带电粒子（如加速电子、质子）、中子或射线辐照宝石，通过带电粒子、中子或γ射线与宝石中离子、原子或电子的相互作用，最终在宝石中形成电子-空穴心或离子缺陷心，从而使宝石呈色。如辐照处理钻石、蓝色托帕石等，因此，辐照处理的本质是提供激活电子、格位离子或原子发生位移的能量，从而形成辐照损伤心。

其他类型的晶格缺陷也可使宝石形成颜色，例如，粉色和褐色钻石的颜色与其形成环境及运移过程中发生的塑性变形（导致晶体结构缺陷）有关，在引起晶格缺陷的同时，还可改变钻石中 N 的聚集速率和形式，使钻石形成不同颜色，且钻石颜色的均匀程度也与塑性变形的均匀性有关。

第二节　课后练习

一、名词解释

颜色　可见光　体色　色相　明度　彩度　自色　他色　假色　色心　电子心　空穴心　晶体场理论　分子轨道理论　能带理论

二、填空题

1. 能够使宝石呈现假色的原因包括_____、_____、_____等宝石对光的物理作用。
2. 根据宝石颜色的类型，可将宝石的颜色分为_____和_____两大类。
3. 对可见光而言，在_____nm 附近及可见光光谱的两端，人眼具有最高分辨力。
4. 宝石学中的假色指光的_____、_____和_____等物理光学现象引起的视觉形象。为假色宝石的包括_____、_____、_____等。
5. 由 Cu 元素致色的宝石有_____、_____；由 Cr 元素致色的宝石有_____、_____等；由 V 元素致色的宝石有_____、_____；由稀土元素致色的宝石有_____、_____；由 Ti 元素致色的宝石有_____、_____等；由 Mn 元素致色的宝石有_____、_____等；由 Fe 元素致色的宝石有_____、_____等；由 Co 元素致色的宝石有_____、_____；由 Ni 元素致色的宝石有_____等。
6. 电荷迁移的形式包括_____原子之间的电荷迁移、_____原子之间的电荷迁移和_____原子之间的电荷迁移。
7. 光学三原色分别是_____、_____和_____；颜料三原色分别是_____、_____和_____。
8. 颜色可分成_____、_____和_____三种类型，用来解释颜色成因的理论主要有_____、_____和_____。
9. 宝石学中常用的宝石的颜色测量体系包括_____、_____和_____。

三、是非题

1. 颜色与波长之间的关系是固定的，例如波长为 700 nm 的光为红色。（　　）
2. 人眼对可见光的分辨率是生物界中较差的。（　　）
3. 绝大多数的彩色都是单色相组成的宝石，例如，红宝石的颜色是由红色光组成的。（　　）
4. 一种着色离子在宝石中只能产生一种颜色，例如，Cr 元素在刚玉和尖晶石中均呈红色。（　　）
5. 红色的宝石呈现红色的原因是该宝石吸收了绿色波长的光线。（　　）
6. 除过渡族元素、色心外，包裹体也可以使宝石产生颜色。（　　）
7. 宝石的颜色与宝石粉末的颜色是相同的。（　　）

8. 电荷迁移是指不同离子之间电荷之间的转移。（   ）
9. 光的反射率越高，颜色的明度越高。（   ）
10. 假色是宝石体色的一种，是宝石固有的颜色。（   ）
11. 只有过渡族元素可使宝石呈色，主族元素则不能使宝石产生颜色。（   ）
12. 能带理论不仅可以用来解释宝石的颜色成因，还可以用来解释宝石的发光性。
（   ）
13. 所有的石榴石均属于自色宝石，例如铁铝榴石。（   ）
14. 能带理论只能用于描述钻石的颜色成因。（   ）
15. 宝石的辐照处理可产生新的色心，热处理可以消除不稳定的色心。（   ）
16. 由色心呈色的宝石，属于他色宝石。（   ）

四、单项选择题

1. 按照传统宝石颜色划分方法，下列全部属于自色宝石的一组是（   ）
   A. 橄榄石、金绿宝石、托帕石　　　　B. 橄榄石、绿松石、孔雀石
   C. 祖母绿、绿松石、托帕石　　　　　D. 红宝石、紫锂辉石、芙蓉石
2. 欧泊的变彩效应属于（   ）
   A. 变色　　　　B. 他色　　　　C. 假色　　　　D. 自色
3. 堇青石的紫色可由哪种理论进行解释（   ）
   A. 晶体场理论　　B. 分子轨道理论　　C. 色心致色　　D. 能带理论
4. 下列宝石中属于自色宝石的有（   ）
   A. 镁铝榴石　　B. 铬钒钙铝榴石　　C. 锂辉石　　D. 顽火辉石
5. 粉色锂辉石的颜色成因可能是（   ）
   A. Cr 致色　　B. Mn 致色　　C. Fe 致色　　D. Cu 致色
6. 下列一组属于以铜为主量元素的宝石是（   ）
   A. 硅孔雀石、绿帘石　　　　B. 苏纪石、柱晶石
   C. 硅孔雀石、绿松石　　　　D. 红柱石、方柱石
7. 下列选项中属于以铬为主量元素的宝石是（   ）
   A. 钙铬榴石　　B. 铬透辉石　　C. 铬碧玺　　D. 铬钒钙铝榴石
8. 以下由 Mn 致色的宝石是（   ）
   A. 芙蓉石、粉色刚玉　　　　B. 粉色碧玺、粉红色绿柱石（摩根石）
   C. 菱锰矿、紫色方柱石　　　D. 紫锂辉石、粉色刚玉

五、多项选择题

1. 下列宝石的颜色，可用晶体场理论解释的是（   ）
   A. 红宝石　　B. 蓝宝石　　C. 祖母绿　　D. 变石　　E. 海蓝宝石
2. 下列属于离子间电荷迁移致色的宝石有（   ）
   A. 蓝宝石　　B. 萤石　　C. 堇青石　　D. 海蓝宝石　　E. 绿色电气石

3. 下列颜色，其成因可用能带理论解释的是（   ）
A. 钻石 B. 堇青石 C. 黄铁矿
D. 钻石的荧光 E. 色心致色的萤石

4. 下列哪些宝石的颜色是由晶格缺陷引起的（   ）
A. 红宝石 B. 紫色萤石 C. 茶晶
D. 高温高压处理的钻石 E. 日光石

5. 下列哪些宝石的颜色可由色心致色（   ）
A. 紫色萤石 B. 紫水晶 C. 辐照处理的钻石
D. Maxixe 蓝色绿柱石 E. 天河石

6. 下列宝石中属于假色宝石的有（   ）
A. 月光石 B. 欧泊 C. 日光石 D. 珍珠 E. 琥珀

7. 描述宝石颜色用到的色度学物理量有（   ）
A. 彩度 B. 色调 C. 色相 D. 饱和度 E. 明度

8. 以下宝石的部分样品可能显示稀土元素的吸收谱是（   ）
A. 磷灰石 B. 赛黄晶 C. 稀土玻璃 D. 锆石 E. 萤石

9. Cr 元素可以形成的颜色包括（   ）
A. 红色 B. 绿色 C. 黄色 D. 紫色 E. 粉色

10. 下列宝石的颜色可能与钒元素有关的宝石有（   ）
A. 紫锂辉石 B. 祖母绿 C. 坦桑石 D. 红宝石 E. 堇青石

六、问答题

1. 关于宝石的颜色，请回答如下问题：
（1）如何理解宝石颜色三要素之间的关系？
（2）表征宝石颜色的三个物理要素分别是什么？如何表示这些物理量。

2. 关于宝石的颜色成因，请回答如下问题：
（1）传统宝石学的颜色成因类型有哪些？每种成因类型分别列举两个宝石实例进行说明。
（2）现代科学宝石的颜色成因类型有哪些？每种成因类型列举两个宝石实例。
（3）什么是晶体场理论？哪些宝石的颜色成因可用晶体场理论进行解释？选择其中两个例子详细描述它的吸收光谱，并列举说明其颜色成因。
（4）什么是分子轨道理论？电荷迁移呈色的形式都有哪些？每种形式分别列举一个宝石实例。
（5）什么是能带理论？能带理论可以解释宝石中的哪些现象？请举例说明。
（6）什么是色心？举出两个色心致色的实例来说明合成和优化处理宝石时的应用。
（7）用于研究宝石颜色成因的仪器是什么？请描述其基本原理。

第三节 参考答案

一、名词解释

1. 颜色

答：颜色是眼睛和神经系统对光源的感觉，它是光源在眼睛的视网膜上形成的讯号刺激大脑皮层产生的反应。颜色产生的三要素包括光源、宝石和观察者，没有光，就不能感知颜色；没有宝石，就无法感知颜色的对象；没有眼睛或观测器，就无法感知颜色的存在。

2. 可见光

答：可见光是指波长在 380~760 nm、可以被人的肉眼感知的电磁波。不同波长的光具有不同的颜色，它们从长波一端向短波一端的顺序依次为红色（700 nm）、橙色（620 nm）、黄色（580 nm）、绿色（510 nm）、蓝色（470 nm）、紫色（420 nm），两个相邻颜色之间可有一系列过渡色。

3. 彩色系

答：彩色系是指太阳光谱中的各单色光及其复合色光，彩色除了有明度差异，还有色相和彩度的差异，绝大多数宝石属于彩色系，如红宝石、蓝宝石、祖母绿等。

4. 非彩色系

答：非彩色系是指由白色、黑色及它们之间过渡的灰色系列，称为黑白系列，非彩色只有明度的差异，例如无色钻石、无色水晶等。

5. 体色

答：宝石的体色是指宝石对可见光中某些波长的光选择吸收，残余的光透射宝石后形成的颜色。例如红宝石的吸收光谱为 694 nm、692 nm、668 nm、659 nm 吸收线，620~540 nm 的吸收带，476 nm、475 nm 强吸收线，468 nm 的弱吸收线，紫区全吸收，残余的可见光构成了红宝石的红色体色。

6. 色相

答：色相用 H 表示，指颜色的种类，彩色宝石的色相取决于光源的光谱组成和宝石对光的选择性吸收，也是彩色间相互区分的特性，如红色、绿色和蓝色。色调（色相）的标号方式为数值，后附以基本色的标号，如 10YR，凡标号为"5"的色调，是该颜色的纯正色调。

7. 明度

答：明度用 V 表示，指光对宝石的透、反射程度，对宝石来讲，相当于它的亮度。明度是人眼对宝石表面的明暗感觉，色立体的中心轴从绝对黑色的 0/至绝对白色的 10/分为 11 级，相邻明度之间在视觉上是等距的。一般而言，宝石的光反射率越高、明度越高。

8. 彩度

答：彩度用 C 表示，彩度也称饱和度，指彩色的浓度或彩色光所呈现颜色的深浅和鲜艳程度，对于同一色相的彩色光，其彩度越高，颜色就越深，或越纯；反之彩度越低，颜色就越浅或纯度越低。以色立体的中心轴作为起点，随着色调环的扩大，彩度也随之增大，相邻彩度之间在视觉上是等距的。

9. 自色

答：自色是指由作为宝石矿物基本化学组分中的元素而引起的颜色，这些致色元素多为过渡族金属离子，例如，绿松石的化学式为 $CuAl_6(PO_4)_4(OH)_8 \cdot 4H_2O$，其颜色与其中的基本化学组成 Cu 元素有关。

10. 他色

答：他色是指由宝石矿物中所含杂质元素引起的颜色。他色宝石在十分纯净时呈无色，当其含有微量致色元素时，可产生颜色，不同的微量元素可以产生不同的颜色，例如刚玉，当化学组成纯净时为无色，当含有微量的 Cr 元素时呈红色，形成红宝石，当含有微量的 Fe 和 Ti 时呈蓝色，形成蓝宝石。

11. 假色

答：假色是由宝石中存在某些出溶片晶、包裹体、解理、裂开等对光的干涉、衍射、漫反射等物理作用呈现诸如晕色、变彩、乳光等现象，例如欧泊，其结构可对光产生衍射和干涉作用，从而在宝石的表面形成变彩效应。

12. 色心

答：色心是指宝石矿物中能够选择性吸收可见光能量，并使宝石产生颜色的晶格缺陷，常见电子心（F 心）和空穴心（V 心）两种。例如，紫色萤石的颜色与阴离子缺位形成的电子心（F 心）有关，烟晶的颜色与其中的 Al^{3+} 替代 Si^{4+} 产生的空穴心（V 心）有关。

13. 电子心

答：电子心是由宝石晶体结构中阴离子空位引起的，由一个阴离子空位和一个受此空位电场束缚的电子所组成。空位可捕获电子，并将其束缚其中，电子呈激发态，可吸收特定波长的可见光，从而使宝石矿物呈色，例如，紫色萤石的颜色与阴离子缺位形成的电子心（F 心）有关。

14. 空穴心

答：空穴心是由晶体结构中阳离子缺位引起的，由一个阳离子空位捕获一个"空穴"所组成。空穴心可吸收特定波长的可见光，从而使宝石矿物呈色，例如，烟晶的颜色与其中的

Al^{3+} 替代 Si^{4+} 产生的空穴心（V 心）有关。

15. 晶体场理论

答：晶体场理论将晶体场看成一种正负离子间的静电作用，将带有正电荷的阳离子称为中心离子，把带有负电荷的阴离子和络阴离子统称为配位离子，把配位体处理为一个能产生静电势场力的点电荷，这种静电势电场称之为晶体场。中心离子在晶体场的作用下 d 电子轨道或 f 电子轨道发生能级分裂，在可见光的照射下，电子由较低能级跃迁至较高能级，发生 d→d 电子跃迁或 f→f 电子跃迁，伴有能量的吸收，从而使宝石呈色。例如红宝石、祖母绿、变石等宝石的颜色可用晶体场理论进行解释。

16. 分子轨道理论

答：分子中单个电子的状态函称为分子轨道，一个分子中所有的轨道都扩展到整个分子上，电子可以从一个分子轨道跃迁至另一个分子轨道上，跃迁时可产生较强的吸收，若吸收的能量在可见光范围内，可使宝石产生相应的颜色。电荷迁移可发生在同种原子不同价态的离子之间，也可以发生在不同离子之间，可以发生在金属与金属之间、金属与非金属之间和非金属与非金属之间。例如堇青石、海蓝宝石等颜色成因与 Fe^{2+}-Fe^{3+} 之间的电子跃迁有关。

17. 能带理论

答：能带理论是分子轨道理论的进一步发展，固体中电子为整个晶体所有，并在晶体内部三维空间的周期势场中运动。电子运动时的能量具有上下限值，电子运动所允许的能量区域称为能带。电子从价带跃迁至导带时吸收的能量若在可见光范围内，可使宝石产生颜色。例如Ⅰb型钻石的颜色与其中的 N 引起的杂质能级有关。

二、填空题

1. 干涉　衍射　散射

【答案解析】 宝石的体色主要与宝石对光的选择性吸收有关，其颜色成因可用晶体场理论、分子轨道理论、能带理论以及色心理论等进行解释，其中色心可用能带理论进行解释。

宝石对光的物理作用包括反射、折射、干涉、衍射、散射、色散等，其中干涉、干涉、散射是宝石形成假色的重要原因，色散是引起宝石火彩的重要原因。详见第三章相关内容。

2. 彩色系　非彩色系

【答案解析】根据宝石的颜色类型，可将宝石的颜色分为彩色系和非彩色系两大类。

（1）彩色系指可见光谱中的各单色光及其复合色光，评价彩色系宝石的物理参数包括色调（色相）、明度和彩度。当宝石对不同波长的可见光选择性吸收时，即可产生各种颜色，所呈现的颜色是残余光中各色光的混合色，绝大部分宝石都属彩色系列，且为复合色光，即由不同波长的色相相互混合而形成的混合色。例如红宝石中的致色元素为 Cr，可不同程度地吸收部分红色光、黄绿色光和蓝紫光，透出橙色、部分红色光及蓝色光，最终呈现红宝石的红色。

非彩色系：指由白色、黑色及它们之间过渡的灰色系列，也称为黑白系列。纯白色反射率为100%，纯黑色为0。非彩色只有明度的差异。当宝石对光的反射率在80%以上时呈白色，吸收率在80%以上时呈黑色，介于二者之间时呈灰色。非彩色系列的宝石有无色钻石、无色水晶、无色长石，还有黑玛瑙、黑耀岩等。

3. 540

【答案解析】人眼对可见光光谱有敏锐的分辨能力，多数位置的分辨率可达1~2 nm，因此在整个可见光光谱范围内，正常视觉可分辨出上百种不同的颜色。人眼在540 nm附近及可见光光谱两端，人眼具有最高分辨能力，可达1 nm。

4. 干涉　衍射　散射　欧泊　月光石　拉长石

【答案解析】宝石的假色与宝石的化学成分和内部结构没有直接关系，而与光的物理作用有关，包括折射、反射、干涉、衍射、散射等作用，通常情况下与宝石中细小的平行排列的包裹体、出溶片晶、平行解理、双晶等有关。

具有假色宝石包括欧泊、月光石、拉长石、斑彩菊石、珍珠等；此外，部分具有砂金效应的宝石的颜色也属于假色，如日光石、东陵石、草莓水晶等。

（1）欧泊：与结构中二氧化硅小球之间的空隙引起的光的衍射和干涉作用有关，使宝石表面形成变彩变彩效应。

（2）月光石：由于正长石与钠长石互层，可对光产生衍射和干涉作用，同时通过瑞利散射或米氏散射等，在宝石表面形成蓝色、黄色或白色的乳光。

（3）拉长石：由于拉长石发育聚片双晶，不同界面的反射光相互干涉，在宝石表面形成变彩效应；或由于拉长石细微片状赤铁矿包裹体及针状包体，宝石内部产生干涉；部分拉长石因内部含有针状包体，可呈暗黑色，产生蓝色晕彩。

（4）斑彩菊石：由于具有层状结构，不同界面的反射光相互干涉，在宝石表面形成变彩效应。

（5）珍珠：由于珍珠质层具有一定的层状结构，由壳角蛋白黏结的大量规则或不规则的六边形文石板片组成的几百甚至上千个薄层平行堆积而成，并形成同心圈层结构，薄层之间有壳角蛋白薄膜黏结，可对光产生衍射和干涉作用，在珍珠表面形成晕彩。

（6）日光石：其内部含有大量定向排列的赤铁矿、针铁矿等，其颜色主要为褐红色、黄褐色，因此使得日光石呈现相应的颜色。

（7）东陵石：绿色东陵石与铬云母有关，紫色东陵石与锂云母有关，蓝色东陵石与蓝线石有关。

5. 孔雀石　绿松石　红宝石　祖母绿　金绿宝石　变色蓝宝石　磷灰石　榍石　金红石　蓝锥矿　菱锰矿　红色绿柱石　铁铝榴石　橄榄石　尖晶石　钴玻璃　玉髓

【答案解析】详见例题2。

6. 金属-金属　金属-非金属　非金属-非金属

【答案解析】详见例题4。

7. 红色　蓝色　绿色　黄色　品红色　青色

【答案解析】原色是指不能通过其他颜色的混合调配而得出的"基本色"，包括两类，分别为光学三原色和颜料三原色，其中光学三原色为红色（R）、绿色（G）、蓝色（B），相互混合之后可形成无色或者白色的光，为加色混合；颜料三原色分别为黄色（Y）、品红色

（M）和青色（C），相互混合之后呈现黑色，为减色混合。

8. 自色　他色　假色　晶体场理论　分子轨道理论　能带理论

【答案解析】 详见例题4。

9. CIE-XYZ表色系　孟塞尔表色系　GemDiallogue系统

【答案解析】 详见例题3。

三、是非题

1. N

【答案解析】（1）光的颜色同时受到波长和强度的影响，根据波长，从长波向短波颜色依次为红色、橙色、黄色、绿色、蓝色和紫色，以及一系列过渡色。

（2）在可见光光谱中，572 nm（黄色）、503 nm（绿色）和478 nm（蓝色）三个点的颜色不受光强度的影响，称为不变颜色点，其余波长光的颜色随光强度增加时，略向红色或蓝色偏移，例如，525 nm的绿色光随着光强度的增加看上去微显蓝色，580 nm的黄色随着光强度的增加略显橙色。

2. N

【答案解析】 详见填空题3题。

3. N

【答案解析】 绝大多数宝石的颜色是由不同波长的色相相互组合而形成的混合色。红宝石对可见光的吸收包括红区694 nm、692 nm、668 nm、659 nm吸收线，620～540 nm的吸收带，476 nm、475 nm强吸收线，紫区全吸收，其剩余的光线包括部分红色光、橙色光、绿色光和部分蓝色光，这些残余的光共同组成了红宝石的红色。

4. N

【答案解析】 一种致色离子在不同的宝石中可以产生相同的颜色，也可以产生不同的颜色，例如，Cr元素在祖母绿、翡翠、透辉石中均可产生绿色，但是明度和饱和度不同；在红宝石、尖晶石中可产生红色；而金绿宝石由于Cr元素的存在，在不同光源下可呈现不同的颜色，出现变色效应。详见例题2。

5. Y

【答案解析】 在加色混合中，红色与绿色互为补色，因此当宝石中吸收了绿色光后，可使宝石呈现红色色调。类似的还有黄色与蓝色互为补色。

6. Y

【答案解析】 当宝石中含有带有颜色包裹体时，可使宝石呈现颜色，例如，日光石呈现红色的主要原因与其内部含有片状的红色赤铁矿、针铁矿等包体有关，类似的宝石还包括东陵石、幽灵水晶、发晶、草莓水晶等。

7. N

【答案解析】 宝石矿物的颜色与宝石粉末的颜色可能具有不同的颜色，由于条痕能消除假色、减弱他色，突出白色，比矿物颗粒的颜色更为稳定，具有更为重要的鉴定意义，在矿物学中是常用的鉴定矿物的方法之一，但该方法属于破坏性测试，在宝石学中较少应用。

（1）金属晶格的不透明矿物粉末表面反射消失，同时不能透光，多呈现黑色条痕，如黄铁矿、黄铜矿、方铅矿等具金属光泽的硫化物条痕均为黑色。

（2）半透明矿物粉末对可见光有明显的吸收，其条痕与大颗粒的颜色基本相同，如辰砂条痕为红色，孔雀石条痕为绿色。

（3）透明矿物的粉末几乎不吸收可见光，其条痕均为白色或很浅的颜色，如普通辉石和普通角闪石的颜色为黑色，条痕为白色。

8. Y

【答案解析】详见例题4。

9. Y

【答案解析】详见例题3。

10. N

【答案解析】宝石的假色一般不是宝石的体色，而与宝石对光的干涉、衍射、散射等物理作用有关，例如，月光石的体色多呈白色-黄色，但表面晕彩与体色无关。

宝石的体色是宝石对某些波长的光选择性吸收引起，残余光的颜色构成了宝石的颜色，如红宝石的红色、祖母绿的绿色。因此，假色并不是宝石的体色，同样不是宝石固有的颜色。

11. N

【答案解析】主族元素不能直接使宝石的颜色形成颜色，但是部分主族元素进入宝石矿物中，可形成色心，典型的例子包括钻石（颜色与N、B引起的色心有关）、茶晶（颜色与Al引起的色心有关）、Be扩散处理的蓝宝石（颜色与Be引起的色心有关）等。详见例题2。

12. Y

【答案解析】能带理论可用来解释宝石的颜色成因、色心致色的原理以及宝石的发光性。详见例题4与例题5及第三章相关内容。

13. N

【答案解析】并不是所有的石榴石都属于自色宝石，如钙铝榴石和镁铝榴石。理论上，当成分纯净时应为无色，当含有杂质元素时可形成颜色，例如镁铝榴石的红色颜色与微量的Fe、Cr等有关；钙铝榴石中含有Cr、V时，形成绿色，属于他色宝石。

铁铝榴石、锰铝榴石、钙铬榴石等，由于其颜色与主要成分有关，因此为自色宝石。

14. N

【答案解析】能带理论可以用来解释一些自然金属矿物、自然非金属矿物以及一些硫化物的颜色成因。详见例题4。

15. Y

【答案解析】辐照处理的本质是使宝石中产生色心。色心致色的本质是晶格缺陷，热处理的过程可修复宝石中的部分晶格缺陷，从而去除掉某些不稳定的色心。因此两者互为逆过程。

16. Y

【答案解析】由宝石矿物中所含杂质元素引起的颜色，称为他色，如红宝石、蓝宝石、祖母绿等。一般情况下，将色心致色的宝石也归类到他色宝石当中。

在《珠宝玉石学》（第二版）中，对他色的定义：是宝石矿物的非固有因素引起的颜色，但不包括物理光学效应引起的颜色，一般是外来的杂质，包括机械混入物和晶格缺陷引起的。

四、单项选择题

1. B

【答案解析】 宝石是否是自色宝石，我们一般可通过宝石矿物的化学式来进行判断，若宝石矿物的化学中存在致色元素，可认为宝石属于自色宝石。

橄榄石化学式为$(Mg,Fe)_2SiO_4$，颜色与Fe元素有关，属于自色宝石。

金绿宝石化学是$BeAl_2O_4$，颜色与Cr、Fe等元素有关，属于他色宝石。

祖母绿化学式为$Be_3Al_2Si_6O_{16}$，纯净时为无色，致色元素为Cr，属于他色宝石。

托帕石化学式为$Al_2SiO_4(F,OH)_2$，纯净时为无色，其颜色主要与色心有关。

绿松石化学式为$CuAl_6(PO_4)_4(OH)_8 \cdot 4H_2O$，其颜色与主量元素Cu有关，属于自色宝石。

孔雀石化学式为$Cu_2(OH)_2CO_3$，其颜色与Cu有关，属于自色宝石。

红宝石化学式为Al_2O_3，纯净时为无色，其颜色与Cr元素有关，属于他色宝石。

紫锂辉石的化学式为$LiAlSi_2O_6$，纯净时为无色，其颜色与Mn元素有关，属于他色宝石。

芙蓉石的化学式为SiO_2，纯净时为无色，其颜色与Mn元素有关，属于他色宝石。

2. C

【答案解析】 欧泊变彩的成因与光的干涉、颜色等光的物理作用有关，属于假色。

3. B

【答案解析】 堇青石的紫色与Fe^{2+}-Fe^{3+}之间的电荷迁移有关，可用分子轨道理论进行解释。详见例题4。

4. D

【答案解析】 A选项，镁铝榴石的化学式为$Mg_3Al_2(SiO_4)_3$，化学式中无致色元素，其颜色与微量的Fe、Cr等元素有关，属于他色宝石。

B选项，钙铝榴石的化学式为$Ca_3Al_2(SiO_4)_3$，铬钒钙铝榴石的颜色与其中的Cr、V等元素有关，属于他色宝石。

C选项，锂辉石的化学式为$LiAlSi_2O_6$，属于他色宝石，含Cr时呈翠绿色，含Mn时呈紫色。

D选项，顽火辉石化学式为$(Mg,Fe)_2Si_2O_6$，其颜色与其中的Fe元素有关，属于自色宝石。

5. B

【答案解析】 粉色锂辉石应归类为紫锂辉石，紫锂辉石的颜色包括粉红、浅紫、红紫、紫色等，属于Mn元素致色。

6. C

【答案解析】 选项中各宝石的化学为：

硅孔雀石：$(Cu,Al)_2H_2Si_2O_5(OH)_4 \cdot nH_2O$。

绿帘石：$Ca_2FeAl_2[SiO_4][Si_2O_7]O(OH)$。

苏纪石：$(K,Na)(Na,Fe)_2(Li,Fe)Si_{12}O_{30}$。

柱晶石：$Mg_3Al_6(Si,Al,B)_5O_{21}(OH)$。

绿松石：$CuAl_6(PO_4)_4(OH)_8 \cdot 5H_2O$。

红柱石：Al_2SiO_5。

方柱石：$Na_4[AlSi_3O_8]_3(Cl,OH)$。

7. A

【答案解析】A 选项，钙铬榴石的化学式为 $Ca_3Cr_2[SiO_4]_3$，为绿色，属于自色宝石。

B 选项，透辉石的化学式为 $CaMgSi_2O_6$，当含 Cr 时呈绿色，属于他色宝石。

C 选项，碧玺的化学式为 $Na(Mg,Fe,Mn,Li,Al)_3Al_6[Si_6O_{18}][BO_3]_3(OH,F)_4$，当含 Cr 时呈绿色，属于他色宝石。

D 选项，钙铝榴石的化学式为 $Ca_3Al_2[SiO_4]_3$，含 Cr、V 时呈绿色，属于他色宝石。

8. B

【答案解析】详见例题 2。

五、多项选择题

1. ACD

2. ACDE

3. ACDE

【答案解析】1～3 题详见例题 4。

4. ABCDE

【答案解析】A 选项，红宝石的化学式为 Al_2O_3，其颜色与杂质元素 Cr 有关，属于点缺陷中的替位。

B 选项，紫色萤石的颜色与电子心（F 心）有关，是由阴离子空位引起的。

C 选项，茶晶的颜色与空穴心（V 心）有关，是由于 Si^{4+} 替代 Al^{3+}，在晶格位中形成正电荷不足的位置（正电荷陷阱），为了维持暂时的电中性，Al^{3+} 周围存在相应的正一价阳离子，当水晶受到辐照作用后，与其邻近的 O^{2-} 失去一个多余的电子，残留下一个空穴，产生 $[AlO_4]^{4-}$ 空穴色心，而使水晶产生烟色。

D 选项，高温高压处理的钻石颜色主要与晶格的塑性变形或滑移面有关，属于晶格缺陷呈色。

E 选项，日光石的颜色与其内部的矿物包裹体有关，而包裹体属于晶格缺陷中的体缺陷。

5. ABCDE

【答案解析】色心是晶体中能够选择性吸收可见光的点缺陷，宝石学中常见的色心致色分为电子色心和空穴色心两种。

A 选项，紫色萤石与电子心（F 心）有关。

B 选项，紫水晶的颜色是在辐照作用下，Fe^{3+} 的电子壳层中成对电子之一受到激发，产生空穴色心 $[FeO_4]^{4-}$，与色心有关。

C 选项，辐照处理原理的本质是诱发宝石中产生色心。

D 选项，Maxixe 蓝色绿柱石与色心有关，目前市场上常见的 Maxixe 蓝色绿柱石多由辐照处理而得。

E 选项，天河石的颜色成因仍存在一定的争议，部分学者认为是 Rb、Cs 元素引起的，部分学者认为是由微量 Pb 取代 K 引起结构缺陷，从而产生色心导致的。

6. ABD

【答案解析】A 选项，月光石具有晕彩效应，其表面的颜色与光的干涉、散射有关，为假色宝石。

B 选项，欧泊具有变彩效应，其颜色与光的干涉、衍射等作用有关，为假色宝石。

C 选项，日光石具有砂金效应，其颜色与其内部的包裹体有关，为他色宝石。

D 选项，珍珠具有晕彩效应，主要与光的干涉作用有关，为假色宝石。

E 选项，琥珀不具有特殊光学效应，其体色可用分子轨道理论进行解释。

7. ABCDE

【答案解析】描述宝石颜色的物理量包括色调、明度和饱和度，其中色调与色相为同义词，彩度与饱和度为同义词。

8. ABCDE

【答案解析】选项中的各宝石均是富含稀土元素的宝石，因此可能显示稀土元素的吸收谱。其中磷灰石和赛黄晶部分样品具有典型的吸收光谱，可见 580 nm 双吸收线。

9. ABE

【答案解析】详见例题 2。

10. BC

【答案解析】A 选项，锂辉石含 Cr 时呈绿色，含 Mn 时呈紫色。

B 选项，祖母绿的颜色与 Cr 或 V 有关。

C 选项，坦桑石的颜色与 V 有关。

D 选项，红宝石的颜色与 Cr 有关。

E 选项，堇青石的颜色与 Fe^{2+}-Fe^{3+} 离子对有关。

六、问答题

1. 关于宝石的颜色，请回答如下问题：

（1）如何理解宝石颜色三要素之间的关系？

答：详见例题 1。

（2）表征宝石颜色的三个物理要素分别是什么？如何表示这些物理量。

答：表征颜色的三个重要的物理量分别为：色相、明度、彩度。

（1）色相指颜色的种类，彩色宝石的色调取决于光源的光谱组成和宝石对光的选择性吸收，也是彩色间相互区分的特性，如红色、绿色和蓝色。通常对颜色的命名方法是将主色调放在后面，修饰词如带"绿""黄"等以及"强""弱"放在前面，并给予缩写代号，如强黄绿（styG）、弱紫红（slpR）、极弱绿蓝（vslgB）等。

（2）明度指光对宝石的透、反射程度，对宝石来讲，相当于它的亮度。明度是人眼对宝石表面的明暗感觉，一般而言，宝石的光反射率越高，明度越低。明度分为 0~10 共 11 个等级。对透明有色宝石，其级别都在 2~8 级。宝石明度的强弱取决于宝石对光的反射或透射能力，即宝石折射率的大小、加工工艺和宝石本身颜色的深浅。明度与宝石折射率和加工工艺呈正相关，与颜色深浅呈反相关。

（3）饱和度指颜色的纯净度和鲜艳度。彩色宝石的饱和度取决于宝石对可见光光谱选择性吸收的程度。可见光光谱中各种单色光的饱和度最高，饱和度值为 1，颜色中白光的饱和度值为 0。

2. 关于宝石的颜色成因，请回答如下问题：

（1）传统宝石学的颜色成因类型有哪些？每种成因类型分别列举两个宝石实例进行说明。

答：（1）传统宝石学主要基于宝石的化学成分和外部构造特点，将宝石颜色划分为自色、他色和假色。

（2）自色：由作为宝石矿物基本化学组分中的元素而引起的颜色，致色元素多为过渡族金属离子，例如，铁铝榴石的化学式为 $Fe_3Al_2(SiO_4)_3$，其致色元素为基本化学组成中的 Fe，再如绿松石的化学式为 $CuAl_6(PO_4)_4(OH)_8·4H_2O$，其致色元素为基本化学组成中的 Cu。

（3）他色：由宝石矿物中所含杂质元素引起的颜色。他色宝石在十分纯净时呈无色，当其含有微量致色元素时，可产生颜色。如尖晶石，其化学成分要是 $MgAl_2O_4$，纯净时无色，含微量的 Co 元素时呈现蓝色，而含微量 Cr 元素时呈现红色；再如刚玉，化学成分为 Al_2O_3，纯净时呈无色，含有微量 Cr 元素时红色，含 Fe^{2+}-Ti^{4+} 离子对时呈蓝色。

（4）假色：假色与宝石的化学成分和内部结构没有直接关系，主要与宝石中的细小的平行排列的包裹体、出溶片晶、平行解理等对光的干涉、衍射、散射等作用有关。例如月光石的结构特征为正长石与钠长石互层，可对光产生散射、干涉等现象，此外，月光石的结构特征可使光产生瑞利散射和米氏散射，使得月光石表面呈现蓝色、灰色等月光效应；再如欧泊表面的变彩效应，主要与结构中二氧化硅小球的排列有关，小球之间的空隙可对光产生干涉、衍射等物理作用，从而使欧泊表面产生变彩。

（2）现代科学宝石的颜色成因类型有哪些？每种成因类型列举两个宝石实例。

答：详见例题 4。

（3）什么是晶体场理论？哪些宝石的颜色成因可用晶体场理论进行解释？选择其中两个例子详细描述它的吸收光谱，并说明其颜色成因。

答：详见例题 4。

（4）什么是分子轨道理论？电荷迁移呈色的形式都有哪些？每种形式分别列举一个宝石实例。

答：详见例题 4。

（5）什么是能带理论？能带理论可以解释宝石中的哪些现象？请举例说明。

答：详见例题 4。

（6）什么是色心？举出两个色心致色的实例来说明合成和优化处理宝石时的应用。

答：详见例题 5。

（7）用于研究宝石颜色成因的仪器是什么？请描述其基本原理。

答：可用于研究宝石颜色成因的仪器包括分光镜和紫外-可见光分光光度计。其原理详见宝石鉴定仪器章节。

第五章　宝石的力学性质

内容概述

宝石的力学性质主要包括宝石的硬度、韧度、解理、裂理、断口以及相对密度，其中，宝石的硬度、韧度、解理、断口以及相对密度均是宝石的固有性质，在宝石学中具有重要的应用，如辅助鉴定宝石、指导宝石加工等。裂理并不是宝石的固有性质，但对于某些宝石（如红宝石等）具有一定的鉴定意义。在学习宝石各种力学性质时，需要重点掌握各性质的定义、影响因素以及在宝石学中的应用（图5-1）。

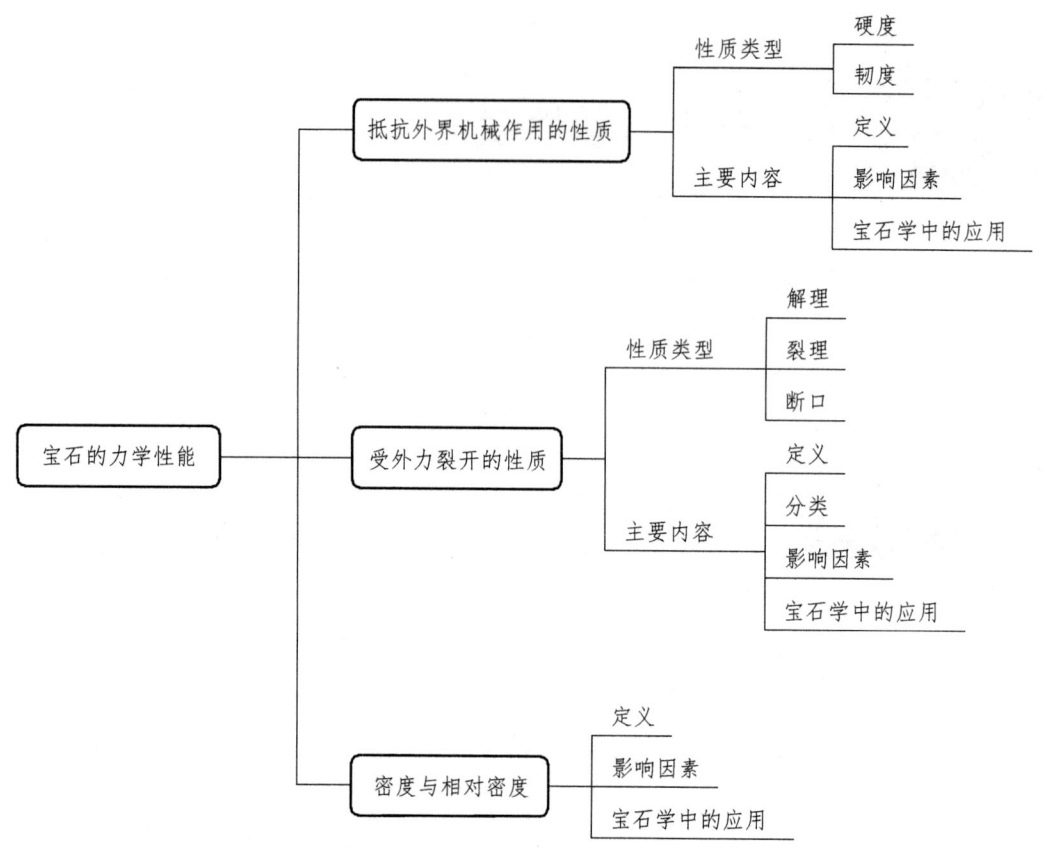

图 5-1 第五章内容概述

第一节 重点例题讲解

【例题1】填空题 具有极完全解理的宝石包括_____、_____，具有完全解理的宝石包括_____、_____等，具有中等解理的宝石包括_____、_____等，具有不完全解理的宝石包括_____、_____等，具有极不完全解理的宝石包括_____、_____等。可发育贝壳状断口的宝石包括_____、_____等，可发育不平坦状断口的宝石包括_____、_____等，可发育参差状断口的宝石包括_____、_____。可发育裂理的宝石矿物包括_____、_____等。

【参考答案】 蛇纹石　云母　托帕石　萤石　钻石　长石　绿柱石　金绿宝石　赛黄晶　蓝线石　水晶　玻璃　磷灰石　孔雀石　绿柱石　石榴石　刚玉　钻石

【例题解析】 解理、裂理和断口均是宝石受到外力后发生破裂的性质，但三者之间具有明显的差异。

（1）解理发育的方向

解理是宝石矿物受到外力后沿着一定的结晶学方向破裂呈光滑平面的性质。解理这一性质受晶体结构的影响，主要沿面网化学键力弱的方向产生，具有一定的规律性。

①原子晶格：解理面一般平行于面网密度最大的方向，由于面网密度与面网间距成正比，因此，因其面网密度大的面网，面网间的引力相对较小，解理易沿此方向产生，例如钻石{111}方向的解理。

②离子晶格：由于静电作用力的影响，解理沿由异号离子组成且面网间距大的电性中和面网产生，因为电性中和的面网内静电引力强，而相邻面网间引力弱，可沿此方向发育解理，例如石盐晶体中存在{100}方向的电性中和面，具有平行{100}方向的三组解理。

由于同号离子间存在静电斥力，因此由同号离子组成的相邻面网间的联结力相对较弱，沿此面网方向易发育解理，如萤石{111}方向是F⁻组成的两个相邻面网，故沿此方向易产生解理。

③多键型晶格：解理面往往平行于由较强化学键连接的面网方向。如石墨等矿物呈层状结构，层内由较强的共价键连接，层间则由较弱的分子键连接，因而其解理方向平行于{0001}方向。链状矿物则常具平行于链延长方向的柱面解理。

（2）解理的分级

根据解理产生的难易程度及其表现形式，一般将其分为5个等级：

①极完全解理：矿物晶体受力后极易裂成薄片，解理面平整宽大且光滑，如云母的{001}解理、石墨的{0001}解理、透石膏的{010}解理等。

②完全解理：矿物受力后易裂成光滑的平面，解理面较宽大，可呈阶梯状发育。如方铅矿的{100}解理、方解石的{10$\bar{1}$1}解理均属于完全解理。

③中等解理：矿物晶体受力后破裂而成一系列阶梯状排列的较小且不太连续的平面，每个独立的解理面清晰可见。普通辉石和普通角闪石的{110}解理、蓝晶石的{010}解理等为中等解理。

④不完全解理：矿物晶体受力后破裂成由断续小平面组成的近似平整的解理面，如磷灰石的{0001}解理，橄榄石的{100}解理等。

⑤极不完全解理：矿物晶体受力后很难出现平坦面，通常称为无解理。如石英、石榴子石、磁铁矿等均无解理。

（3）解理的对称性与异向性

由于解理面总是平行晶格中特定的面网，因此受格子构造的制约，具有对称性和异向性。解理对称性为可通过对称要素有规律性地重复，例如，钻石在八面体面上具有相同性质的解理，均为中等-完全解理；解理的异向性为由于质点在不同方向上具有不同的排列规律，在不同方向上的解理具有不同的性质，例如钻石在{111}方向上为中等-完全解理，{110}和{221}方向上为不完全解理。

（4）解理的描述

在描述矿物的解理时，应对解理的等级、方向、组数及其夹角进行详细观察和记录。解理的方向、组数及夹角通常以与其对应的单形符号表示，例如钻石的解理描述为平行于{111}方向中等-完全解理。也可按单形名称或其位置特征来描述，如立方体完全解理、底面解理等。

（5）裂理

裂理与解理具有一定的相似之处，均是宝石矿物在受到外力时沿着一定的结晶学方向破裂呈光滑平面的性质，并且只能出现在晶体上，但是，这个结晶学方向并不是晶格本身薄弱方向，而与双晶、包裹体分布面、晶体结构缺陷面有关，因此裂理可以符合晶体的对称，也可以不符合晶体的对称。

（6）断口

断口也是宝石在受到外力时发生破裂的性质，但是断口是一个不平整的断面，是随机产生的，并且无方向性。此外，断口不仅可以发生在晶体上，也可以发生在非晶体以及晶体的集合体上。常见的断口主要包括以下几种：

①贝壳状断口：呈扇形或圆形、椭圆形光滑曲面，常见以曲面最低点为中心的似同心纹，形似贝壳内壁。结构均匀紧密。质地细腻的隐晶质矿物集合体、非晶质体等易出现此类断口，另外，单晶石英中常见贝壳状断口。

②锯齿状断口：垂直断裂面方向出现具尖锐突起的断口，金属性较强的矿物，如自然金、自然铜等，因受力时具延展性而易出现此类断口。

③参差状断口：凹凸不平的断口。脆性较强的非金属矿物和一些粒状、块状、非晶质集合体易出现此类断口，如磷灰石、石榴石、橄榄石等。

④平坦状断口：断面较平坦的断口，一些细粒致密的块状非金属矿物集合体，如高岭石或非晶质体有时出现此类断口。

⑤土状断口：似黏质土块的断面，呈细粉末状，对光线有漫反射效应，有时具疏松感。该类断口多属黏土矿物集合体的特征。

⑥纤维状断口：断面呈纤维丝状，对光线具丝绢效应。专指纤维状集合体的断口，如石棉。

（7）各宝石发育的解理、裂理与断口统计

参见表 5-1。

表 5-1 各宝石发育的解理、裂理与断口统计表

力学性质	分级或分类	举例（解理方向）
解理	极完全解理	蛇纹石{001}、丁香紫玉（锂云母）{001}、滑石{001}、绿泥石{001}、石墨{0001}、透石膏{010}
解理	完全解理	托帕石{001}、萤石{111}、蓝晶石{100}、矽线石{010}、黝帘石{100}、绿帘石{001}、顽火辉石{210}、透辉石{110}、普通辉石{110}、锂辉石{110}、闪锌矿{110}、雄黄{010}、硬水铝石{010}、蓝柱石{010}、透视石{10$\bar{1}$1}、鱼眼石{001}、光彩石{110}、磷铝锂石{100}{110}、蓝铁矿{010}、重晶石{001}、蓝铜矿{011}{100}、硬玉（绿辉石、钠铬辉石）{110}、透闪石-阳起石{110}、蔷薇辉石{110}{1$\bar{1}$0}、绿松石{001}、孔雀石{$\bar{2}$01}{010}、方解石{10$\bar{1}$1}、白云石{10$\bar{1}$1}、菱镁矿{10$\bar{1}$1}、异极矿{110}、葡萄石{001}、海纹石{001}{100}、菱锰矿{10$\bar{1}$1}、菱锌矿{10$\bar{1}$1}
解理	中等解理	钻石{111}、金绿宝石{101}、长石{001}{010}、红柱石{110}、蓝晶石{010}、榍石{110}、堇青石{010}、方柱石{100}、辰砂{10$\bar{1}$0}、雄黄{120}{101}{100}、金红石{110}、硅铍石{11$\bar{2}$0}、斧石{010}、天蓝石{110}、光彩石{$\bar{2}$01}、磷铝锂石{011}、磷铝钠石{010}、重晶石{210}、文石{010}、白钨矿{101}、钼铅矿{011}、铬铅矿{110}、绿松石{010}、蓝线石{100}、异极矿{101}、方钠石{110}、磷铝石{010}、红磷铁矿{010}、斜红磷铁矿{010}
解理	不完全解理	钻石{110}{221}、绿柱石{0001}、金绿宝石{010}{001}、锆石{100}、橄榄石{100}{010}、锡石{100}{110}、红柱石{100}、绿帘石{100}、堇青石{100}{001}、方柱石{110}、磷灰石{0001}{10$\bar{1}$0}、金红石{100}、硬水铝石{110}{210}{100}、硅铍石{10$\bar{1}$1}、鱼眼石{110}、蓝锥矿、天蓝石{101}、光彩石{001}{$\bar{1}$01}、重晶石{010}、钼铅矿{001}{013}、青金石{110}、蔷薇辉石{001}、蓝线石{110}、苏纪石{0001}、斜红磷铁矿{001}
解理	极不完全解理	赛黄晶{001}、蓝线石{210}
断口	贝壳状	绿柱石、金绿宝石、水晶、尖晶石、锆石、托帕石、碧玺、锡石、榍石、黝帘石、透辉石、磷灰石、硬水铝石、硅铍石、透视石、赛黄晶、蓝锥矿、磷铝钠石、砷铅矿、钒铅矿、硼铝镁石、硼铝石、文石、蓝铜矿、岫玉、菱镁矿、玛瑙、玉髓、玻璃、欧泊、天然玻璃、异极矿、赤铁矿、寿山石、青田石、昌化石、巴林石、角质珊瑚、琥珀、煤精、合成立方氧化锆、塑料
断口	参差状	绿柱石、石榴石、碧玺、黝帘石、透辉石、锂辉石、透视石、赛黄晶、天蓝石、白钨矿、和田玉、岫玉、孔雀石、异极矿、滑石、海纹石、斜红磷铁矿、针铁矿、钙质珊瑚、角质珊瑚、象牙
断口	阶梯状	斧石、长石
断口	多片状	天蓝石
断口	裂片状	钙质珊瑚、象牙
断口	陶瓷状	菱镁矿
断口	锯齿状断口	赤铁矿
断口	不平坦状	磷灰石、砷铅矿、孔雀石、葡萄石、方钠石、苏纪石、赤铁矿、针铁矿、琥珀、煤精、塑料
断口	平坦状	巴林石
断口	土状	紫袍玉带石
裂理		钻石、刚玉、长石、碧玺、方解石、蓝晶石、顽火辉石、普通辉石、硬玉、蓝线石

【例题2】填空题　硬度最高的宝石是_____，韧度最高的宝石是_____。

【参考答案】钻石　黑钻石

【答案解析】硬度与韧度均是宝石抵抗外界机械作用的能力，但两者具有明显的区别：

（1）硬度的标度

硬度是指宝石抵抗外来压入、刻划以及研磨的能力，宝石学中常用的硬度为相对硬度，此外还有绝对硬度。

①相对硬度：相对硬度是选择十种标准矿物将硬度分为10级，硬度自低至高分别为滑石、石膏、方解石、萤石、磷灰石、正长石、石英、黄玉、刚玉、金刚石。使用标准矿物对待测矿物进行刻划确定矿物的硬度。由于是采用刻划方法来测定硬度，因此相对硬度也称作刻划硬度。该方法是1812年奥地利矿物学家Friedrich Mohs提出的，因此相对硬度也叫作莫氏硬度。由于相对硬度是一个"相对"的概念，因此属于无量纲物理量。

相对硬度是一种对矿物硬度粗略的描述，但是使用非常方便，除了十种标准矿物外，还可借助日常生活中常用的物质代替粗略地测定矿物的硬度，例如指甲的硬度为2.0～2.5，小钢刀5～6，铜针3，玻璃5.5～6。

②绝对硬度：是采用压入法来测定矿物的硬度，因此也被称作压入硬度，具体的测定方法如下：

采用金刚石角锥（多用四方锥）作压入头，在矿物磨光面压入一定深度，据所施压力与压痕面积之比确定矿物的硬度，该方法适合标定脆性较小而延展性较大的矿物硬度。由于压痕较小，也被称作显微硬度法，所得的硬度值称为维氏硬度，单位为kg/mm^2。由于该方法是通过实验计算所得，其结果较刻划法更为精确。莫氏硬度与维氏硬度之间存在大致的换算关系：$H_M=0.675\sqrt[3]{H}$，但该公式不适用于钻石。

③除刻划法与压入法测量矿物的硬度以外，还包括动压入法、研磨法、弹跳法、摇摆法等。

（2）影响硬度的因素

硬度主要取决于化学键类型及化学键强度。

①原子晶格：典型的原子晶格矿物通常具有较高的硬度，其主要原因是原子间以强大的共价键相联系，例如钻石为10，合成碳硅石为9.25。

对于具有以配位键为主的原子晶格的大多数硫化物矿物，由于其键力不强，硬度相对较低，如黄铁矿、黄铜矿等矿物硬度较低，分别为6～6.5和3～4。

②离子晶格：离子晶格矿物的硬度通常较高，但随离子性质的不同而变化较大，其硬度因决定着键力强弱的离子半径、电价、配位数以及结构的紧密程度等的不同而有差异。

当矿物结构类型相同时，若离子电价也相同，则矿物的硬度随离子半径的减小而增高，例如Mg^{2+}的半径为0.066 nm，小于Ca^{2+}的半径0.108 nm，因此，菱镁矿的硬度（3.5～4.5）高于方解石的硬度。

若离子半径相近，则离子电价越高的矿物硬度越大，例如萤石和方钍石的硬度分别为4和6.5，其中Ca^{2+}半径为0.112 nm，Th^{4+}的半径为0.105 nn。

当结构类型不同，但其他因素类同时，矿物的硬度随质点堆积的紧密程度增高（即阳离子的配位数增大）而增大，如方解石和文石为碳酸钙的同质多象变体，方解石的紧密程度低于文石，其相对密度分别为2.72和2.94，Ca^{2+}的配位数分别为6和9，方解石和文石的硬度分别为 3 和 3.5~4。

③金属晶格：具有金属晶格的矿物通常硬度较小，但部分过渡金属除外，例如自然金的硬度为 2.5~3，金属 Cr 的硬度为 9。

④分子晶格：由于分子间键力极微弱，因此其硬度通常较低，例如自然硫为 1~2；氢键晶格中氢键键力较弱，因此以氢键为主的矿物硬度也较低，如方镁石为 2.5。

⑤含水矿物：含水矿物的硬度通常较低，例如，石膏的硬度为 2，硬石膏的硬度为 3~3.5。

（3）韧性与脆性

韧度是指物质抵抗打击、撕拉、破碎的性能，与脆性近似对应。受打击易碎裂为脆性，反之，抗打击、撕拉、碎裂性能强者具韧性，所以也称韧度为打击硬度。

（4）影响韧性与脆性的因素

①晶格类型：金属晶格矿物常具有较好的韧性以及较强的延展性，如自然金；原子晶格矿物往往具有较高的脆性，如钻石。

②结构构造：一般情况下，单晶体的韧性低于矿物集合体的韧性，纤维交织结构的玉石常具有较高的韧性。

③解理等级：具有较高解理等级的宝石矿物通常具有脆性，例如钻石具有四组八面体中等-完全解理，因此具有脆性。

④裂理：当宝石含有双晶或包裹体出溶面时，通常具有脆性，韧性降低，例如红宝石由于双晶或包裹体出溶面的存在，通常发育裂理，脆性较大。

⑤裂隙发育：裂隙发育的宝石往往具有较大的脆性，例如祖母绿，由于裂隙较为发育，因此具有脆性。

（5）韧度的排序

常见宝石的韧度从高到低的排序为：黑色金刚石、软玉、翡翠、刚玉、金刚石、水晶、海蓝宝石、橄榄石、绿柱石、托帕石、月光石、金绿宝石、萤石。

【例题 3】是非题 密度与相对密度在数值上相等，因此密度就是相对密度。（   ）

【参考答案】N

【例题讲解】密度与相对密度在数值上非常接近，其换算系数仅为 0.0001，但两者是两个不同的概念。

（1）密度：表达的是物质单位体积质量的物理量，其计算方法为质量除以密度，即 $\rho=m/V$，单位为 g/cm^3。

（2）相对密度：为一个相对的概念，是物质与参考物质密度的比值。在宝石学中，由于宝石的形状多为不规则，很难测定宝石的体积，因此引入了相对密度的概念，多以水为参考物质，其计算应用的是阿基米德定律。计算公式为：

相对密度=宝石在空气中的质量/（宝石在空气中的质量-宝石在 4 ℃水中的质量）

若选用其他物质作为参考，也多为换算成以水为参考物质的相对密度，在计算时将上述公式乘以相应物质的密度即可。

注：水在 $1.01×10^5$ Pa、4 ℃时的密度为 1 g/cm^3，是宝石的密度与相对密度在数值上接近的重要原因。

（3）影响宝石密度或相对密度的因素。

物质的相对密度与其组成元素的相对原子质量、原子或离子的半径及结构的紧密程度有关。

①在等型结构的矿物中，一般来说，组成元素的相对原子质量越大，原子或离子半径越小，矿物的相对密度越大；但通常原子或离子的相对原子质量与半径正相关，矿物的相对密度变化趋势依优势因素而异（表5-2）。

表5-2 矿物的相对密度与组成元素的相对原子质量、离子半径的关系

矿物	化学式	阳离子相对原子质量	阳离子半径	相对密度
菱镁矿	$Mg[CO_3]$	24.31	0.072	3.00
方解石	$Ca[CO_3]$	40.08	0.100	2.71
菱铁矿	$Fe[CO_3]$	55.85	0.078	3.96
菱锌矿	$Zn[CO_3]$	65.38	0.074	4.43

例如，菱镁矿、方解石、菱铁矿、菱锌矿四个矿物均为方解石族矿物，虽然 Ca^{2+} 的相对原子质量大于 Mg^{2+}，但由于离子半径相对较大，因此方解石的相对密度低于菱锌矿；而 Fe^{2+} 相对原子质量大于 Mg^{2+}，但离子半径略大于 Mg^{2+}，因此菱铁矿的相对密度大于菱镁矿；对于菱铁矿和菱锌矿，有 Zn^{2+} 的原子质量不仅大于 Fe^{2+} 的相对原子质量，并且其离子半径相对较小，因此菱锌矿的相对密度大于菱铁矿。

②在同质多象各变体间，原子或离子的配位数越高，质点排列越紧密，其相对密度较大。例如石墨，其晶体结构中层内 C 的配位数为 3，层间的距离相对较大，因此其相对密度较低，为 2.1~2.2，而钻石的 C 配位数为 4，质点排列紧密，具有相对较高的相对密度，为 3.52。通常情况下，高压环境下形成的矿物相对密度较其低压环境的同质多象变体大，温度升高有利于形成配位数较低、相对密度较小的同质多象变体。

③受包裹体的影响：由于寄主宝石与包裹体的相对密度具有一定的差异，因此相对密度受包裹体的影响在一定范围内变化。

④受优化处理的影响：充填处理、漂白处理等会影响宝石的相对密度，例如翡翠经过漂白、充填后，其相对密度小于天然翡翠。

（4）相对密度的分级。通常根据相对密度值的大小可分三级：

①轻级：相对密度值小于 2.5，如火欧泊（2.00）、欧泊（2.10）、天然玻璃（2.3~2.5）等。

②中级：相对密度值 2.5~4，大多数宝石在此级别范围内，如月光石（2.56）、水晶（2.65）、绿柱石（2.7~2.9）、翡翠（3.30~3.36）、钻石（3.52）、金绿宝石（3.72）、红蓝宝石（3.99~4.01）。

③重级：相对密度大于 4，如锰铝榴石（4.16）、锆石（4.68）、合成立方氧化锆（5.6~6）等。

第二节　课后练习

一、名词解释

硬度　差异硬度　韧度　解理　裂理　断口　密度　密度与相对密度

二、填空题

1. 摩氏硬度 10 种标准矿物按硬度由低到高分别是_____、_____、_____、_____、_____、_____、_____、_____、_____、_____。
2. 宝石的硬度与其_____、_____、_____等有关，宝石的韧性与_____及_____有关。
3. 韧度是指材料抵抗_____的性质，受打击易碎的性质称_____。韧度最大的宝石是_____。
4. 硬度最高的宝石是_____，韧度最高的宝石是_____。
5. 在我们的日常生活中，除了摩氏硬度计外，还会使用其他一些工具来测试硬度，如指甲的硬度为_____，黄铜的硬度为_____，普通玻璃的硬度为_____，刀片的硬度为_____，钢锉的硬度为_____。
6. 方解石的解理块可见 3 组的解理面及一系列平行的阶梯状断口与解理面共存，所以方解石的解理等级为_____解理。
7. 影响解理等级的因素包括_____、_____等；划分解理等级的因素包括_____、_____，将解理划分为_____、_____、_____、_____、_____五个等级。
8. 解理发育的方向总是_____于原子结合力强的面网，_____于原子结合力弱的面网；裂理发育的方向包括_____、_____等。
9. 影响硬度的因素包括_____、_____等；影响韧性和脆性的因素包括_____、_____等；影响解理的因素包括_____、_____等；影响裂理的因素包括_____、_____等；影响断口的因素包括_____、_____等；影响宝石相对密度的因素包括_____、_____等。
10. 宝石的相对密度可分为_____、_____、_____三个等级。

三、是非题

1. 由于硬度为 6 的标准矿物为长石，因此所有长石的硬度均为 6。　（　　）
2. 宝石的韧性与硬度成正比，因此硬度最高的钻石也具有最大的韧性。　（　　）
3. 解理和裂理只能出现在晶体上，断口既可以出现在晶体上，也可以出现在晶体集合体及非晶体上。　（　　）
4. 解理与断口产生的难易程度是互为消长的。　（　　）
5. 解理与裂理可以符合晶体的对称规律，但断口不符合晶体的对称规律。　（　　）

6. 相对密度与密度的单位都是 g/cm³。（   ）
7. 等轴晶系在各个方向上的物理性质均相同。（   ）
8. 同种宝石矿物的硬度基本不变，可用来鉴定宝石。（   ）
9. 十个标准矿物之间的硬度间距是相等的。（   ）
10. 石英单晶体的韧度小于石英集合体的韧度。（   ）
11. 解理具有异向性，也具有对称性。（   ）
12. 解理与断口不能同时出现。（   ）
13. 裂理不是宝石的固有性质，因此不能用作鉴定宝石。（   ）
14. 只有当宝石出现解理面时，宝石才具有解理这一性质。（   ）
15. 解理是宝石的固有性质，符合晶体的对称，裂理不是宝石的固有性质，不符合晶体对称。（   ）
16. 单晶体的韧度往往低于同种矿物所组成的集合体。（   ）

四、单项选择题

1. 下列选项中，可用于切磨钻石的磨料是（   ）
   A. 钻石   B. 刚玉   C. SiC   D. 氧化铬
2. 中等解理的宝石常出现（   ）断口
   A. 贝壳状断口   B. 阶梯状断口   C. 土状断口   D. 平坦状断口
3. 由于祖母绿具有较大的脆性，因此多采用的琢型是（   ）
   A. 阶梯琢型   B. 明亮琢型   C. 混合琢型   D. 玫瑰琢型
4. 纤维状集合体的断口常为（   ）
   A. 平坦状断口   B. 贝壳状断口   C. 参差状断口 D. 纤维状断口
5. 下列宝石中韧性最大的是（   ）
   A. 刚玉   B. 和田玉   C. 硬玉   D. 黄玉
6. 根据宝石相对密度值的大小可分（   ）
   A. 3 级   B. 4 级   C. 5 级   D. 6 级
7. 钻石加工工艺中的劈钻主要利用钻石的哪种性质？（   ）；锯钻主要利用了钻石的哪种性质？（   ）
   A. 高硬度   B. 高折射   C. 解理   D. 相对密度   E. 差异硬度
8. 阶梯形琢型的四角被截断，以产生一个八边外形的矩形形状，在祖母绿中被广泛使用，主要考虑因素是（   ）
   A. 脆性和颜色   B. 韧性和颜色   C. 脆性和内含物   D. 内含物和颜色
9. 原子晶格中，解理面与化学键力最强的方向（   ）
   A. 相互平行   B. 相互垂直   C. 斜交   D. 以上均有可能

五、多项选择题

1. 下列宝石中具有八面体解理的是（   ）

A. 钻石　　　　B. 萤石　　　　C. 尖晶石　　　　D. 石榴石　　　　E. 闪锌矿

2. 下列选项中可能符合晶体对称的力学性质是（　　）

A. 解理　　　　B. 裂理　　　　C. 断口　　　　D. 密度　　　　E. 硬度

3. 下列选项中常见贝壳状断口的是（　　）

A. 水晶　　　　B. 玻璃　　　　C. 石英岩　　　　D. 刚玉　　　　E. 绿柱石

4. 下列宝石中具有完全解理的是（　　）

A. 长石　　　　B. 托帕石　　　　C. 萤石　　　　D. 黝帘石　　　　E. 锂辉石

5. 下列宝石可发育裂理的是（　　）

A. 钻石　　　　B. 刚玉　　　　C. 方解石　　　　D. 顽火辉石　　　　E. 蓝线石

6. 宝石的相对密度值由下列因素决定（　　）

A. 折射率　　　　B. 化学成分　　　　C. 颜色　　　　D. 硬度　　　　E. 晶体结构

7. 关于宝石的相对密度，下列说法正确的是（　　）

A. 高温下形成的同质多象变体，相对密度相对较大
B. 高压下形成的同质多象变体，相对密度相对较大
C. 宝石的相对密度，随宝石化学组成的相对原子量的增大而增大
D. 宝石的相对密度，随离子半径的增大而减小
E. 宝石的相对密度，受宝石内含物的影响

8. 关于宝石的力学性质，下列说法正确的是（　　）

A. 解理只能出现在晶体中　　　　B. 裂理只能出现在晶体中
C. 断口只能出现在晶体中　　　　D. 解理可符合晶体的对称
E. 裂理可符合晶体的对称

9. 关于宝石的解理，下列说法正确的是（　　）

A. 是宝石固有的性质　　　　B. 可符合晶体的对称
C. 是晶体的异向性之一　　　　D. 解理面平行于化学键力最强的方向
E. 具有完全解理的宝石具有脆性

10. 关于宝石的裂理，下列说法正确的是（　　）

A. 是宝石固有的性质　　　　B. 可能符合晶体的对称
C. 裂理面垂直于化学键力弱的方向　　　　D. 可作为鉴定宝石的特征之一
E. 可能不符合晶体的对称

11. 关于宝石的断口，下列说法正确的是（　　）

A. 解理与断口形成的难易程度互为消长　　　　B. 断口可出现在晶体中
C. 断口可出现在非晶体中　　　　D. 断口可反映晶体的内部特征
E. 断口可作为鉴定宝石的证据之一

六、问答题

1. 对比下列概念：

（1）硬度与韧度

（2）解理、裂理与断口

（3）密度与相对密度。

2. 关于宝石的解理、裂理与断口，请回答如下问题：

（1）什么是宝石的解理？宝石解理的等级如何划分？

（2）宝石矿物的解理可产生在哪些结晶学方向？

（3）举例说明解理产生的原因。应如何全面描述矿物的解理？如何理解解理的异向性和对称性？

（4）什么是宝石的裂理？裂理与解理有何区别？影响宝石裂理的因素有哪些？

（5）什么叫断口？举出四种常见断口并描述其特征。

（6）如何区分宝石的解理面与晶面？

3. 关于宝石的硬度与韧度，请回答如下问题：

（1）什么是宝石的硬度？影响宝石矿物硬度的因素包括哪些？

（2）如何测量宝石的硬度？列举两种进行说明。

（3）什么是宝石的韧度？影响宝石矿物韧度的因素包括哪些？

4. 关于宝石的密度与相对密度，请回答如下问题：

（1）什么是宝石的密度？什么是宝石的相对密度？两者有何区别和联系？

（2）影响宝石相对密度的因素包括哪些？

5. 简述宝石的力学性质在宝石学中的应用。

第三节 参考答案

一、名词解释

1. 硬度

答：硬度是指宝石抵抗外来压入、刻划或研磨等机械作用的能力。是影响宝石耐久性的因素之一，宝石的硬度与其晶体结构、化学键、化学组成等有关。常用相对硬度标度宝石的硬度，硬度最高的宝石矿物为钻石。

2. 差异硬度

答：差异硬度是指在不同结晶方向上，硬度有不同程度变化的现象，与晶体结构中原子键合面和键合方向的规则排列有关。例如钻石，八面体方向硬度最高，次为菱形十二面体方向，立方体方向硬度最小。

3. 韧度

答：韧度是指物质抵抗打击、撕拉、破碎的性能，与脆性近似对应。受打击易碎裂为脆性；反之，抗打击、撕拉、碎裂性能强者具韧性，所以也称韧度为打击硬度。韧度最高的宝石为黑钻石，和田玉、翡翠次之。

4. 解理

答：解理是指宝石晶体在外力作用下，沿一定的结晶学方向裂开成光滑平面的性质，只能出现在晶体中。根据形成解理的难易程度和解理面发育的特点把宝石常见的解理分为极完全解理、完全解理、中等解理、不完全解理和极不完全解理。

5. 裂理

答：裂理是宝石在外力作用下，沿双晶结合面、包裹体分布面或结构缺陷面等裂开成平面的性质。裂理仅能出现在晶体中，该性质不是晶体的固有性质，可以不服从宝石本身的对称性。常发育裂理的宝石包括红宝石、辉石等。

6. 断口

答：断口是宝石在外力作用下沿任意方向（无方向性）裂开的性质，即可出现在晶体中，也可出现在集合体及非晶体中。根据断裂面的形状，断口主要有贝壳状断口、平坦状断口、参差状断口、锯齿状断口等。

7. 密度与相对密度

答：密度指某种物质单位体积的质量，单位是 g/cm^3。相对密度是指在 4 ℃及标准大气压条件下，材料的质量与等体积水的质量之间的比值，无量纲，其数值与密度值接近，二者换算系数仅 0.0001。

二、填空题

1. 滑石　石膏　方解石　萤石　磷灰石　正长石　石英　黄玉　刚玉　金刚石
2. 晶体结构　化学键　化学组成　晶体结构　结构构造
3. 打击、撕拉、破碎　脆性　黑钻石
4. 钻石　黑钻石
5. 2.5　3　5~5.5　5.5~6　6.5~7

【答案解析】1~4题详见例题2。

6. 完全

【答案解析】详见例题1。

7. 化学键类型（或晶格类型）　化学键强度　发生解理的难易程度　解理面的平滑程度　极完全解理　完全解理　中等解理　不完全解理　极不完全解理

【答案解析】详见例题1。

8. 平行　垂直　双晶接合面　包裹体分布面

【答案解析】详见例题1。

9. 化学键类型（或晶格类型）　化学键强度　化学键类型（或晶格类型）　集合体的结构构造　化学键类型（或晶格类型）　化学键强度　双晶　包裹体分布　化学键类型（或晶格类型）　化学键强度　化学组成　晶格类型

【答案解析】（1）硬度主要取决于化学键类型及化学键强度，其中影响化学键强度的因素包括离子半径、离子电价、配位数、结构的紧密程度等。详见例题2。

（2）韧性和脆性的影响因素包括晶格类型（或化学键类型）、集合体的结构构造、解理、裂理、裂隙等。详见例题2。

（3）影响解理的因素包括化学键类型（或晶格类型）、化学键强度。详见例题2。

（4）裂理的发育主要与双晶及包裹体的分布面有关。详见例题2。

（5）断口的影响因素包括晶格类型、化学键强度、集合体的结构构造等。详见例题2。

（6）相对密度的影响因素包括化学组成、晶格类型、离子半径、配位数、质点配位紧密程度、包裹体、优化处理等。详见例题3。

10. 轻级　中级　重级

【答案解析】详见例题3。

三、是非题

1. N

【答案解析】硬度为6的标准矿物应为正长石，此外透长石、冰长石、歪长石的硬度也均为6，斜长石、钡长石的硬度为6~6.5。因此长石族矿物硬度具有一定的差异。

2. N

【答案解析】宝石的韧性与硬度并不呈正相关关系，韧性最大的宝石为黑钻石。

3. Y

【答案解析】（1）解理与裂理只能出现在晶体上，均是在受到外力作用下沿着一定的结晶学方向破裂呈光滑平面的性质，但解理的形成与晶体结构有关，裂理的形成与双晶、包裹体的分布面、结构缺陷面等因素有关。

（2）断口是宝石矿物受到外力后随机产生的无方向性不规则的破裂面，可以发生在单晶体、晶体集合体以及非晶体上。

4. Y

【答案解析】解理与断口产生的难易程度是互为消长的，解理等级越高，其发育断口的能力越差。

5. Y

【答案解析】（1）解理是符合晶体对称规律的，主要原因是解理的形成与晶体结构密切相关，因此常用单形符号或单形的名称描述解理的方向，例如钻石发育八面体或{111}方向的解理。

（2）裂理可以符合晶体的对称规律，也可不符合晶体的对称规律，其主要原因是裂理的形成与双晶、包裹体的分布面或结构缺陷面有关，这些位置使局部原子面间结合力减弱，因而发生破裂，例如刚玉常出现菱面体裂理，其形成与晶体的聚片双晶有关，符合晶体对称；但当宝石中的包裹体出溶面仅沿着一个平面分布时，此时的裂理不一定符合晶体的对称。

（3）断口是宝石矿物受到外力后随机产生的无方向性不规则的破裂面，因此断口一般不符合晶体的对称，此外，断口还可出现在非晶体、晶体集合体上。

6. N

【答案解析】相对密度与密度是两个不同的概念，其中密度是单位体积的质量，计算方法为质量与体积的比值，单位是 g/cm^3；而相对密度是一个相对的概念，是宝石的质量与一个标准大气压下、4 ℃同体积水的质量的比值，无量纲。

7. N

【答案解析】等轴晶系的晶体常数为 $a=b=c$，$\alpha=\beta=\gamma=90°$，但这并不代表等轴晶系在各个方向上的物理性质均相同。等轴晶系的晶体，其质点在不同方向上的排列仍然具有不同的规律，因此具有一定的异向性，包括解理、硬度等均具有异向性。

8. Y

【答案解析】同种宝石受类质同象等因素的影响，其硬度会在一定的范围内发生变化，但其变化会在一个有限的范围内，因此可以用来鉴定宝石矿物。

9. N

【答案解析】莫氏硬度是一个相对的概念，并不代表各矿物之间的绝对硬度。硬度为10的钻石和硬度为9的刚玉之间的硬度差异，实际上远远大于刚玉与硬度为1的滑石之间的硬度差异的总和。

目前常用的绝对硬度为维氏硬度，采用显微硬度仪测定，适合标定脆性较小而延展性较大的矿物硬度，由于所得压痕较小，常称作显微硬度法。莫氏硬度与维氏硬度之间的换算关系为：$H_M=0.675\sqrt[3]{H}$，但该换算关系不适用于钻石。

10. Y

【答案解析】一般情况下，同种矿物单晶体的韧度小于矿物集合体的韧度。

11. Y

【答案解析】解理的形成与宝石矿物的晶体结构有关，因此解理既具有异向性，也符合晶体的对称性。例如，钻石发育八面体的解理，在八面体方向上具有同等级别的解理，符合晶体的对称，但在立方体方向上无解理，因此解理具有异向性。

12. N

【答案解析】裂理与断口可同时出现，例如阶梯状断口，每个阶梯所在平面就是解理面。

13. N

【答案解析】裂理不是宝石固有的性质，其形成与双晶、包裹体分布面、结构缺陷面有关。但是裂理可作为宝石辅助鉴定证据之一，例如红宝石多发育聚片双晶，可发育裂理，但是合成红宝石无聚片双晶，不存在裂理。

14. N

【答案解析】解理是宝石固有的性质之一，无论解理面是否出现，都不影响宝石的解理以及解理的等级。

15. N

【答案解析】裂理可以符合晶体的对称，也可能不符合晶体的对称，需具体问题具体分析。

16. Y

【答案解析】详见是非题10题。

四、单项选择题

1. A

【答案解析】用于切磨宝石磨料的硬度要大于待切磨宝石的硬度，由于钻石是硬度最高的矿物，且钻石的硬度具有方向性，因此只能选择钻石来切磨钻石。在切磨盘上钻石的排列方向是无规律的，因此总会存在某些钻石的硬度高于待切磨钻石的硬度，从而达到切磨钻石的目的。

另外，由于钻石中的杂质元素可降低钻石的硬度，例如具有荧光的钻石以及彩色钻石的硬度相对较小，因此磨料在选择时通常选择无荧光的钻石。

2. B

【答案解析】A选项，贝壳状断口呈扇形或圆形、椭圆形光滑曲面，常见以曲面最低点为中心的似同心纹，形似贝壳内壁。结构均匀紧密、质地细腻的隐晶质矿物集合体（如玉髓）非晶质体（如火山玻璃）易出现此类断口，单晶石英中也颇常见。

B选项，阶梯状断口呈台阶状，是由解理面和断口面交替出现造成的。出现在具中等或完全解理的矿物上，如角闪石、长石、方解石等。

C选项，土状断口为似黏质土块的断面，呈细粉末状，对光线有漫反射效应，有时具疏松感。该类断口多属黏土矿物集合体的特征，也可出现在低质量绿松石中。

D选项，平坦状断口面较平坦，无粗糙感，一些呈土状或致密块状的矿物集合体，如高岭石，常具有这种断口。

3. A

【答案解析】祖母绿多采用八角阶梯琢型，由于祖母绿易碎，除去宝石某些尖角外，加工成钝角的阶梯形可以使损失降到最低程度。同时阶梯形加工也有助于凸显祖母绿的颜色。

4. D

【答案解析】AB 选项详见单项选择题第 2 题。

C 选项，参差状断口为凹凸不平的断口，呈参差不齐、粗糙不平状。脆性较强的非金属矿物（如磷灰石、石榴子石、橄榄石等）和一些粒状、块状非晶质集合体易出现此类断口。

D 选项，纤维状断口断面呈纤维丝状，常见于纤维状矿物集合体上，如石棉。

5. B

【答案解析】详见例题 2。

6. A

【答案解析】详见例题 3。

7. C E

【答案解析】劈钻主要应用的是钻石的解理，锯钻、抛磨等工序应用的是钻石的差异硬度。

8. A

【答案解析】详见单项选择题 3 题。

9. A

【答案解析】详见例题 1。

五、多项选择题

1. AB

【答案解析】选项均为等轴晶系宝石：

A 选项，钻石，常发育八面体、立方体单形，具有八面体中等-完全解理。

B 选项，萤石，常发育立方体、八面体、菱形十二面体，具有八面体完全解理。

C 选项，尖晶石常发育八面体单形，偶见菱形十二面体和立方体，不完全解理，常见贝壳状断口。

D 选项，石榴石常发育菱形十二面体、四角三八面体、六四面体，石榴石通常解理不发育，个别品种可有{110}方向的不完全解理，其断口为参差状。

E 选项，闪锌矿常发育四面体、立方体、菱形十二面体单形，{110}方向完全解理。

2. ABE

【答案解析】A 选项，解理的发育受晶体结构的限制，符合晶体的对称。

B 选项，裂理可以符合晶体的对称，也可以不符合晶体的对称。

C 选项，断口为随机产生的不规则的破裂面，不符合晶体的对称。

D 选项，密度为单位体积的质量，不符合晶体的对称，符合晶体的均一性。

E 选项，硬度受格子构造中质点间的联结力的影响，符合晶体的对称。

3. ABDE

【答案解析】贝壳状断口呈扇形或圆形、椭圆形光滑曲面，常见以曲面最低点为中心的似同心纹，形似贝壳内壁。结构均匀紧密、质地细腻的隐晶质矿物集合体（如玉髓）非晶质体（如火山玻璃）易出现此类断口，单晶石英中也颇常见。各种宝石发育的断口情况详见例题 1。

A 选项，具有典型的贝壳状断口。

B 选项，具有典型的贝壳状断口。

C 选项，具有平坦状断口。

D 选项，贝壳状或不平坦状断口。

E 选项，贝壳状至参差状断口。

4. ABCDE

【答案解析】各宝石的解理发育详细统计见例题1。

A 选项，长石具有两组夹角近于90°的{001}和{010}完全解理，有时还可见不完全的第三组解理，长石断口多为不平坦状、阶梯状。

B 选项，{001}一组解理完全，常常平行于底面断开，看不到其完整形态。

C 选项，发育八面体完全解理。

D 选项，一组解理{100}完全，贝壳状到参差状断口。

E 选项，两组{110}柱面完全解理，近直交；具参差状断口。

5. ABCDE

【答案解析】各宝石的裂理发育情况详见例题1。

A 选项，钻石可发育接触双晶，可发育裂理。

B 选项，刚玉的聚片双晶常平行于{10$\bar{1}$1}，少数情况下平行{0001}，另外{10$\bar{1}$1}是水铝矿的出溶面，泰国黑色星光蓝宝石内部有大量赤铁矿和针铁矿包体沿底面平行分布，因此常发育菱面体与底面裂理，有时可见柱面{11$\bar{2}$0}裂理。

C 选项，方解石常见沿{01$\bar{1}$2}形成聚片双晶，沿{0001}形成接触双晶，可发育裂理。

D 选项，顽火辉石具有{210}完全解理，常有平行底面的裂理。

E 选项，蓝线石解理{100}中等，{110}不完全，{210}极不完全，具(001)裂理。

6. BE

7. BE

【答案解析】6~7题详见例题3。

8. ABDE

9. ABCDE

10. BCDE

11. ABCE

【答案解析】9~11题详见例题1。

六、问答题

1. 对比下列概念：

（1）硬度与韧度

答：硬度是宝石抵抗外来压入、刻划或研磨等机械作用的能力。宝石的硬度与其晶体结构、化学键、化学组成等有关。

韧度是指物质抵抗打击、撕拉、破碎的性能。受打击易碎裂为脆性；反之，抗打击、撕拉、碎裂性能强者具韧性，所以也称韧度为打击硬度。韧度与矿物的晶体结构构造有关。

相同点：韧度与硬度都是宝石矿物抵抗破坏的能力。

不同点：硬度是宝石抵抗压入、刻划或研磨的能力；韧度是宝石抵抗击打以及撕拉、破碎的能力。

（2）解理、裂理与断口

解理：解理是指宝石晶体在外力作用下，沿一定的结晶学方向裂开成光滑平面的性质。这些裂开的平面称为解理面。

裂理：裂理是指宝石在外力作用下，沿双晶结合面、包裹体分布面或结构缺陷面等裂开成平面的性质。

断口：是宝石受外力作用随机产生的无方向性、不规则的破裂面。

相同点：都是矿物在外力作用下发生破裂的性质。

不同点：①成因不同，解理的形成与晶体结构密切相关，受格子构造的限制，解理面主要出现在以下位置：平行于面网密度最大的方向、正负电荷中和的面网、同种离子相邻的面网、层状结构的层面方向、链状结构的链体延伸方向，具有异向性和对称性；裂理面平行于双晶接合面、包裹体分布面以及结构缺陷面；断口则是受到外力后随机产生的。

②形态不同，解理与裂理均是受到外力后破裂呈光滑平面的性质，而断口则是一个不规则的破裂面。

③适用对象不同，解理与裂理只能出现在晶体（包括双晶）中，断口可出现在晶体、非晶体和晶体集合体上。

（3）密度与相对密度

密度：是单位体积的质量，计算方法为质量除以密度，单位为 g/cm^3。

相对密度：是指在 4 ℃及标准大气压条件下，材料的质量与等体积水的质量之间的比率。

相同点：均是用来衡量宝石在单位体积中质量的大小，且在数值上几乎相等。

不同点：①表示含义不同：密度又称绝对密度，是对特定体积内的质量的度量，代表宝石矿物真实的单位体积中的质量；相对密度是相对的概念，指物质的密度与参考物质的密度在各自规定的条件下的比值，在宝石学中，通常所选择的参考物质是 4 ℃温度及标准大气压条件下的水。

②单位不同：密度的单位为 g/cm^3，相对密度属于相对概念，无量纲。

③计算方法不同：密度的计算方法为质量除以密度；相对密度的计算方法为宝石在空气中的质量/（宝石在空气中的质量–宝石在 4 ℃水中的质量），其应用的原理为阿基米德定律。

2. 关于宝石的解理、裂理与断口，请回答如下问题：

（1）什么是宝石的解理？宝石解理的等级如何划分？

（2）宝石矿物的解理可产生在哪些结晶学方向？

（3）举例说明解理产生的原因。应如何全面描述矿物的解理？如何理解解理的异向性和对称性？

（4）什么是宝石的裂理？裂理与解理有何区别？影响宝石裂理的因素有哪些？

（5）什么叫断口？举出四种常见断口并描述其特征。

答：（1）~（5）题详见例题1。

（6）如何区分宝石的解理面与晶面？

答：（1）晶面是晶体外面的一层平面，对应晶体最外面的一层面网，受力打击后立即消失，晶面相对较为暗淡，一般不太平整，仔细观察有时有凹凸不平的痕迹，可见晶面条纹。

（2）解理为晶体内部结构上联结力弱的方向，受力打击后可出现互相平行的平面；解理面一般比较新鲜，光亮，并且较为平整，又可规则地出现阶梯状的断口或解理纹。

3. 关于宝石的硬度与韧度，请回答如下问题：

（1）什么是宝石的硬度？影响宝石矿物硬度的因素包括哪些？

（2）如何测量宝石的硬度？列举两种进行说明。

（3）什么是宝石的韧度？影响宝石矿物韧度的因素包括哪些？

答：（1）~（3）题详见例题2。

4. 关于宝石的密度与相对密度，请回答如下问题：

（1）什么是宝石的密度？什么是宝石的相对密度？两者有何区别和联系？

（2）影响宝石相对密度的因素包括哪些？

答：（1）~（2）题详见例题3。

5. 简述宝石的力学性质在宝石学中的应用。

答：宝石的力学性质主要包括硬度、韧度、解理、裂理、断口、密度与相对密度。在宝石学中有以下应用：

（1）鉴定宝石：宝石的硬度、韧度、解理、断口、相对密度等均是宝石固有的性质，裂理在部分宝石中常见，例如红宝石的硬度为9，无解理，常发育裂理，相对密度4.00±，因此可作为宝石鉴定的手段。

（2）指导加工：可利用宝石的解理、裂理等性质对宝石进行分割，如劈钻；宝石切磨所使用磨料的硬度应大于宝石，另外，由于钻石的硬度最高，且具有差异硬度，因此只有钻石能切磨钻石；解理面不容易抛光，例如托帕石，其抛光面与解理面应有一定的夹角。

（3）质量评价：宝石的解理、裂理、断口的发育影响宝石的净度特征以及耐久性，因此可用于宝石的质量评价。

第六章　宝石的其他物理性质

内容概述

本章的内容相对简单，主要包括宝石的电学性质、热学性质、磁学性质和吸附性，宝石的这些性质同样可作为宝石鉴定的辅助证据（图6-1）。

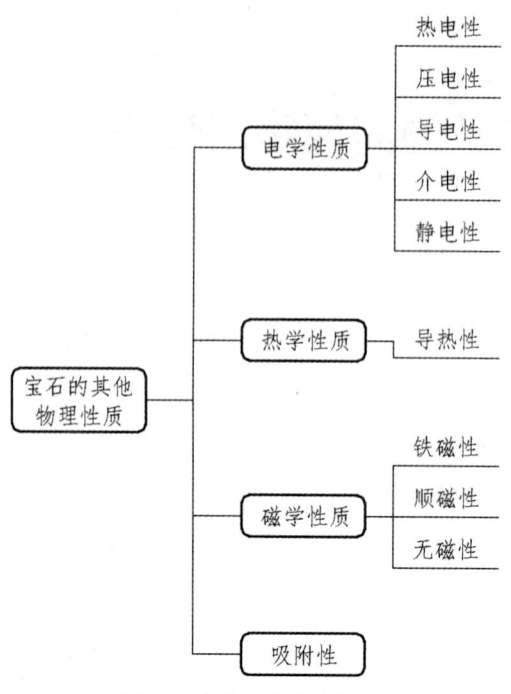

图 6-1　第六章内容概述

第一节　重点例题讲解

【例题1】填空题　宝石的电学性质包括_____、_____、_____、_____和_____。

【参考答案】 导电性　介电性　压电性　热电性　静电性

【例题解析】 宝石的电学性质包括导电性、介电性、压电性、热电性和静电性。

（1）导电性：宝石矿物对电流的传导能力称为导电性。宝石矿物的导电性与晶格中的自由电子的数量有关。

①导体：金属晶格矿物中一般含有一定数量的自由电子，因此为电的导体，此外，由于石墨中含有金属键，同样为电的导体。

②半导体：黄铁矿、金红石、锐钛矿、菱锌矿、赤铁矿、榍石、Ⅱb型钻石为半导体。

③大部分宝石为绝缘体。

表示导电性的物理参数为电导率或电阻率，单位为欧姆·厘米（Ω·cm）。电阻率在 10^{-6} ~ 10 为导体，10 ~ 10^{10} 为半导体，大于 10^{10} 为绝缘体。电阻率可因晶体中杂质成分而变化。

（2）介电性：介电性指非导体或半导体在电场作用下被极化的性能，以介电常数（ε）表示。导体的介电常数为无穷大，宝石的介电常数一般为不大的正数。例如石英为4.5 ~ 6.8，锆石为7.0 ~ 8.6、托帕石为7.4 ~ 9.5、镁铝榴石为12.5、榍石为16 ~ 18、金红石为31 ~ 42。

（3）压电性：压电性是正压电效应和负压电效应的总称。多属一种机械能与电能之间的能量转换现象。

①正压电效应：宝石材料在机械力作用下产生变形，引起表面带电的现象，而且其表面电荷密度与应力成正比，这称为正压电效应。

②负压电效应：在某些材料上施加电场，材料会产生机械变形，而且其应变与电场强度成正比，这称为逆压电效应。若在材料上施加交变电场，材料将随交变电场的频率作伸缩振动，其振幅与电场强度成正比。

（4）热电性：热电性也称焦电性，是指受热物体中的电子随着温度梯度由高温区向低温区移动时，产生电流或电荷堆积的一种现象。例如电气石晶体具有明显的热电效应，在受热或冷却时，沿电气石晶体两端产生数量相等、符号相反的电荷，同时具有静电吸尘现象。

压电效应和热电效应是晶体因应力作用或热胀冷缩，晶格发生变形，导致正负电荷的中心偏离重合位置，引起晶体极化而产生电荷的现象，因此压电性和热电性均只见于无对称中心，并且具有极轴（两极无对称关系）的极性晶体中。热电性晶体包括对称型 L^1、L^2、L^3、L^6、P、L^2P、L^4P、L^3P、L^6P，除 $3L^4L^36L^2$ 对称型外，其他所有无对称中心的介电质晶体均具有压电性，共20个对称型。

注：具有热电效应的晶体，必有压电效应，反之则未必。

（5）静电性：静电性指一些非导电性材料因摩擦而在表面产生电荷的性质。此类材料摩擦带电后可吸引细小物体，可用此鉴别某些宝石和宝石代用品，如琥珀、塑料等，当受到皮毛的反复摩擦时，各自产生数量相同、极性相反的电荷，可吸附较轻的小纸片、羽毛和塑料薄膜等。

【例题2】单项选择题　可用于快速区分钻石与绝大多数仿钻的仪器是（　　）

A. 热导仪　　　　　B. 反射仪　　　　　C. 折射仪　　　　　D. 分光镜

【参考答案】A

【例题解析】物体能传导热量的性质叫作导热性，是大量分子、原子、离子或自由电子相互撞击的结果，热量由温度较高一端传递到温度较低一端的缘故。一般情况下，导电性强的物质导热性也强，不导热的物体称为热绝缘体。

一般情况下，金属的导热率大于非金属，晶体的导热性大于非晶体。但是钻石是一个例外，导热率高，主要原因是钻石的热导率与钻石中 C 原子振动或共振频率有关。在钻石中，C 原子具有质量轻，C—C 之间的键力强等特点，因此，碳原子的振动或共振频率高，同时 C 原子振动时消耗的能量小，热量可迅速地传过钻石而不会被吸收。

因此，可利用钻石的热导率快速区分钻石与仿钻，所使用的仪器为热导仪，但需要注意的是，热导仪无法区分钻石与合成碳硅石。

第二节 课后练习

一、名词解释

热电性 静电性 压电性 正压电效应 逆压电效应 相对导热率 导电性 介电性 吸附性

二、填空题

1. 常见宝石中，具有热电效应和压电效应的宝石是_____和_____；具有静电性的宝石包括_____、_____等。
2. 具有亲油疏水性的宝石是_____；相对热导率最高的宝石是_____。
3. 根据宝石磁性特征，可将宝石分为_____、_____和_____三级。
4. 热导率的单位是_____，电阻率的单位是_____，介电性用_____表示。
5. 为半导体的宝石矿物包括_____、_____、_____等。
6. 具有可燃性的宝石包括_____、_____、_____等。

三、是非题

1. 具有热电效应和压电效应的宝石均不具有对称中心。（   ）
2. 宝石矿物的导电性和导热性具有异向性。（   ）
3. 钻石属于原子晶格，黄金属于金属晶格，因此钻石的导热性没有黄金的导热性高。（   ）
4. 热导仪可以用来区分钻石和合成碳硅石。（   ）
5. 顺磁性的宝石总是有色的。
6. 钻石不仅是硬度最高的矿物，也是导热性最高的矿物。（   ）
7. 石榴石本身不具有铁磁性，当含有磁铁矿时可出现铁磁性的特征。（   ）
8. 具有热电效应的宝石，均具有压电性。（   ）
9. 利用钻石的磁性可辅助鉴定高温高压处理的钻石。（   ）
10. 导电性与导热性成正比，导电性好的导热性好，导热性好的材料导电性好。（   ）

四、单项选择题

1. 可通过下列哪些方法鉴定天然与辐照处理蓝色钻石（   ）
   A. 导电性   B. 热电性   C. 压电性   D. 静电性
2. 当没有宝石鉴定仪器时，可通过哪种方式辅助鉴定水晶与玻璃（   ）
   A. 导热性   B. 导电性   C. 光泽   D. 密度
3. 可利用哪种方式辅助鉴定天然与高温高压合成钻石（   ）
   A. 导电性   B. 介电性   C. 磁性   D. 静电性

五、多项选择题

1. 下列宝石中，具有导电性的为（　　）
   A. 黄铁矿　　　　　B. 赤铁矿　　　　　C. 琥珀
   D. Ⅱb型蓝色钻石　　E. 刚玉
2. 下列哪种仪器可用来区分钻石与合成碳硅石（　　）
   A. 折射仪　　B. 热导仪　　C. 显微镜　　D. 分光镜　　E. 偏光镜
3. 下列哪些宝石具有静电性（　　）
   A. 琥珀　　B. 珊瑚　　C. 珍珠　　D. 象牙　　E. 塑料
4. 相对导热率是以哪种物质为参考标准（　　）
   A. 银　　B. 金　　C. 尖晶石　　D. 金绿宝石　　E. 钻石
5. 下列哪种对称型可具有压电效应或热电效应（　　）
   A. $3L^4 4L^3 6L^2$　　B. $L^2 2P$　　C. $L^3 3P$　　D. $L^4 4P$　　E. $L^6 6P$
6. 下列宝石中属于顺磁性的是（　　）
   A. 钻石　　B. 石榴石　　C. 尖晶石　　D. 蓝宝石　　E. 电气石
7. 钻石的亲油疏水性可用于（　　）
   A. 选矿　　B. 加工　　C. 鉴定　　D. 质量分级　　E. 无用处

六、问答题

1. 简述宝石的热学性质与电学性质地在宝石学中的意义。
2. 关于宝石的电学性质，请回答如下问题：
（1）宝石的电学性质包括哪些？
（2）什么是压电效应？什么是热电效应？
（3）具有压电效应和热电效应的晶体具有哪些性质？为何具有对称中心的晶体无压电效应和热电效应？

第三节　参考答案

一、名词解释

1. 热电性

答：热电性也称焦电性，是指受热物体中的电子随着温度梯度由高温区向低温区移动时，产生电流或电荷堆积的一种现象。如电气石晶体具有明显的热电效应，在受热或冷却时，沿电气石晶体两端产生数量相等、符号相反的电荷，同时具有静电吸尘现象。对称型为 L^1、L^2、L^3、L^6、P、$L^2 2P$、$L^4 P$、$L^3 P$、$L^6 P$ 的晶体具有热电性。

2. 静电性

答：静电性指一些非导电性材料因摩擦而表面产生电荷的性质。这些材料摩擦带电后可吸引细小物体，可用此鉴别某些宝石和仿宝石，如琥珀、塑料、玻璃等。

3. 压电性

答：压电性是指某些晶体在机械压力作用下可在晶体两端产生正负电荷的性质，且电荷量与压力成正比，具有压电性的宝石包括水晶。除 $3L^4 4L^3 6L^2$ 对称型外，其他所有无对称中心的介电质晶体均具有压电性，共 20 个对称型。

4. 正压电效应

答：正压电效应是指宝石材料在机械力作用下产生变形，会引起表面带电，且表面电荷密度与应力成正比的现象。

5. 逆压电效应

答：逆压电效应是指在某些材料上施加电场，材料会产生机械变形，而且其应变与电场强度成正比的现象。若施加交变电场，材料随交变电场的频率作伸缩振动，其振幅与电场强度成正比。

6. 相对导热率

答：相对热导率是指以银或尖晶石为参考确定待测物质的热导率。宝石学中常用尖晶石做基数。

7. 导电性

答：矿物对电流的传导能力称为导电性，导电能力与晶格中自由电子的数量成正比。

8. 介电性

答：介电性指非导体或半导体在电场作用下被极化的性能，以介电常数（ε）表示。导体的介电常数为无穷大,宝石的介电常数一般为不大的正数。例如石英为 4.5～6.8,锆石为 7.0～8.6、托帕石为 7.4～9.5。

9. 吸附性

答:宝石的吸附性是指宝石表面对某些流体物质(水、油、试剂)分子的吸附作用(力),如钻石的疏水性和亲油性。

二、填空题

1. 碧玺　水晶　琥珀　塑料

【答案解析】详见例题 1。

2. 钻石　钻石

【答案解析】钻石具有典型的亲油疏水性,它的表面有排斥水分子,而吸引油液分子的能力。该性质可用于钻石的选矿,即优选法。其次,该性质可用于区分钻石与仿钻,用油性墨水很容易在钻石表面着色,而类似的钻石仿制品则不能。另外,该性质可用于辅助钻石的加工,利用油性笔在钻石表面进行设计。

3. 铁磁性　顺磁性　无磁性

【答案解析】磁性是宝石矿物在磁场中被磁化的性质。一般将磁性分为三级,即铁磁性(强磁性)、顺磁性(弱磁性)和无磁性。

(1)铁磁性:具铁磁性的物质可被普通磁铁(永久磁铁)吸引,宝石中较少具有铁磁性,但当宝石中含有一些具有铁磁性包裹体(如磁铁矿)时,可出现铁磁性,如石榴石、尖晶石、辉石等。此外,高温高压法合成钻石中可能含有铁镍触媒包裹体,使得钻石具有铁磁性。

(2)顺磁性:具顺磁性的宝石矿物可被磁力很强的电磁铁吸引,如某些石榴子石、尖晶石、辉石、角闪石、电气石、橄榄石、绿帘石、翡翠、软玉、蓝宝石、金刚石、金红石等。

产生顺磁性的原因是宝石中含一些具有不成对电子的元素离子,如过渡元素铁、铬、钛、锰等;Ⅰb 型金刚石具顺磁性与孤氮(N)造成电子不配对有关。由于上述过渡元素同时是宝石致色元素,因此,具有顺磁性的宝石一般是有色宝石。

(3)无磁性:无磁性的宝石矿物不能被强磁性的电磁铁吸引,它们不含上述具不配对电子的元素,如水晶、托帕石等。

磁性与成分有密切关系,其变化范围较大,可以辅助鉴定某些宝石。

4. $W·m^{-1}·℃^{-1}$　$Ω·m$　介电常数

【答案解析】(1)热导率是指热能穿过给定厚度的材料,使材料升高一定温度所需的能量,单位为 $W·m^{-1}·℃^{-1}$(瓦特每米每摄氏度);

(2)宝石的导电性用电阻率度量,单位为 $Ω·m$(欧姆·厘米);

(3)介电性用介电常数来表示。

5. Ⅱb 型钻石　金红石　锐钛矿

【答案解析】详见例题 1。

6. 钻石　塑料　琥珀

【答案解析】略。

三、是非题

1. Y

【答案解析】（1）具有压电效应和热电效应的宝石均不具有对称中心。晶体的对称不仅仅体现在外形上，还体现在物理性质上。热电效应与压电效应是宝石受热或受到外力作用下在晶体两端产生正负电荷的现象，很显然不符合具有对称中心的晶体的规律。

（2）具有热电效应的晶体，均具有压电效应。详见例题1。

2. Y

【答案解析】导电性和导热性均是晶体具有方向性的性质，因此具有一定的异向性。

3. N

【答案解析】详见例题2。

4. N

【答案解析】合成碳化硅同样具有较高的热导率，但热导仪的测试精度无法区分钻石与合成碳化硅。

5. Y

【答案解析】详见填空题3题。

6. Y

【答案解析】略。

7. Y

【答案解析】详见填空题3题。

8. Y

【答案解析】详见例题1。

9. N

【答案解析】高温高压处理的钻石一般无磁性，但是利用钻石的磁性可辅助鉴定高温高压合成钻石。高温高压合成钻石内常见铁或镍铁合金触媒金属包裹体，可使钻石显示磁性。

10. N

【答案解析】导热性主要与分子、原子、离子或自由电子相互撞击有关，因此导电性好的一般具有较好的导热性；相反，导热性好的不一定具有较好的导电性，例如钻石为电的不良导体，但属于热的良导体。详见例题2。

四、单项选择题

1. A

【答案解析】天然蓝色钻石为Ⅱb型钻石，微量的硼原子取代碳原子，使局部电位失衡，产生自由电子，因此该型钻石具有微弱的导电能力，属于半导体，辐照处理的蓝色钻石为绝缘体，可利用导电性进行区分。

2. A

【答案解析】玻璃与水晶的光泽和密度相同或相近，因此较难区分；导电性需要特殊的测量工具才可检测。

导热性可用手摸来进行辅助鉴定，一般金属的导热性高于非金属、晶体的导热性高于非晶体，由于水晶的相对热导率是玻璃的10倍左右，因此手摸玻璃具有温感。

注：该方法只是辅助鉴定，需配合其他仪器综合鉴定。

3. C

【答案解析】详见是非题9题。

五、多项选择题

1. ABD

【答案解析】详见例题1。

2. CDE

【答案解析】A选项，钻石与合成碳硅石的折射率均高于折射仪的测试范围，无法区分。

B选项，钻石与合成碳硅石均具有较高的热导率，利用热导仪无法区分。

C选项，钻石为均质体，合成碳硅石为非均质体，且具有较高的双折射率（0.043），显微镜下可见明显的刻面棱重影。

D选项，钻石具有415 nm的吸收线，合成碳硅石无典型的光谱，或者低于425 nm的弱吸收。

E选项，钻石为均质体宝石，在偏光镜下为全暗，但常见异常消光现象；合成碳硅石为非均质体，在偏光镜下为四明四暗。

3. AE

【答案解析】详见例题1。

4. AC

【答案解析】相对热导率的确定常以银或尖晶石的热导率为基数。钻石的热导率比其他宝石高出数十倍至数千倍，以尖晶石的热导率为1时，钻石的相对热导率是56.9～170.8，金的相对热导率是44，银的相对热导率是31，而刚玉的相对热导率是2.96，其他多数非金属宝石的相对热导率多小于1。

5. BCDE

【答案解析】详见例题1。

6. ABCDE

【答案解析】详见填空题3题。

7. ABC

【答案解析】详见填空题2题。

六、问答题

1. 简述宝石的热学性质与电学性质在宝石学中的意义。

答：宝石的热学性质主要包括宝石的导热性，宝石的电学性质包括宝石的导电性、介电性、静电性、热电性和压电性。宝石的热学性质与电学性质具有如下意义：

（1）辅助鉴定宝石：例如，钻石具有较高的热导率，仿钻的热导率通常较小，因此可借助热导仪进行区分。

（2）辅助区分天然宝石与优化处理宝石：例如天然蓝色钻石为Ⅱb型钻石，为电的半导体，辐照处理的蓝色钻石则不导电，因此可利用导电性进行区分。

2. 关于宝石的电学性质，请回答如下问题：

（1）宝石的电学性质包括哪些？

（2）什么是压电效应？什么是热电效应？

（3）具有压电效应和热电效应的晶体具有哪些性质？为何具有对称中心的晶体无压电效应和热电效应？

答：详见例题1。

主要参考文献

[1] 张蓓丽. 系统宝石学[M]. 北京：地质出版社，2006.

[2] 王长秋，张丽葵. 珠宝玉石学[M]. 北京：地质出版社，2017.

[3] 王璞，潘兆橹，翁玲宝. 系统矿物学（上册）[M]. 北京：地质出版社，1982.

[4] 王璞，潘兆橹，翁玲宝. 系统矿物学（中册）[M]. 北京：地质出版社，1984.

[5] 王璞，潘兆橹，翁玲宝. 系统矿物学（下册）[M]. 北京：地质出版社，1987.

[6] 吕新彪，李珍. 天然宝石人工改善及检测的原理与方法[M]. 武汉：中国地质大学出版社，1995.

[7] 张蓓丽，SCHWARZ D（德），陆太进. 世界主要彩色宝石产地研究[M]. 北京：地质出版社，2012.

[8] 王徽枢. 实用宝石学[M]. 武汉：中国地质大学出版社，2015.

[9] 赵珊荣. 结晶学及矿物学[M]. 3版. 北京：高等教育出版社，2017.

[10] 李胜荣. 结晶学与矿物学[M]. 北京：地质出版社，2008.

[11] 王雅玫. 琥珀宝石学[M]. 武汉：中国地质大学出版社，2019.

[12] 王雅玫，张艳. 钻石宝石学[M]. 北京：地质出版社，2004.

[13] 陈中慧，译. 钻石证书教程[M]. 武汉：中国地质大学出版社，2005.

[14] 赵松龄，李劲松. 宝玉石大典[M]. 北京：北京希望电子出版社，2001.

[15] 何雪梅，沈才卿. 宝石人工合成技术[M]. 北京：化学工业出版社，2010.

[16] 张林，何玮，何志方. 宝石鉴定师考试习题试题及解析[M]. 3版. 武汉：中国地质大学出版社，2020.

[17] 廖宗廷，周祖翼，马婷婷，等. 宝石学概论[M]. 3版. 上海：同济大学出版社，2009.

[18] 彭明生. 宝石优化处理与现代测试技术[M]. 北京：科学出版社，1995.

[19] 邓艳华. 宝（玉）石矿床[M]. 北京：北京工业大学出版社，1992.

[20] 常洪述，吕士英，陈平. 宝玉石矿床地质[M]. 北京：中国大地出版社，2009.

[21] 岳素伟. 宝玉石矿床与资源[M]. 广州：华南理工大学出版社，2018.

[22] 张蒂莉，王曼君. 翡翠品质分级及价值评估（上册：翡翠的品质分级）[M]. 北京：地质出版社，2013.

[23] 张蒂莉，王曼君. 翡翠品质分级及价值评估（中册：翡翠的工艺评价）[M]. 北京：地质出版社，2013.

[24] 张蒂莉，王曼君. 翡翠品质分级及价值评估（下册：翡翠的价值评估）[M]. 北京：地质出版社，2013.

[25] 国家珠宝玉石质量监督检验中心（NGTC），全国珠宝玉石标准化技术委员会（SAC/TC 298）. 珠宝玉石国家标准释义[M]. 北京：中国质检出版社，中国标准出版社，2018.

[26] 汪相. 晶体光学[M]. 南京：南京大学出版社，2004.

[27] 罗刚，彭真万，赵展，等. 晶体光学及光性矿物学[M]. 北京：地质出版社，2009.

[28] 吴瑞华，王春生，袁晓江. 天然宝石的改善及鉴定方法[M]. 北京：地质出版社，1994.

[29] 张蓓丽，陈华，孙凤民. 珠宝首饰评估[M]. 2版. 北京：地质出版社，2018.

[30] 沈才卿. 珠宝玉石优化处理技术[M]. 武汉：中国地质大学出版社，2018.

[31] 张瑜生，译. 宝石内含物大图解[M]. 台湾：大知出版社，1995.

[32] 丘志力. 宝石中的包裹体—宝石鉴定的关键[M]. 北京：冶金出版社，1995.

[33] 李娅莉，薛秦芳，李立平，等. 宝石学教程[M]. 3版. 武汉：中国地质大学出版社，2016.

[34] 周佩玲，杨忠耀. 有机宝石学[M]. 武汉：中国地质大学出版社，2004.

[35] 丁莉，田政，田培学. 宝石资源通论[M]. 武汉：中国地质大学出版社，2013.

[36] 祖恩东. 宝石材料分析方法[M]. 武汉：中国地质大学出版社，2017.

[37] 郭杰，廖任庆，罗理婷. 宝石鉴定检测仪器操作与应用[M]. 上海：上海人民美术出版社，2014.

[38] 赵建刚，徐勤. 宝石鉴定仪器与鉴定方法[M]. 武汉：中国地质大学出版社，2007.

[39] 奚波，倪俊琳，涂彩，等. 珠宝鉴定仪器及图谱分析[M]. 北京：化学工业出版社，2015.

[40] ANDERSON B, PAYNE J. The spectroscope and gemmology[M]. Woodstock: Gemstone Press, 2013.

[41] 何明月，郭涛. 山东昌乐蓝宝石矿物学及其改色[M]. 北京：地质出版社，1999.

[42] HUGHES R W. Ruby&Sapphire —A gemologist's guide[J]. Journal of Gemmology, 2017, 35 (6): 561.

[43] SINKANKAS J. Emeraldand other beryls[M]. Ontario: Chilton Book Company and Simulataneously in Scarborough, 1981.

[44] 珠宝玉石名称：GB/T 16552—2017[S].

[45] 珠宝玉石鉴定：GB/T 16553—2017[S].

[46] 钻石分级：GB/T 16554—2017[S].

[47] 蓝宝石分级：GB/T 32862—2016[S].

[48] 祖母绿分级：GB/T 34545—2017[S].

[49] 红宝石分级：GB/T 32863—2016[S].

[50] 琥珀　鉴定与分类：GB/T 37460—2019[S].

[51] 珍珠分级：GB/T 18781—2008[S].

[52] 绿松石鉴定：GB/T 36168—2018[S].

[53] 绿松石分级：GB/T 36169—2018[S].

[54] 翡翠分级：GB/T23885—2009[S].

[55] 黄色钻石分级：GB/T 34543—2017[S].

[56] 抛光钻石质量测量允差的规定：GB/T 30712—2014[S].

[57] 钻石色级目视评价方法：GB/T 18303—2008[S].

[58] 和田玉　鉴定与分类：GB/T 38821—2020[S].

[59] 透明翡翠（无色）分级：GB/T 29155—2012[S].

[60] 翡翠分级：GB/T 23885—2009[S].

[61] 石英质玉　分类与定名：GB/T 34098—2017[S].

[62] 珠宝玉石鉴定　红外光谱法：T/CAQI 73—2019[S].

[63] 热处理红宝石的分类与鉴定：T/CAQI 132—2020[S].

[64] 宝石级红珊瑚鉴定分级：DZ/T 0311—2018[S].

[65] 蓝珀分级：T/CAQI 29—2019[S].